KLAUS DÜRRSCHMID

ZUNGENBEKENNTNISSE

Warum der Wein im Urlaub besser schmeckt
und andere Fakten und Wunder aus der
Welt der Sinne

Brandstätter

INHALT

Einleitung 7

Sensorische Wahrnehmungen 10

Schmecken 31

Angenehme Schmerzen 100

Riechen 111

Sehen 70

Textur und Mundgefühl 85

Hören 140

Sinnliche Teamarbeit 145

Genuss 163

Psychophysik 202

Die Zukunft des Geschmacks 214

EXPERIMENTE 218

Literatur 234

Danksagung 238

VORWORT

Als ich einmal müde über einem Sensorik-Lehrbuch eingeschlafen war, hatte ich einen seltsamen Traum, in dem mir meine eigene Zunge folgende Bekenntnisse zugeflüstert hat:

„Ich bin es. Deine Zunge. Wenige Wochen nachdem Du gezeugt worden bist, hab ich mich schon in Dir entwickelt. Seitdem arbeite ich meistens verborgen und unbemerkt in Deiner finsteren Mundhöhle. Dabei bin ich ein starker Muskel mit sagenhaften Fähigkeiten! Ich helfe Dir beim Essen und Trinken, Schlucken, Reden und beim Schmecken. Ich bin ein Biosensor für chemische Stoffe, aber auch für die Temperatur, für Schmerzen, Reizstoffe und für mechanische Eigenschaften zuständig. Mit meinen Fähigkeiten helfe ich Dir zu überleben auf dieser Welt und verschaffe Dir Deine Geschmackserlebnisse – mal gute und mal nicht so gute, dafür kann ich aber nichts. Ich finde, Du solltest einmal würdigen, was ich alles für Dich mache! Allerdings muss ich ein Geständnis machen. Ich bin nicht allein für den Geschmack zuständig. Ich brauche Deinen Geruchssinn und viele andere Sinne, von denen Du manche gar nicht kennst, obwohl Du sie tagtäglich verwendest. Was ich auch ganz dringend brauche, ist Dein Nervensystem. Vor allem Dein Gehirn. Ohne Gehirn kein Geschmack. Gut, ich muss also gestehen, dass ich nur ein Zahnrad im Uhrwerk Deiner Wahrnehmungsfähigkeit bin. Aber ein überaus wichtiges! Daher bin ich der Meinung, dass Du ein Buch schreiben solltest, in dem Du mich und das Netzwerk der Sinne, in dem ich arbeite, ins rechte Licht rückst, und Dir auch überlegst, wie man mich pfleglich behandeln und meine Fähigkeiten üben und trainieren könnte. Ach ja und bitte vergiss nicht, diese unsägliche Zungenlandkarte zu korrigieren. Ich werde mich mit herrlichen Geschmacksempfindungen revanchieren – versprochen. Viel Glück!"

Soweit der Traum, aber vielleicht hat mir meine Zunge schon als kleines Kind unhörbar ins Unbewusste geflüstert und mich dazu veranlasst, zur Überraschung meiner Eltern spontan Vanillekipferl zu backen ... mitten im Sommer, oder als Frühaufsteher morgens ein Steak oder ein Omelett zuzubereiten. Neben den rätsel-, ja, fast zauberhaften Verwandlungsvorgängen haben mich beim Kochen vor allem die dabei wahrnehmbaren verschiedenen Geschmäcker, Gerüche und Texturen interessiert. Mit meiner Volksschullehrerin habe ich damals um 20 Schilling gewettet, dass ich einmal Koch werden würde. OK, die 20 Schilling habe ich verloren, doch die Lust am Kochen, einer Tätigkeit, bei der man intensiv mit sensorischen Reizen konfrontiert ist, war eine wesentliche Triebkraft, mich mit der sensorischen Wahrnehmung von Lebensmitteln zu beschäftigen. Seit vielen Jahren arbeite ich bereits im Bereich der Lebensmittelsensorik, einer wissenschaftlichen Disziplin, die sich mit den sinnlich wahrnehmbaren Eigenschaften von Lebensmitteln befasst und wie man sie erfassen, verändern und steuern kann. An der Universität für Bodenkultur Wien halte ich seit mehr als 20 Jahren Vorlesungen und Übungen zu diesem Thema, häufig auch Seminare, Vorträge und Workshops für außeruniversitäre Organisationen und Unternehmen. Durch diese berufliche Tätigkeit habe ich Erfahrungen und Einsichten in die sinnliche Wahrnehmung des Essens und Trinkens erworben, die ich auf Veranlassung meiner Zunge versucht habe, in diesem Buch niederzuschreiben, um möglichst viele Menschen für die kulinarischen Sinne zu begeistern. Ich bin davon überzeugt, dass man ein glücklicherer Mensch wird, wenn man seine Sinne schärft und sich der Vielfalt der sinnlichen Wahrnehmungen beim Essen und Trinken bewusst wird. Die Welt wird lebendiger und lustvoller über ihre Wahrnehmung mit Hilfe unserer Sinne. Durch alltägliches, bewusst gemachtes Schmecken und Riechen und auch durch spezielle Übungen und Trainingseinheiten, wie sie in diesem Buch beschrieben werden, können wir uns auf eine aufregende Reise durch die sinnliche Vielfalt der kulinarischen Umwelt machen. Mit Hilfe unserer Sinne bilden wir uns eine Vorstellung von der Welt, und so tragen Essen und Trinken über die sinnliche Wahrnehmung einen großen und wichtigen Teil zu unserem Lebensglück bei.

Der Nobelpreisträger David Kahneman hat herausgefunden, dass von all den Tätigkeiten, denen man im Alltag nachgeht, intime Beziehungen die höchste positive Bewertung erhalten, aber erstaunlich knapp dahinter liegt bereits das Essen. Wenn man in Betracht zieht, dass intime Beziehungen – bei den untersuchten amerikanischen Personen – im Durchschnitt täglich 12 Minuten beanspruchen (immerhin!), das Essen aber 132 Minuten, also das Elffache an Zeit, dann wird klar, dass Essen und die damit verbundenen sinnlichen Wahrnehmungen ein ganz wesentlicher Faktor bei der Entstehung von alltäglichem Wohlbefinden und Glück sind. Wir essen etwa 9 Prozent der gesamten Zeit eines Tages und etwa 14 Prozent unserer wachen Lebenszeit. Bei einem Alter von 80 Jahren haben wir in Summe 5 Jahre nur gegessen! Den Wahrnehmungen, die man während dieser langen Lebenszeit hat, kann man meiner Meinung nach kaum zu große Aufmerksamkeit widmen. Grund genug, der Bitte meiner Zunge nachzugeben und das vorliegende Buch zu schreiben, das Ihnen als Kompass und Wegbegleiter durch die wunderbare Welt des Schmeckens dienen soll.

EINLEITUNG

Über Geschmäcker und Farben kann man nicht streiten. „De gustibus et coloribus non est disputandum" haben die mittelalterlichen Philosophen der Scholastik behauptet und damit wohl gemeint, dass es kein objektiv richtiges Geschmacksempfinden, kein Richtig oder Falsch in Geschmacksfragen gibt. Dem kann die moderne Wissenschaftsdisziplin Sensorik, die sich vor allem ab den 1930er Jahren entwickelt hat, durchaus zustimmen, aber sie würde ergänzen, dass man den Geschmack wissenschaftlich untersuchen muss, weil er enormen Einfluss auf unser Verhalten und auch auf unsere Lebensqualität ausübt. Der Leitsatz der Sensorik könnte – wenn mein Küchenlatein etwas taugt – lauten: „Gustus sunt pernoscendum." Geschmäcker müssen erforscht werden, denn dann braucht man auch nicht darüber zu streiten.

So jung die Sensorik als Wissenschaft ist, so lange existiert sie allerdings schon als allen Lebewesen innewohnendes Bewertungs- und Navigationssystem. Alle Lebewesen bedienen sich sensorischer Systeme, um zu überleben, sich fortzupflanzen und um sich zu ernähren. Das Schmecken ist sogar in der menschlichen Gattungsbezeichnung enthalten, denn wir sind der Homo sapiens sapiens. Sapiens kommt aus dem Lateinischen *sapor*, dem Geschmack, oder dem Verb *sapio*, schmecken, verständig sein. Wir sind also der schmeckende und verständige Mensch. Die Fähigkeit zum Schmecken erscheint so als grundlegendes Element der menschlichen Identität. Schon Adam und Eva schmecken den Apfel vom Baum der Erkenntnis und haben anschließend die Fähigkeit, zwischen Gut und Böse zu unterscheiden. Wenn man der biblischen Geschichte Glauben schenkt, steht am Anfang der Sensorik die Vertreibung aus dem Paradies, das klingt nicht nach einem allzu guten Omen für eine wissenschaftliche Disziplin, aber sie hat sich in den letzten Jahrzehnten dennoch sehr gut entwickelt und hilft vielleicht, uns wieder ins zumindest kulinarische Paradies zurückzuführen.

Beim umgangssprachlichen Gebrauch des Wortes „Geschmack“ ist nicht nur die Wahrnehmung von Grundgeschmacksarten wie süß, sauer, salzig oder bitter gemeint, sondern vielmehr eine sehr umfassende Wahrnehmung vieler Merkmale eines Lebensmittels im Mund. Und in diesem umfassenden Sinn will dieses Buch den Geschmack auch verstanden wissen. Im Englischen wird dafür meist das Wort *Flavour* verwendet, im deutschsprachigen Raum gibt es keine analoge Wortbildung. Jedenfalls bezeichnet der Geschmack alle Wahrnehmungen, die entstehen, wenn wir etwas im Mund haben, egal von welchem Sinnessystem sie stammen. Daher beschäftigt sich das Buch nicht nur mit dem gustatorischen Sinn in der engeren Bedeutung vom Wahrnehmen der Grundgeschmacksarten, sondern ebenfalls mit dem Riechsinn, der eine enorme Bedeutung bei der Identifikation und Wertschätzung von Lebensmitteln hat, sowie mit den Sinnessystemen für die mechanischen, akustischen, visuellen und trigeminalen Eigenschaften, denn all diese Sinnessysteme beeinflussen den eigentlichen gustatorischen Sinn und den gesamtheitlichen Geschmack maßgeblich und ohne die anderen Sinnessystem ist auch der gustatorische Sinn nicht zu begreifen.

Wir alle wissen, wie schlecht es um unsere Schmeck-Fähigkeiten steht, wenn wir Schnupfen haben. Das weist schon darauf hin, dass wir die Nase für das umgangssprachliche, gesamtheitliche „Schmecken“ brauchen. Interessanterweise gibt es in manchen lokalen Dialekten noch das Wort Schmecken im Sinne von Riechen. „Hinschmecken“ bedeutet dort „hinriechen“ und nicht etwa den Geschmack mit der Zunge wahrzunehmen. Offensichtlich gibt es im Alltag eine beträchtliche Verwirrung über unsere sinnlichen Wahrnehmungen. Die sprichwörtlichen „fünf Sinne“, die uns zu Wahrnehmungen verhelfen, sind zwar in aller Munde, trotzdem sind sie aus naturwissenschaftlicher Sicht ein irreführendes Klischee. Daher stehen nicht nur die „fünf Sinne“ im Fokus dieses Buchs, sondern unsere gesamte sinnliche Wahrnehmungsfähigkeit als Ergebnis eines Netzwerkes von Sinnessystemen.

Zunächst wollen wir uns mit sensorischer Wahrnehmung im Allgemeinen beschäftigen (Kapitel 2), dann die einzelnen Sinnessysteme näher betrachten (Kapitel 3 bis 8), um später zu untersuchen, wie diese Sinnessysteme im Team zusammenarbeiten (Kapitel 9). Kapitel 10 beschäftigt sich dann mit einem sehr wichtigen Aspekt der Wahrnehmung von Lebensmitteln, dem Genuss sowie seinem Gegenspieler dem Ekel. Hier erfahren Sie unter anderem, warum der Wein im Urlaub meist besser schmeckt als zuhause. Im 11. Kapitel werden psychophysikalische Gesetzmäßigkeiten geschildert, die Sie im Alltag beobachten können. Kapitel 12 wagt schließlich einen spekulativen Blick in die Zukunft des Schmeckens und der sensorischen Wahrnehmung. Sie können diese 12 Kapitel in einem Schwung lesen, aber ebenso gut einzeln „genießen“.

Sie finden außerdem, ganz hinten im Buch, noch die Anleitung zu zwölf leicht durchzuführenden Experimenten, die Ihnen sinnliche Gewissheit geben werden, wie vielfältig und groß die Welt des Schmeckens und der sensorischen Wahrnehmung ist. Viel Spaß!

SENSORISCHE WAHRNEHMUNGEN

Wozu essen wir und wozu nehmen wir das Essen sensorisch wahr?

Den meisten von uns ist nicht verborgen geblieben, dass Menschen neben dem Atmen auch essen und trinken müssen, um leben zu können. Manche leben vielleicht eher, um zu essen und zu trinken, aber das ist eher eine problematische Fehlentwicklung unserer Überflussgesellschaft. Die triviale Wahrheit, dass wir essen und trinken müssen, basiert auf der nicht mehr so trivialen Tatsache, dass wir als biologische Lebewesen sogenannte offene Systeme sind, die Energie und Materie mit der Umwelt austauschen müssen, um die Ordnung im Körperinneren zu optimieren und ein inneres Gleichgewicht herzustellen, das es erlaubt, unsere biologischen Lebensfunktionen aufrechtzuerhalten. Wir befinden uns mit der Umwelt in einem dynamischen Fließgleichgewicht, denn wir verbrauchen bei all unseren Aktivitäten Energie, die von außen über energiereiche Nährstoffe wie Kohlenhydrate oder Fett wieder zugeführt werden muss. Außerdem müssen wir viele chemische Bauelemente zu uns nehmen, die der Körper benötigt, um Zellbestandteile umzubauen oder neu aufzubauen. Essentielle Aminosäuren, Fettsäuren, Vitamine, Mikronährstoffe müssen dem Körper zugeführt werden, da er sie nicht selbst aus anderen chemischen Stoffen herstellen kann. Unser Körper verliert auch dauernd Wasser über Haut, Lungen, Kot und Urin und braucht daher regelmäßig Wasser-Nachschub.

Essen und Trinken sind daher existenziell wichtige Tätigkeiten, für die sich in der Evolution sehr komplexe Steuerungsmechanismen entwickeln mussten. Hier kommen unsere Sinne ins Spiel, denn eine sehr wichtige Aufgabe in der Steuerung der Nahrungsaufnahme nehmen unsere kulinarischen Sinnessysteme ein. Sie haben eine regelrechte Torwächterfunktion, denn sie sitzen am Beginn des Verdauungskanals im und um den Mund und helfen uns bei der Entscheidung, ob und auch wie viel wir von einem Lebensmittel essen sollen. Verdorbenes oder sonst wie verdächtig Riechendes oder Schmeckendes nehmen wir nicht in den Mund oder spucken es wieder aus und schützen so unseren Körper vor gesundheitlichen Problemen oder Vergiftungen. Dagegen werden Lebensmittel, die angenehm riechen und schmecken, im Mund zerkaut, getrunken und geschluckt, sodass sie verdaut und in ihre chemischen Bausteine zerlegt und resorbiert werden können. Man kann die sensorisch wahrgenommenen Merkmale von Lebensmitteln also regelrecht als Qualitätsindikatoren auffassen, die darüber informieren, was uns erwartet, wenn wir das Lebensmittel in uns aufnehmen. Die Empfindung des Mögens oder Nicht-Mögens eines Lebensmittels ist absolut intuitiv, außerordentlich rasch und unwillkürlich auftauchend. Wir müssen nicht lange überlegen, ob uns das Tiramisu zusagt oder uns vor den gegrillten Rattenembryos graut, und wir wissen sofort, was wir zu tun haben – weiteressen oder ausspucken. Die Information des kulinarischen Genuss-Aspekts ist eindeutig appellativ, das bedeutet: zu einem speziellen Verhalten auffordernd.

So einfach die Wahrnehmung des Genusses fürs Erste erscheint, so schwierig ist es dagegen, die wahrgenommenen sensorischen Eindrücke mit Worten konkret und analytisch zu beschreiben. Häufig fehlen uns schlicht die Worte, um unsere sinnlichen Eindrücke zu beschreiben und wir behelfen uns dann mit vagen Aussagen wie: „Der Wein schmeckt seltsam." Manche Sensorik-Experten dagegen glänzen mit ausgearbeitetem Vokabular und bisweilen nicht unkomischen Formulierungen: „In der Nase ein Mix aus Kräuterwürze, Frucht und zartem Nussaroma, jugendliches Feeling, am Gaumen feines Spiel von eleganter Fruchtsäure und angenehmer Frucht, vor allem Zitrus und Kernobst in grüngelbem Design, elegant strukturiert im Abgang."

Ebenso schwierig ist die Quantifizierung von sensorischen Wahrnehmungen, sie also entsprechend ihrer wahrgenommenen Intensität in Zahlen zu fassen. Relativ leicht fällt uns das noch, wenn wir Standards oder Vergleichsmaterial haben, dann können wir halbwegs zuverlässig sagen, dass diese Probe in einem bestimmten Merkmal intensiver ist als die andere, aber Aussagen über die absolute Intensität ohne direkte Vergleichsmaterialien sind nur nach langem Training von ausgewählten sensorischen Prüfpersonen möglich. Die Aussage, dass in der Sensorik Menschen als Messinstrumente dienen, ist daher problematisch. Der Mensch bildet zumindest ein außergewöhnliches Messinstrument, dessen Eigenschaften wir uns noch näher anschauen werden.

Haben Sie Ihre „fünf Sinne" beisammen?

Seit der Antike ist die Vorstellung, der Mensch sei mit fünf Sinnen ausgestattet, in der abendländischen Tradition ebenso verankert wie in der Kultur Indiens und Chinas. Erst Ende des 18. Jahrhunderts sprach man erstmals von einem sechsten Sinn, der aber eine Art außersinnliche Wahrnehmung der Geisterwelt bezeichnete. Ab dem 17. Jahrhundert wurde mitunter das sexuelle Empfinden als sechster Sinn bezeichnet, was 1826 noch der berühmte Gastrosoph Jean Anthelme Brillat-Savarin in seiner „Physiologie des Geschmacks" behauptete. Aber wie viele Sinne haben wir tatsächlich?

Eine zeitgemäße Antwort hängt ab von der Definition des Begriffs „Sinn". Bleibt man auf der Ebene der mit dem freien Auge erkennbaren Sinnesorgane, gelangt man wohl zu dem Schluss, dass wir tatsächlich fünf Sinne haben: Nase, Zunge, Auge, Ohr und Haut. Bei dieser Einteilung ergibt sich allerdings eine Reihe von Problemen. Unter anderem zeigt sich bei näherer Betrachtung, dass jedes dieser Organe auf mehrere unterschiedliche Reizarten anspricht und damit eigentlich unterschiedliche Sinnessysteme beinhaltet. Mit der Zunge beispielsweise nehmen wir nicht nur den Geschmack wahr, sondern auch Wärme, Kälte, Hitze, Schmerz, die Textur und irritierende chemische Inhaltsstoffe. Auch das Ohr besteht aus zwei verschiedenen Sinnessystemen, dem Hörsinn und dem Gleichgewichtssinn. Mit der Nase nehmen wir nicht nur Duftstoffe wahr, sondern auch Reizstoffe, wie Rauch oder Säuren, die ein eigenes Sinnessystem ansprechen. Der Tastsinn wiederum besteht in Wahrheit aus vielen einzelnen Sinnessystemen, die sich ganz unterschiedlicher Sinneszellen bedienen. Die Einteilung in die klassischen fünf Sinne beschreibt die Sinnesmöglichkeiten des Menschen nicht in widerspruchsfreier Weise und ist daher als obsolet zu bezeichnen. Bestimmt man die Anzahl der Sinne anhand der Reizarten, die wir aufnehmen können, hätten wir vier Sinne, weil wir auf mechanische, chemische, thermische und elektromagnetische Reize reagieren. Oder gar nur zwei, wenn wir mechanische, thermische und elektromagnetische Reize zu physikalischen Reizen zusammenfassten. Diese Einteilungen nach Reizart scheinen allerdings keinen wirklichen Erkenntnisgewinn zu bringen und verlagern das Problem eher auf eine sprachliche Ebene, als dass die physiologische Problemebene gelöst würde.

Gehen wir aber auf die Ebene unterscheidbarer Sinneszellen, die auf bestimmte Reize antworten, wird die Problemlage vollends unübersichtlich. Wir verfügen über mehr als 34 Sinne, wenn man eine Schätzung nach dieser Methode durchführt. Bruce Durie listet bei konventioneller Schätzweise zehn Sinne, bei akzeptierter Schätzweise 21 und bei radikalerer Schätzung 34 Sinne auf.

In der Medizin wird pragmatisch nach Art der Rezeptoren unterschieden. Exterorezeptoren sind nach außen gerichtete Rezeptoren, deren Erregungen bewusst verarbeitet werden können. Sinne, die solche Rezeptoren haben, sind der Sehsinn, der Geruchssinn, der Geschmackssinn, das Gehör, die mechanischen Hautsinne, die Temperatursinne für Warm und Kalt sowie der Schmerzsinn. Propriorezeptoren liefern Informationen, die uns meist gar nicht bewusst werden. Die Länge und Spannung von Muskeln, die Stellung von Gelenken zueinander, die Art und Weise des zeitlichen Verlaufs einer mechanischen Belastung in Muskeln, Sehnen und Gelenken werden von solchen Sensorzellen erfasst. Die Erregung der Enterorezeptoren wird uns nie bewusst, es handelt sich dabei um Rezeptoren, die beispielsweise bei der Regulation des Blutdrucks, des osmotischen Drucks von Blutplasma oder des Kohlendioxidgehalts im Blut aktiv sind. Insgesamt erscheinen alle Gruppierungsversuche, die nicht auf solche naturwissenschaftlich-physiologischen Gegebenheiten Bezug nehmen, als willkürlich. Und in gewisser Weise ist die Gruppierung der Sinneszellen oder Sinneswahrnehmungen in voneinander klar unterscheidbare Sinne also immer etwas willkürlich und abhängig von den Gruppierungskriterien. Einigen wir uns also darauf, dass das Klischee von den fünf Sinnen bestenfalls als sprachliches Bild für die Gesamtheit der menschlichen Fähigkeiten zur Sinneswahrnehmung dienen kann.

Von der Pyramide zum Netzwerk der Sinne

Die Vorstellung von einer hierarchischen Ordnung der Sinne hat eine lange Tradition, die von der Antike bis zu Kant und Schopenhauer reicht und noch heute in esoterischen und populärwissenschaftlichen Publikationen vertreten wird. Vor allem die Reihung der Sinne nach Aristoteles hat sich lange gehalten: Das Sehen als edelster Sinn, dann Gehör, Geruch und Geschmack sowie Gefühl als unterster, weil materiellster Sinn. Das Gefühl – also der Tastsinn – wurde vor allem in Zeiten, in denen das Rationale und das Vernunftmäßige im Vordergrund standen, als niedrigster der Sinne, als animalischer Sinn eingestuft. Der Sehsinn galt als der abstrakteste und edelste Sinn, unter anderem weil er der räumlich am weitesten ausgreifende Sinn ist, weil er auch die Kulturtechnik des rationalen Menschen schlechthin, das Lesen, ermöglicht, und weil er angeblich objektive, nicht von subjektiven Bewertungen verzerrte Informationen liefert. Dagegen, so wurde argumentiert, sind Tast- und Geschmackssinn niedere, materielle Sinne, die in Kontakt mit der Materie kommen müssen und überaus stark mit Emotionen und Gefühlen beladen wären. Der Geruchssinn wurde meist in mittlerer Position gereiht, weil er nicht so materiell erschien wie der Geschmackssinn, gelegentlich wurde er auch als unterster Sinn geführt, weil er als überaus subjektiv galt, damit nichts zu objektiver Erkenntnis beitragen könne und zudem stark mit dem Sexuellen, Triebhaften, Unbewussten und Nicht-Rationalen im Menschen verknüpft sei.

Aus heutiger Sicht sind solche Hierarchisierungen fragwürdig. Sie erscheinen als willkürlich und zeugen in erster Linie von der Überschätzung des rationalen Elements im Menschen und der Missachtung des Körperlich-Emotionalen und des Nicht-Bewussten. Eine aktuelle Modellvorstellung beschreibt Sinne nicht in Form einer pyramidenförmigen Hierarchie, sondern als ein dichtes Netzwerk von Sinnessystemen, das es unserem Gehirn erlaubt, eine mental-virtuelle Parallelwelt zu konstruieren, mit der wir uns in der Umwelt zurechtfinden. Eine Sinneswahrnehmung ist nichts anderes als die Aufnahme, Interpretation, Auswahl und Organisation von sensorischen Informationen zum Zwecke der Anpassung und Verhaltensänderung des Wahrnehmenden an die Umwelt. Jedes Sinnessystem trägt dazu bei, ein möglichst sinnvolles virtuelles Bild unserer Umwelt zu konstruieren, und liefert Informationen, ohne die ein zielgerichtetes Handeln und das Überleben insgesamt erschwert oder verunmöglicht würden. Das Modell eines Netzwerkes von Sinnessystemen bildet auch die Tatsache gut ab, dass Sinneswahrnehmungen einander wechselseitig stark beeinflussen. Farbe und Textur beeinflussen unsere Geschmacks- und Geruchswahrnehmungen. Geschmack und Geruch stehen in intensiver Wechselwirkung miteinander und können auf der Wahrnehmungsebene häufig nur schwer voneinander getrennt werden.

Wenn man ein Element des Netzwerkes verändert, beeinflusst man auch die anderen Elemente. Im Detail sehen wir uns diese vielfältigen Wechselwirkungen in Kapitel 9 über die sinnliche Teamarbeit an.

Zeitliche Reihenfolge der Sinneswahrnehmungen beim Essen

Bevor wir uns den einzelnen Sinnessystemen zuwenden, machen wir uns bewusst, in welcher zeitlichen Reihenfolge sensorische Reize während des Essens auf uns eintreffen. In Abbildung 1 ist eine Übersicht dargestellt. Wir sehen ein Lebensmittel – zum Beispiel einen Apfel – zuerst aus einer gewissen Distanz, eventuell riechen wir den Apfel schon, bevor wir ihn sehen. Wir nehmen ihn in die Hand und führen ihn zum Mund, berühren ihn mit den Lippen, beißen ab und beginnen den Bissen zu kauen. Dabei schmecken wir Apfel und nehmen wahr, wie sich der harte Bissen in einen Brei verwandelt, den wir nach einer gewissen Zeit schlucken. Es gibt also eindeutige Fernsinne wie das Sehen und eindeutige Nahsinne wie das Schmecken. Wir können einen Apfel nicht aus einer Distanz von einem Meter schmecken, er muss sich in unserem Mund befinden, direkt und körperlich mit unserer Zunge in Kontakt kommen. Der Geruch kann schon aus einer gewissen Distanz wahrgenommen werden, wird aber umso intensiver, je näher die Quelle kommt. Eventuell können wir auch ein Lebensmittel schon aus der Distanz *hören*. Wenn etwa Bier in ein Glas gegossen wird, so hören wir das vielversprechende Glucksen der einströmenden Flüssigkeit und das leise Knistern und Rascheln des Schaums, die uns beide auf das Vergnügen des Trinkens einstimmen.

Abbildung 1: Fern- und Nahsinne

Meist ist das erste Sinnessystem der Wahrnehmung von Lebensmitteln das visuelle System. Wir sehen ein Lebensmittel zuerst. Das Aussehen von Lebensmitteln ist bekanntlich sehr einflussreich. Es beeinflusst unser Auswahl- und Ernährungsverhalten maßgeblich, weil wir vom Aussehen auf Eigenschaften schließen, die wir erst beim Essen des Lebensmittels wahrnehmen. Ein roter, prall glänzender Apfel beispielsweise muss doch süß, aromatisch, knackig und saftig sein, also kaufen wir ihn.

Doch was ist es eigentlich, das wir sehen, wenn wir ein Lebensmittel anschauen? Wir sehen eine Vielzahl unterschiedlicher Einzelaspekte: die Gestalt, die Größe, die Farbe, die sich aus Farbart, Farbintensität und Helligkeit ergibt, wir sehen etwaige Durchsichtigkeit, die Beschaffenheit der Oberfläche, ihren Glanz oder ihre Mattheit, wir sehen ihre Struktur, die Textur, Gleichheit und Unterschiedlichkeit. Darüber hinaus sehen wir die Verpackung und darauf Bilder, Logos und die Produktbeschreibung. Von all diesen visuellen Informationen schließen wir zuerst auf die Identität des Lebensmittels und dann auf seine Beschaffenheit. Form, Gestalt und Größe engen die Möglichkeiten der Identität stark ein und die Farben zeigen uns meist Reifegrad oder Verderbszustand an, wobei Frauen Anzeichen für verdorbene Lebensmittel rascher erkennen als Männer. Wir schließen von Identität und Farbe ausgehend auf Geschmacks-, Geruchs- und Texturmerkmale, somit also auf die Genusstauglichkeit. Die assoziative Verknüpfung zwischen Farben und dem zu erwartenden sinnlichen Gesamteindruck, der im Mund entsteht, nennt man „visuelles Flavour". Beispielsweise lassen uns die Farben Gelb und Grün, wenn es sich um Obst handelt, saure Produkte erwarten, Rosa hingegen meist süße.

Der nächste Sinn, der auch ein Fernsinn sein kann: der Geruchssinn. Er ist der evolutionär älteste Sinn und zuständig für die Wahrnehmung gasförmiger chemischer Substanzen. Das menschliche Riechsystem ist eng mit Gefühlen, Emotionen und Erinnerungen verknüpft, aber nur sehr schlecht mit unserer Fähigkeit Worte zu bilden. Daher sind Riechwahrnehmungen meist kaum in Worte zu fassen. Was riecht man eigentlich?

Man riecht sowohl die Duftstoffe der Luft, die man durch die Nasenlöcher einatmet, als auch Gerüche, die beim Zerkauen eines Lebensmittels im Mund entstehen und über den Rachenraum von hinten über die Nasenhöhle zur Nasenschleimhaut aufsteigen. In den Schleimhäuten unserer Nase enden auch die Fasern des Drillingsnerven (Nervus trigeminus) und auch mit diesem Nerv können wir gasförmige Substanzen wahrnehmen. Mit seinen unspezifischen freien Nervenenden können vor allem irritierend wirkende Reizstoffe wie Rauch, Säuren oder Ammoniak wahrgenommen werden, aber auch normale Duftstoffe in hohen Konzentrationen.

Die in zeitlicher Reihenfolge nächsten Sinnessysteme sind diejenigen, die sich mit den physikalischen Eigenschaften des Lebensmittels befassen. Sobald wir ein Lebensmittel mit den Händen angreifen, erfahren wir etwas über seine physikalisch-mechanischen Eigenschaften, seine Textur. Wie warm oder kalt ist es? Wie ist seine Oberflächenbeschaffenheit? Wie hart, weich, viskos oder elastisch ist es? Wir führen das Lebensmittel mit den Händen zum Mund und beißen ab. Die dabei auftretenden Wahrnehmungen beziehen sich wieder auf die mechanischen Eigenschaften. Erst wenn sich durch die Kaubewegungen und durch den Speichel oder die Flüssigkeit im Lebensmittel selbst die Geschmacksstoffe lösen, erleben wir den Geschmack, denn mit dem Geschmackssinn nehmen wir wasserlösliche, chemische Substanzen wahr.

Wir können mindestens sechs Grundgeschmacksrichtungen erkennen: süß, salzig, sauer, bitter, umami und fett. Diese Grundgeschmacksrichtungen transportieren eine bestimmte Bedeutung. Süß steht für eine leicht verfügbare Energiequelle in Form von Kohlenhydraten. Bitterer Geschmack warnt vor problematischen, eventuell giftigen Inhaltsstoffen. Sauer weist auf ein Lebensmittel mit Säure hin, die in der Lage ist, den Speichelfluss zu fördern und damit die Verdauung anzuregen. Salzig steht für Salz, wichtig für den Ionenhaushalt im Körper. Umami, die fünfte naturwissenschaftlich belegte Grundgeschmacksart, signalisiert eine protein- und aminosäurereiche Speise und fetter Geschmack zeigt ein extrem energiedichtes Lebensmittel an. Wahrnehmungen wie die Schärfe von Chili oder das Prickeln von Sekt werden nicht über Sinneszellen des Geschmackssinns wahrgenommen, sondern über freie Nervenenden eines Gesichtsnervs, des Drillingsnervs, der auf irritierende bis schmerzhafte Substanzen wie Säuren, Capsaicin und Kohlensäure aber auch auf Hitze anspricht.

Lange Zeit wurden die akustischen Wahrnehmungen beim Essen vernachlässigt, tatsächlich aber können sie bedeutsam sein. Geräusche, die beim Zubereiten oder Verzehren von Lebensmitteln entstehen, werden oft mit texturalen Eigenschaften und damit verknüpften Qualitätsmerkmalen assoziiert. Frisches Obst und Gemüse bestehen aus Zellen mit hohem Innendruck, wie kleine, zusammengeklebte, wassergefüllte Luftballons. Beim Brechen, Beißen oder Kauen dieser Lebensmittel entsteht durch plötzliches Freiwerden dieses Innendrucks ein knackiges Geräusch. Dieses Knack-Geräusch übersetzen wir in die Information: frisch und vor Kurzem geerntet. Bei gebackenen Produkten dagegen bedeuten harte Zellwände „vor Kurzem gebacken" und daher frisch. Das Brechen erfolgt in vielen Phasen und wird als „knusprig" bezeichnet. Kekse, Knäckebrot, Chips usw. sind aufgrund ihres niedrigen Wassergehalts fest und steif, wobei feste Wände kleine luftgefüllte Poren umgeben. Beim Zerstören dieser Zellen federn die Wände in ihren Ursprungsort zurück und dabei entstehen Schallwellen, die wir als knusprig beschreiben. Wasser verändert die mechanischen Eigenschaften der Zellwände und wie sie zurückfedern. Das Ergebnis ist kein erfreulich knuspriges Geräusch, sondern ein unerfreulicher Eindruck, wie er bei feuchten Chips oder feucht gewordenen Schnitten entsteht.

Wesentlich für den sensorischen Gesamteindruck eines Lebensmittels sind auch seine im Mund wahrgenommenen mechanischen Eigenschaften und seine Temperatur. Rezeptoren, die auf mechanische Reize ansprechen, befinden sich in der ganzen Mundhöhle. Die Rauheit der Zunge wird hauptsächlich durch Fadenpapillen verursacht, die ausschließlich der Texturprüfung dienen. Mit dem Tastsinn erfühlt man Größe, Gestalt, Oberflächenbeschaffenheit, Konsistenz und Textur von Lebensmitteln.

Auch der Schmerzsinn ist im Mund lokalisiert und trägt zur Gesamtwahrnehmung von Lebensmitteln bei. Es gibt mehrere Schmerzrezeptoren. Manche sprechen nur auf mechanische Reize an, andere auf mechanische, chemische und auch auf Hitze ab 50° C. Der Tiefensinn dagegen führt zu Empfindungen, die durch Rückmeldungen über Bewegungsaktionen (z.B. beim Kauen) entstehen. Rezeptoren des Tiefensinns befinden sich im Gewebe unter der Haut, in Muskeln, Sehnen und Gelenkskapseln. Durch den Tiefensinn wissen wir, in welcher Stellung sich der Unterkiefer relativ zum Oberkiefer befindet, wie schnell sich der Unterkiefer bewegt und welche Kraft aufgewendet werden muss. Auch die Temperaturwahrnehmung bildet einen wesentlichen Aspekt der Lebensmittelbeurteilung. Kaltrezeptoren geben ein Signal, wenn die Temperatur unter Hauttemperatur absinkt und Warmrezeptoren beginnen Signale zu feuern, wenn eine Erwärmung über 30° C eintritt.

Alles in allem erkennen wir damit, dass wir über mehrere chemische und physikalische Sinnessysteme verfügen, um Lebensmittel wahrnehmen und beurteilen zu können. Abbildung 2 fasst die oben beschriebenen Sinnessysteme zusammen. Wir haben chemische Sinne in Nase und Mund und verschiedene physikalische Sinne in Auge, Ohr und Mund. Sie alle ermöglichen uns eine umfassende Wahrnehmung der Eigenschaften von Lebensmitteln.

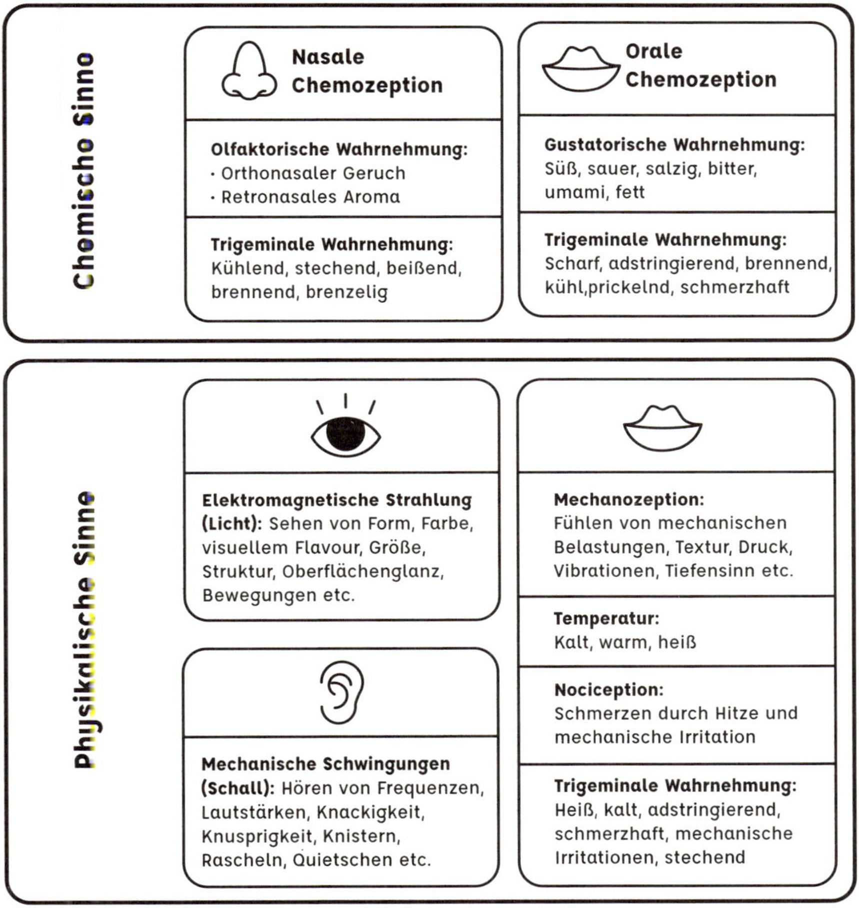

Abbildung 2: Wichtige chemische und physikalische Sinnessysteme beim Essen und Trinken

Sind Erdbeeren tatsächlich süß und rot?

Im Alltag nehmen wir intuitiv an, dass die sensorischen Merkmale, die wir an unseren Lebensmitteln wahrnehmen, auch wirklich Merkmale dieser Lebensmittel sind. Erdbeeren schmecken süß und daher sind sie auch süß. Ein Trugschluss: Tatsächlich entsteht das Merkmal süß erst durch Wechselwirkung bestimmter chemischer Stoffe in der Erdbeere mit unserem Sinnessystem und Gehirn. Im Gehirn werden die Nervenimpulse, die die chemischen Substanzen ausgelöst haben, als süß interpretiert, das heißt unser Wahrnehmungssystem weist die Empfindung süß den chemischen Reizen zu, die über unsere Nervenleitungen für die Süße eintreffen. Ohne uns als lebenden, wahrnehmungsfähigen Organismus gibt es die rote Farbe, die Süße und das Aroma der Erdbeere schlichtweg nicht. Alle Farben, Gerüche, Geschmacksarten oder Töne sind subjektive Sinneswahrnehmungen, also im Gehirn entstehende Interpretationen von Reizungen spezifisch empfindlicher Sinneszellen. Ohne biologische Voraussetzungen gibt es kein Rot, keine Süße, kein Erdbeeraroma, nicht das herrliche Aroma des Festtagsbratens und kein beglückendes Aroma von Madeleines und Tee. Unsere sensorischen Wahrnehmungen als tatsächliche Merkmale der äußeren Welt zu bezeichnen, wäre ein ähnlicher Fehler, wie wenn man ein Wort für ein Objekt als das Objekt selbst auffassen würde.

Der allgemeine Ablauf der Entstehung von Sinneswahrnehmungen ist in Abbildung 3 dargestellt. Chemische oder physikalische Reize werden über einen reizleitenden Apparat zu spezifischen Sinneszellen geleitet. Reizleitender Apparat kann beispielsweise der Glaskörper im Auge sein oder der Speichel im Mund. In den Sinneszellen passiert ein ganz wesentlicher Schritt. Die Reize werden in die elektrophysiologische Sprache unseres Nervensystems übersetzt. Eine Temperatur, ein chemischer Reiz, ein Druck wird in ein elektrophysiologisches Aktionspotenzial umgewandelt, das dann über Nervenfasern abgeleitet und in bestimmten Gehirnzentren verarbeitet wird, wo es in einen emotionalen und kognitiven Bedeutungskontext gebracht und schlussendlich auch in eine bewusste, subjektive Wahrnehmung umgewandelt wird. Wenn wir also z. B. Zucker in den Mund nehmen, so löst sich dieser im Speichel und das gelöste Zuckermolekül dockt an einer speziellen Stelle des Süß-Rezeptors an. Bis jetzt haben wir noch nichts wahrgenommen. Sobald der Zucker am Süß-Rezeptor andockt wie ein Schlüssel im Schloss, wird im Inneren der Sinneszelle eine biochemische Reaktionskette ausgelöst, die schlussendlich dazu führt, dass ein elektrophysiologisches Signal in den ableitenden Nervenzellen entsteht, das bis zum Gehirn gelangt. Dort wird das Signal ausgewertet, sodass wir uns des Geschmacks Süß bewusst werden. Die Art des Geschmacks ist jedoch nicht die gesamte Information, die wir erhalten, sondern das Gehirn bewertet den Geschmack auch in seiner Bedeutung. Süßer Geschmack wird in der Regel als hervorragend eingestuft, sodass wir ihm sehr positiv gegenüberstehen und uns über ihn freuen.

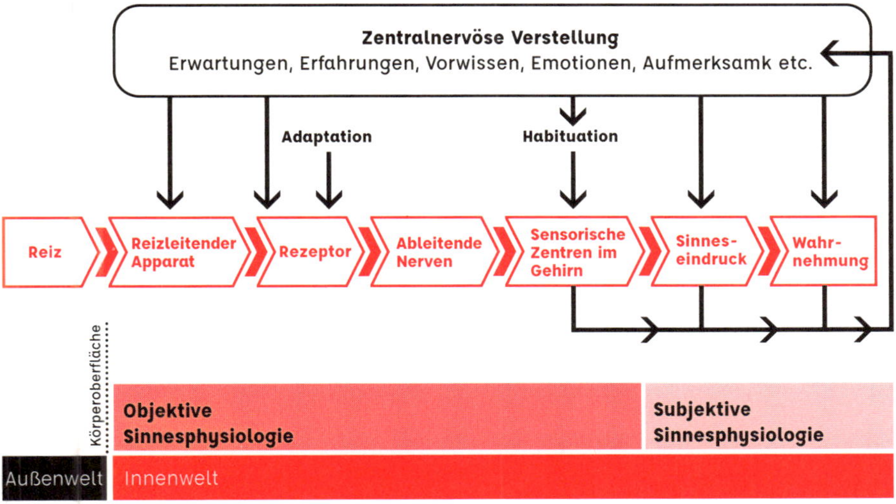

Abbildung 3: Prozess der Entstehung von Sinneswahrnehmungen

Lange Zeit wurde angenommen, dass die Sinne Eingänge, Pforten oder Kanäle für Empfindungen seien. Das ist aber eine irrige Vorstellung, denn in den Sinneszellen der Sinnesorgane werden chemisch-physikalische Reize von außen in elektrophysiologische Ereignisse im Inneren übersetzt, sodass diese Erregungen des Nervensystems dann im Gehirn zu Wahrnehmungen verarbeitet werden können. Ohne Gehirn keine Sinneswahrnehmungen. Das Gehirn ist das wichtigste, größte und komplexeste Organ der Sinneswahrnehmung. Wir schmecken, riechen, fühlen, hören etc. nicht nur mit den Sinnesorganen, sondern wir brauchen dafür eine funktionierende Wahrnehmungskette vom Sinnesorgan bis hin zum Gehirn. Bei den Sinnesorganen beginnt die Aufnahme der Reize in das Gehirn, welches diese Informationen verarbeitet und eine Vorstellung von der Welt außerhalb aber auch innerhalb unseres Körpers ermöglicht. Man kann das Gehirn als biologische Simulationsmaschine bezeichnen, denn es entwirft modellhafte Vorstellungen über unseren Körper und unsere Umwelt. Und diese Vorstellungen werden zu unseren Wahrnehmungen. Der Geschmackssinn ist ein Knoten in einem Netzwerk von gegenseitig sich beeinflussenden Sinnessystemen, das eine virtuelle Rekonstruktion der Umwelt zum Zweck eines zielgerichteten, evolutionär erfolgreichen Handelns im Bereich des Essens ermöglicht, denn bei Geschmackswahrnehmungen geht es um die Bewertung von Eigenschaften wasserlöslicher chemischer Substanzen in potentiellen Lebensmitteln hinsichtlich Verzehrbarkeit. Die bekannten Wissenschaftler Konrad Lorenz, Rupert Riedl und Gerhard Vollmer sprechen von ratiomorphen Leistungen unseres Gehirns, das ohne unser Wissen angeborene oder durch Lernprozesse erworbene Annahmen macht und logische Schlüsse über Verhältnisse außerhalb unseres Körpers zieht, sodass sinnvolles Handeln ermöglicht wird.

Wahrnehmungskette: Erwartungen, Wahrnehmungen, Emotionen, Erinnerungen

Aus psychologischer Perspektive gehören sensorische Wahrnehmungen zu den Instanzen, die wir zur Steuerung unseres Verhaltens zur Verfügung haben. Diese Steuerungsinstanzen werden gern in Form einer Wahrnehmungskette dargestellt (siehe Abbildung 4). Starten wir die Kette mit einer Realität, die Reize an uns aussendet: Wir haben wieder einen roten Apfel vor uns. Dieser Apfel sendet visuelle Reize an die Augen und Geruchsreize zur Nase. Diese Reize werden empfangen, weitergeleitet ins Gehirn, wo eine Wahrnehmung entsteht, aber auch Erwartungen und Emotionen auftauchen. Wir erkennen den Apfel und unser Gehirn generiert mehrere Handlungsimpulse, von denen der passendste Impuls ausgewählt wird, sodass wir eine Handlungsoption auswählen und umsetzen: Wir führen den Apfel zum Mund und beißen hinein. Das ändert die Reize, die auf uns einströmen drastisch. Wir spüren die Härte des Apfels, nehmen wahr, wie viel Kraft wir aufwenden müssen, um abzubeißen. Wir fühlen die Temperatur des Apfels und beginnen zu schmecken.

Wieder wird die Wahrnehmungskette durchlaufen: die Reize werden zu Wahrnehmungen, Emotionen, Erwartungen, Erinnerungen umgewandelt und wir wählen eine Handlungsoption aus. Wir kauen an dem Bissen weiter, wenn wir die Wahrnehmungen als angenehm empfinden, oder spucken den Bissen aus, wenn er ekelig erscheint und unseren Erwartungen bezüglich eines guten Apfels widerspricht. Je nach Handlung ändert sich die Reizlandschaft wieder und das Spiel in der Wahrnehmungskette geht weiter. Das heißt, wir sind einem dauernden Wahrnehmungsstrom ausgesetzt, wie auch einem Strom von Erwartungen und Erinnerungen, einem Strom des Bewussten und des Unbewussten. Diese Elemente der Wahrnehmungskette werden von vielerlei persönlich-individuellen Aspekten beeinflusst. Ist man eine eher ängstliche Person mit geringer Risikobereitschaft, wird man den Bissen öfter ausspucken als eine mutige und risikobereite Person. Auch unsere Wertemuster und Vorurteile können die Erwartungen bestimmen und darüber hinaus können unsere Bedürfnisse, Interessen und Ziele als aktive Filter beeinflussen, was überhaupt in unsere bewusste Wahrnehmung kommt.

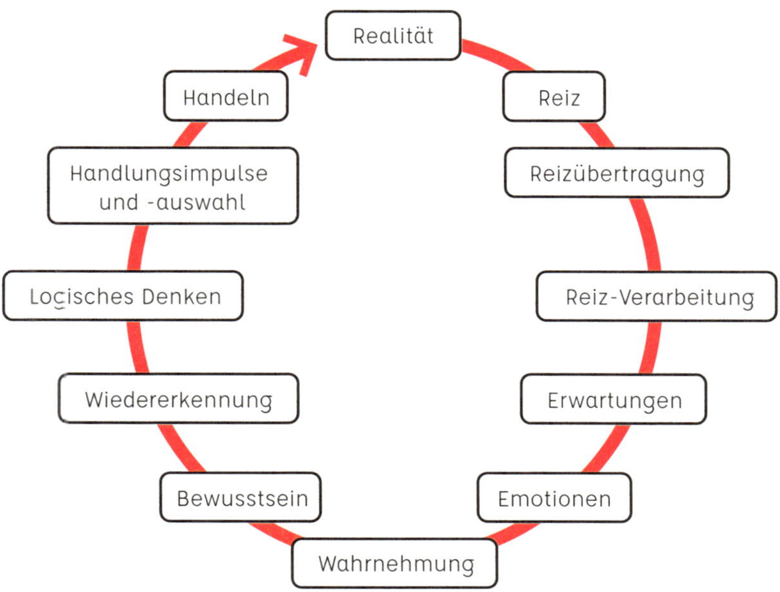

Abbildung 4: Wahrnehmungskette

Nehmen wir wahr, was wir erwarten?

01

Erwartungen sind wichtige Elemente in der Entstehung von Wahrnehmungen, sie können die Wahrnehmung so stark beeinflussen, dass wir gar nicht das wahrnehmen, was tatsächlich an Reizen vorhanden ist, sondern das, was wir erwarten. Ein berühmtes Beispiel sind rosa gefärbte, süße Naturjoghurts. Ein nicht unbeträchtlicher Teil von Personen identifiziert diese Joghurts erstaunlicherweise als Erdbeer- oder Himbeerjoghurts, denn aufgrund der Farbe und des süßen Geschmacks erwarten sie Erdbeer- oder Himbeerjoghurt und ihr Wahrnehmungssystem gaukelt ihnen tatsächlich den Frucht-Geschmack vor. Machen Sie dazu Experiment 1. Hier passt sich die Wahrnehmung an die Erwartung an, es wird ein Vorurteil bestätigt. Im Englischen wird dieses Phänomen als „expectation assimilation" oder „confirmation bias" bezeichnet. Unser Wahrnehmungssystem mag es offenbar, wenn unsere Erwartungen bestätigt werden, Harmonie herrscht, und nicht plötzlich etwas Unerwartetes passiert. Der deutsche Neurophysiologe und Hirnforscher Wolf Singer sagt, „dass das Gehirn nicht einfach nur auf Signale aus den Sinnesorganen wartet. Stattdessen versucht es aktiv, mögliche Sinneseindrücke vorherzusagen, um sie schnell bearbeiten zu können." Diese Vorhersagen des Gehirns sind die Erwartungen. Mit ihnen kann unser Gehirn Überraschungen vermeiden und die Verarbeitung der einlangenden Informationen beschleunigen.

Solange die Wahrnehmung der Erwartung nicht deutlich widerspricht und es keine negativen Folgen aus einem Widerspruch zwischen Wahrnehmung und Erwartung gibt, bleibt es bei der Erwartung und wir nehmen das wahr, was wir erwarten. Anders bei großen und auffälligen Abweichungen, dann entsteht eine sogenannte „kognitive Dissonanz". Wir bemerken, dass unsere Erwartungen enttäuscht worden sind, und wir etwas tun müssen, um diesen Widerspruch zu klären. Das ist anstrengend und daher versucht unser Gehirn, solche Situationen wenn möglich zu vermeiden.

Unser Gehirn besteht nicht nur aus Wasser, Fett, Proteinen und anderen chemischen Stoffen, sondern maßgeblich aus den Erinnerungen, in unserem Fall Erinnerungen an kürzlich eingenommene Mahlzeiten. Und auch Erinnerungen daran, was wir gefrühstückt oder zu Abend gegessen haben, tragen zu einer mentalen Konstruktion von Zeit bei. Während die Erinnerung vergangene Erlebnisse sensorischer Inputs simuliert, ist die Erwartung eine Simulation dessen, was wahrscheinlich in Zukunft kommen wird. Erwartungen, Wahrnehmungen und Erinnerungen stehen miteinander in enger Wechselwirkung. Erwartungen basieren auf Erinnerungen und können die Wahrnehmungen beeinflussen. Was wir wahrnehmen, wird wiederum zu einer Erfahrung, die erinnert werden kann, und als Basis für die Entwicklung von Erwartungen dient (siehe Abbildung 5). Schlussendlich orientieren wir uns mit Hilfe dieser drei Simulationen (Erwartung = Zukunft, Wahrnehmung = Gegenwart, Erinnerung = Vergangenheit) in der Welt und versuchen, sinnvolle Entscheidungen zu treffen und uns zielgerichtet zu verhalten. Unsere Lebensmittelwahl wird ebenfalls zu einem großen Teil durch diese drei mentalen Konstruktionen bestimmt.

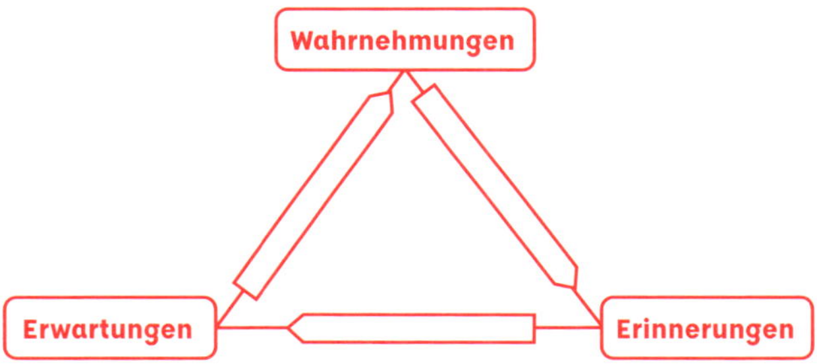

Abbildung 5: Wechselwirkungen zwischen Erwartungen, Wahrnehmungen und Erinnerungen

Was erwarten wir von Lebensmitteln?

Der erste Erwartungsaspekt betrifft die Identität des Lebensmittels. Was ist es? Ist diese klare Flüssigkeit Wasser oder Wodka? Dann entstehen Erwartungen bezüglich der Sicherheit des Lebensmittels. Wirkt es verdorben, hat es eine falsche Farbe, findet man Schimmel auf der Oberfläche oder seltsame Flecken? Darüber hinaus bilden wir intuitiv viele Erwartungen bezüglich vieler Qualitätsaspekte. Qualität ist nichts anderes als das Ausmaß der Erfüllung der Anforderungen an das Lebensmittel. Dazu gehören der Nährwert als primäre Funktion der Lebensmittel, dann der Genusswert, die sekundäre Funktion der Lebensmittel, die sicherstellt, dass wir auch einen Antrieb haben, uns das nahrhafte Lebensmittel einzuverleiben. Die tertiäre Funktion von Lebensmitteln ist ihr Gesundheitswert oder die präventivmedizinische Qualität. Wie gut ist das Lebensmittel dazu in der Lage, langfristig zum Aufrechterhalten meiner Gesundheit beizutragen? Auch Erwartungen bezüglich einer Reihe von nicht-materiellen Qualitätsaspekten können entwickelt werden. Die Zukunftsfähigkeit oder systemische Qualität von Lebensmitteln beschreibt, wie gut und nachhaltig sich der Prozess der Herstellung des Lebensmittels in die natürliche und soziale Umwelt einfügt. Erwartungen bezüglich des Kommunikationswerts eines Lebensmittels können entstehen. Wie gut kann ich mit dem Lebensmittels ausdrücken, wer ich bin, wer ich nicht bin, wer ich sein will, wer ich nicht sein will? Kann ich damit protzen oder verleiht mir das Produkt eher ein schlechtes Image? Die Erlebnisqualität oder der Unterhaltungswert sind für einige Lebensmittelkategorien und für bestimmte Konsumentengruppen sehr wichtig. Speziell Lebensmittel für Kinder weisen häufig einen Spaßfaktor auf, sie sind besonders originell und bunt gestaltet, werden mit Comicfiguren oder Spielzeug in Verbindung gebracht oder haben einen besonderen Geschmack. „Eine Überraschung, etwas zum Spielen und Naschen" – wer kennt diesen Slogan nicht? Brausepulver im Mund ist lustig, besonders saures Gummizeug macht Spaß und Jelly Beans mit dem ekeligen Geschmack von Babywindeln, Tausendfüßlern oder Hundefutter sind eine lustige Mutprobe für Kinder. Aber auch Erwachsene schätzen den Unterhaltungswert beim Essen sehr, wie der große Erfolg bestimmter Gastronomie- und Küchenkonzepte zeigt wie z.B. der molekularen Gastronomie mit ihren aromatischen Schäumen und überraschenden Sphären. Auch bezüglich der Convenience bauen wir Erwartungen auf. Wir ahnen rasch, ob das Lebensmittel schnell und einfach zu genießen ist oder ob wir viel Zeit und Mühe aufwenden müssen, es verzehrsfertig zu machen. Schlussendlich gibt es auch viele Erwartungen hinsichtlich der Funktionalität des Lebensmittels. Hilft mir das Light-Produkt tatsächlich dabei abzunehmen? Führt das isotonische Getränkt dazu, dass mein Körper nach dem Sport rascher Wasser aufnimmt und wieder leistungsfähig wird? Ist das Superfood tatsächlich so gesund für meinen Körper? Macht mich der Energydrink wacher, ausdauernder und leistungsfähiger? Manche dieser Funktionen können wir durch Erfahrung überprüfen, auf andere wie die Gesundheitsversprechungen müssen wir vertrauen und werden leider oft in die Irre geführt.

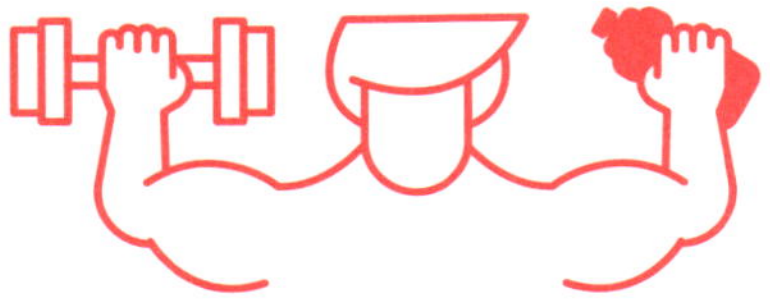

Auslöser von Erwartungen, die im Produkt selbst liegen, bezeichnet man als intrinsisch. Hier sind vor allem all die sensorischen Wahrnehmungen über die Fernsinne zu nennen. Wie sieht das Produkt aus, wie riecht es? Erwartungsauslöser können aber auch extrinsisch sein, das heißt, sie liegen außerhalb des Lebensmittels, in der Verpackung mit den verbalen und Bildinformationen oder in der Gestaltung des Verkaufsorts mit seiner Beleuchtung, der Musik und dem Ambiente. Für eine gelungene Produktgestaltung ist es einerseits wichtig, die richtigen Erwartungen zu einem Produkt zu erzeugen, um Enttäuschungen zu vermeiden, aber andererseits auch, um zu verhindern, dass Produkte aufgrund falscher Erwartungen gar nicht gekauft werden. Wenn das Produkterlebnis der Erwartung entspricht, kommt es zur Kundenzufriedenheit. Ist das Produkt besser als man erwarten würde, werden schlechte Erwartungen ausgelöst und es kommt eventuell gar nicht zu einem Erstkauf, der enthüllen könnte, dass das Produkt besser als erwartet ist. Häufiger ist wohl, dass durch die tolle Anpreisung auf der Verpackung oder in der Werbung zu hohe Erwartungen erzeugt werden, wir vom Produkt beim Konsum dann enttäuscht sind und von einem weiteren Kauf Abstand nehmen.

Der niederländische Wissenschaftler Jan-Benedict Steenkamp beschreibt diese Wechselwirkungen zwischen Erwartungen und Wahrnehmungen mithilfe eines kognitiven Modells. Demnach stehen sich Konsument und Produkt gegenüber, der Konsument nimmt zuerst Qualitätsindikatoren wahr und schließt von ihnen auf das, was er eigentlich vom Produkt haben möchte, aber vor dem Konsum nicht wahrnehmen kann – die Qualitätsmerkmale. Die Qualitätsindikatoren liegen im Aussehen oder im Geruch des Produkts oder auch in Verpackung und Bewerbung. Die Qualitätsmerkmale können unmittelbar beim Verzehr erfahrbar sein. Ich schmecke die Süße des Apfels, nehme sein Aroma wahr und höre das Knacken beim Abbeißen – das sind Erfahrungsqualitätsmerkmale. Oder ich vertraue darauf, dass die erwarteten Wirkungen des Lebensmittels in der Zukunft eintreffen werden. Das sind Vertrauensqualitätsmerkmale. Dieses Lebensmittel führt dazu, dass ich in 30 Jahren eine geringere Wahrscheinlichkeit habe, an einem Herzinfarkt zu sterben. Oder es trägt dazu bei, dass das Ökosystem bei der Produktion weniger stark beeinträchtigt wird als durch konventionelle Produkte. Nachdem die Vertrauensqualitätsmerkmale erst in der Zukunft überprüft werden können, ist ihr tatsächliches Vorhandensein ungewiss und sie eröffnen damit viele Möglichkeiten für die Werbebranche, Qualitätsmerkmale über entsprechende Qualitätsindikatoren anzudeuten, die in Wahrheit aber nicht einzuhalten sind: größere körperliche Schönheit etwa, höhere sexuelle Attraktivität, mehr Leistungsfähigkeit etc. Das ist eine riesige Spielwiese zur Irreführung von Konsumenten, die zur Entstehung skurriler Lebensmittelprodukte geführt hat. Beauty Food beispielsweise soll unsere Schönheit verbessern, indem der Eiweißstoff Kollagen vermehrt in die Haut eingelagert wird und damit Falten verschwinden. Vitamine, essentielle Fettsäuren, Mineralstoffe sollen gewährleisten, dass unser Äußeres maximale Schönheit entwickelt. Das alles natürlich zu einem sehr hohen Preis, vor allem wenn man in Betracht zieht, dass man sich mit normalen, weitaus billigeren Lebensmitteln genauso gut mit diesen Stoffen versorgen könnte. Hier werden schlichtweg die Wünsche und Hoffnungen von Menschen ausgenutzt, um Geld zu verdienen.

SCHMECKEN

Das Lob der Zunge

Man kann die Zunge nicht genug geloben! Wir wissen, dass wir die Zunge zum Schmecken benötigen und wir wissen, sie befindet sich im Mund. Weniger in unserem Bewusstsein verankert ist aber, dass die Zunge ein starkes, mit Schleimhaut überzogenes Muskelpaket ist und viele andere Funktionen neben der Geschmackswahrnehmung erfüllt. Die Zunge spielt eine wichtige Rolle beim Kauen und Schlucken und ist übersät mit biologischen Sensoren, die nicht nur den Geschmack vermitteln, sondern auch mechanische Eigenschaften von Lebensmitteln, Hitze, Kälte, Schmerzen und irritierend wirkende Substanzen registrieren. Neben diesen ernährungsbezogenen Aufgaben hat die menschliche Zunge wesentliche Funktionen für unsere Kommunikation. Die Zunge ist unverzichtbares Organ des Sprechens und der mimischen Kommunikation wie z.B. dem Zungezeigen. Die längste weibliche Zunge der Welt soll eine Länge von 70 Millimeter aufweisen und die längste männliche Zunge der Welt soll sogar 94 Millimeter lang sein. Es gibt allerdings keine Hinweise darauf, dass Form und Länge der Zunge einen Einfluss auf die Fähigkeiten der Geschmackswahrnehmung hätten.

Kauen und Schlucken

Die Zunge dient auch dem Zerkauen von Lebensmitteln. Es braucht die Zunge, um einen Bissen im Mund systematisch so herumzuschieben, dass er mit den Zähnen gut zerkaut und zerkleinert werden kann. Die Zunge zerteilt aktiv den Bissen, indem sie ihn kraftvoll gegen das Dach der Mundhöhle oder gegen die Zähne drückt. Die Rauheit der Zunge trägt auch beim Menschen bis zu einem gewissen Grad dazu bei, dass ein Lebensmittel zerkleinert wird. Noch stärker ist diese Funktion allerdings bei Fleischfressern wie den Katzen oder Großkatzen ausgeprägt, denn diese haben extrem raue Zungen und können damit wie mit einer Raspel Fleisch vom Knochen herunterraspeln.

Die Zunge hilft außerdem beim Durchmischen des Bissens mit Speichel, sodass der Bissen langsam zu einem feuchten homogenen und vor allem gleitfähigen Brei wird und geschluckt werden kann. Durch den intensiven Kontakt mit dem Speichel beginnen auch bereits Verdauungsprozesse im Bissen. Sie kennen sicher den Versuch, den man gelegentlich in der Schule machen muss: Weizenbrot minutenlang im Mund kauen, bis man feststellt, dass der Brei langsam süß wird – so lernt man sehr sinnlich, dass die Enzyme des Speichels die Stärke langsam zur Glukose, dem Baustein der Stärke, abbauen. Speichel ist also tatsächlich ein ganz besonderer Saft. Er wird in drei Speicheldrüsenpaaren im Mundbereich in einer Menge von immerhin ein bis zwei Litern pro Tag produziert und bei Bedarf in den Mundraum eingespritzt. Wie beim Kauen gibt es auch beim Speichel große Unterschiede zwischen den Menschen. Manche produzieren große Mengen, andere eher kleine, aber auch in der Zusammensetzung unterscheidet sich Speichel unterschiedlicher Menschen beträchtlich. Speichel besteht aus Wasser, verschiedenen Ionen, Enzymen, Schleimstoffen und Immunglobulinen. Neben der Lösung von geschmacksaktiven Substanzen hat er die Funktionen, Mundschleimhaut und Zahnschmelz zu schützen, die Mundhöhle zu reinigen, mit der Immunabwehr zu beginnen und last, but not least mit der enzymatischen Aufspaltung der Stärke anzufangen. Nachdem beim Schmecken speichellösliche Substanzen wahrgenommen werden, ist eine wichtige Voraussetzung für ein gutes Funktionieren des Geschmackssinns das Vorhandensein von Speichel. Da die Speichelbildung durch bestimmte Medikamente, Bestrahlung und diverse Krankheiten behindert werden kann, beeinträchtigen diese damit auch das Schmecken negativ.

Ein weiterer Aspekt des Speichels, der erst in den letzten Jahren entdeckt worden ist, ist, dass er einen guten Nährboden für Bakterien darstellt. Manche spielen in der chemischen Wahrnehmung eine Rolle, denn sie erzeugen im Mund Geruchsstoffe, die über den Rachenraum aufsteigen und in der Nase wahrgenommen werden können. Sie sind offenbar, wie Christian Starkenmann vom Aromen- und Duftstoffhersteller Firmenich in Genf entdeckte, für den charakteristischen Nachgeschmack von Trauben, Zwiebeln und Paprika verantwortlich, denn sie wandeln geruchlose Verbindungen nach etwa einer halben Minute in schmeckende und riechende Substanzen um, die dann retronasal wahrgenommen werden.

So selbstverständlich das Kauen jedem einzelnen erscheint, so gibt es doch große Unterschiede in der Art und Weise, wie die Menschen kauen. Allein was die Kraft betrifft, die beim Kauen über die Kiefer und die Zähne auf die Speise ausgeübt wird: Beispielsweise haben Frauen eine signifikant geringere Kaukraft als Männer. Im Schnitt kann man eine Kraft bis zu 700 Newton über die Backenzähne ausüben, das entspricht 70 Kilogramm Gewicht, und damit kann man schon sehr harte Sachen wie etwa Nüsse zerkleinern. In den Muskeln und den Gelenken des Kiefers befinden sich eigene Sensoren, die Informationen darüber vermitteln, wie stark der Kauaufwand und wie hart oder weich damit das Lebensmittel ist. Die Kiefer bewegen sich auf und ab und mahlend etwas hin und her und die Zunge schafft es in außerordentlich koordinierter Art und Weise sich gerade noch rechtzeitig vor den Zähnen wegzuziehen, wenn diese wieder mit großer Kraft eine Kaubewegung machen. Manche Menschen können mit sehr wenigen Kaubewegungen einen Bissen zerkleinern, andere benötigen dafür sehr viele Kaubewegungen. Manche produzieren dabei sehr wenig Speichel, andere wiederum sehr viel. Allein daraus ergibt sich, dass unterschiedliche Menschen an ganz unterschiedlichen Realitäten kauen und unterschiedliche Wahrnehmungen haben müssen. Untersuchungen am Institute of Food Research in Reading (UK) zeigten, dass man Testpersonen in klar unterscheidbare Kau-Art-Gruppen teilen kann, die sich vor allem in der Dauer des Kauens und in der Arbeitsleitung der Kaumuskulatur unterscheiden. Das Kau- bzw. Essverhalten bei Schokolade wurde auch an der Universität von Nottingham untersucht und man fand drei Kau-Gruppen: die schnellen Kauer, die sorgfältigen Kauer und die Lutscher. Die sorgfältigen Kauer machen die mit Abstand meisten Kaubewegungen und kauen am längsten. Die schnellen Kauer machen rasche Kaubewegungen und haben die Schokolade relativ kurz im Mund. Die dritte Gruppe sind die Lutscher, sie kauen die Schokolade weniger, sondern lassen sie schmelzen. Sie machen kaum Kaubewegungen, wenden dabei wenig Kraft auf und nehmen sich die längste Zeit bis zum vollständigen Verzehr der Schokolade. Man könnte meinen, die Kauer sind gierig und die Lutscher sind die Genießer.

Nach dem Kauen schlucken wir den Speisebrei und das Schlucken ist wiederum ein sehr komplizierter Prozess, bei dem viele Muskeln in fein aufeinander abgestimmte Art und Weise gespannt und entspannt werden müssen, damit der Speisebrei wie beabsichtigt in die Speiseröhre gelangt und es nicht zu einem Eindringen des Breis in die Luftröhre und die Lunge kommt, was sehr gefährlich sein kann.

Psychologie des oralen Prozessierens

Nach der Motivforscherin Helene Karmasin zeigen wir in der Art, wie wir Schokolade essen, wer wir sind und nehmen bestimmte psychologische Positionen dabei ein. Die Schokolade-Lutscher begeben sich in die passive Position eines Babys, das einen Brei genussvoll in sich aufsaugt. Dieses angenehme Gefühl des mühelosen Aufsaugens geht gut einher mit einer narzisstischen, trostspendenden Selbstversunkenheit. Der Schokolade-Beißer dagegen zeigt die Position des Erwachsenen, der aktiv erobert und seine Schokolade aktiv-sportlich mit Kraft zerstört. Für beide Gruppen werden ideale Schokoladeprodukte produziert. Für die sportlichen Beißer gibt es dicke und harte Schokolade eventuell mit harten Nüssen und für die Lutscher zartschmelzende, dünne Schokolade, die sich im Mund ohne

Anstrengung zart schmelzend auflöst und dabei Zunge und Mundhöhle mit einem süßen, aromatischen Fettfilm auskleidet. Manche Milchschokolade ist erfolgreich, weil man mit ihr beides machen kann, sie wild zerbeißen oder langsam schmelzen lassen.

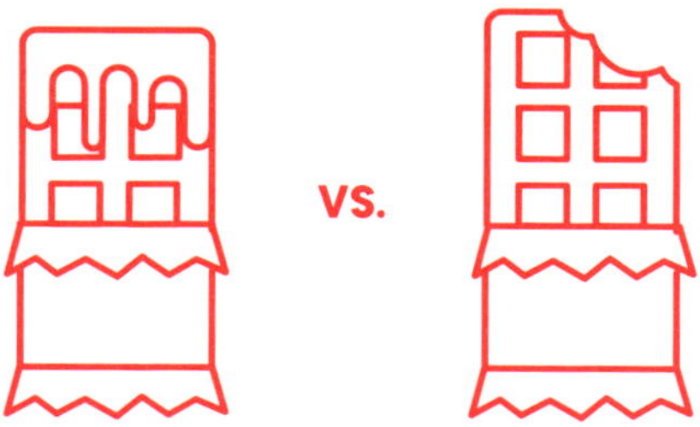

Man muss auch sehen, dass manche Menschen gar nicht kauen, wie z.B. Babys, die noch keine Zähne haben und daher auf Breie und Flüssigkeiten angewiesen sind. Babys sind dafür hervorragende, kräftige und ausdauernde Sauger, die erst allmählich mit der Entwicklung der Zähne lernen, dass man feste Speisen auch essen kann, indem man sie mit den Zähnen zerkleinert. Größere Kinder und Erwachsene können natürlich gut kauen, es sei denn, sie haben Zahnprobleme oder tragen Zahnprothesen. Vor allem ältere Menschen haben mitunter Schwierigkeiten mit dem Kauen und Schlucken, sodass sie wieder auf breiartiges Essen zurückgreifen müssen. Die Produkte der klinischen Ernährung, die für Menschen mit Kau- und Schluckproblemen angeboten werden, sind für kautüchtige Menschen seltsam, aber für die betroffenen Personen ein Segen. Dass Brot, Gemüse und Fleisch in Breiform für gesunde Menschen ohne Kau- und Schluckprobleme ein befremdliches Erlebnis ist, zeigt, wie stark wir bestimmte Lebensmittel mit einer genau definierten Textur verknüpfen. Unsere Vorstellungen sind diesbezüglich sehr klar. Brot beispielsweise muss außen rösch sein und die Krume muss eine typische Elastizität und Porung haben, sonst stimmt etwas nicht damit.

Der Mund als Gebärmutter allen Geschmacks

Wenn man den Mund als die erste Station in der Einverleibung und Verdauung von Lebensmitteln auffasst, kann man durchaus behaupten, dass er die Funktion einer „Wareneingangskontrolle" hat. Diese Kontrolleinrichtung ist hochgerüstet mit verschiedenen Sensoren zur Prüfung der zugeführten Lebensmittel. Mit dem chemischen Sinn im Mund, dem Geschmackssinn, werden wasser- bzw. speichellösliche chemische Substanzen wahrgenommen und beurteilt: Zucker, Säuren und Salz beispielsweise. Alle Geschmacksarten, die dabei entstehen, sind recht klar mit einer Bedeutung verknüpft und geben einen Hinweis auf die Genießbarkeit des jeweiligen Produkts. Süß steht für eine leicht verfügbare Kohlenhydrat- und damit Energiequelle (z.B. Zucker). Bitter steht dagegen für problematische, eventuell giftige Inhaltsstoffe, die man besser meiden sollte. Salzig und Sauer sind Geschmacksarten, die nur in einem bestimmten Intensitätsbereich als angenehm empfunden werden, darüber hinaus sind die betroffenen Speisen dann versalzen oder brennend sauer. Aber im angenehmen Intensitätsbereich kann die Salzigkeit als Indiz für eine angemessene Menge des lebenswichtigen Kochsalzes stehen. Sauer ist eine Geschmackswahrnehmung, die auf Säuren im Lebensmittel hinweist. Säure kann auf Unreife von Obst und schwere Verdaubarkeit hinweisen und dem wirkt unser Körper durch erhöhten Speichelfluss bei Konfrontation mit sauren Lebensmitteln entgegen. Vor allem Neugeborene reagieren negativ auf sauren Geschmack ab einer gewissen Intensität, sogar negativer als auf bitteren Geschmack. Umami-Geschmack dagegen ist ein Indiz dafür, dass eine gute Quelle für Aminosäuren vorliegt, die unser Körper zum Aufbau von Muskeln und anderem Gewebe benötigt.

Orangenspalten in Knospenform eingebettet in Zungenwärzchen

Aber über welche physiologischen Strukturen nehmen wir die unterschiedlichen Geschmacksarten wahr? Wenn Sie sich vor den Spiegel setzen und ihre Zunge möglichst weit herausstrecken, können sie auf der Zungenoberfläche verteilt kleine, runde, rosafarbene Strukturen sehen. Diese Strukturen sind nichts anderes als die Papillen oder Geschmackswärzchen, die in die Schleimhaut der Zunge eingebettet sind. Dort liegen wiederum die Geschmacksknospen, die ihrerseits wieder aus einzelnen Sinneszellen zusammen gesetzt sind (siehe Abbildung 6).

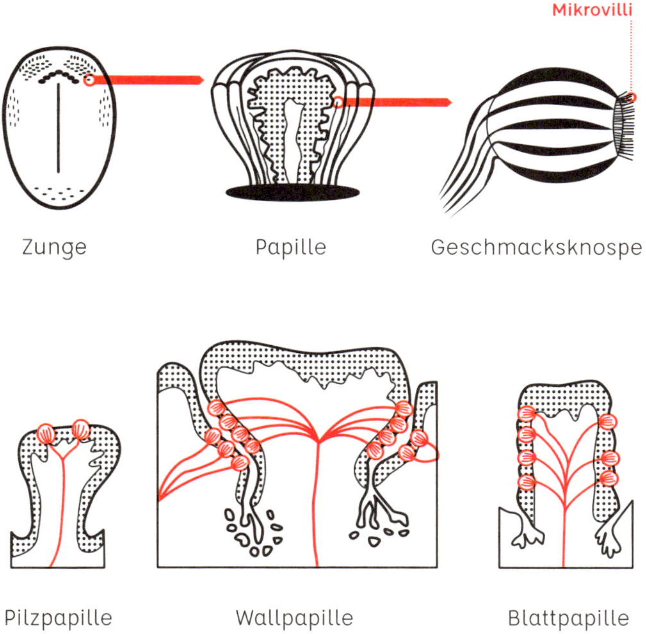

Abbildung 6: Zunge, Papillen und Geschmacksknospen

Kleine pilzförmige Papillen, die Pilzpapillen, findet man über die gesamte Oberfläche der Zunge vor allem gegen den Rand hin verstreut. In der Zungenmitte sind nur sehr wenige bis gar keine Pilzpapillen. Am Zungengrund, ganz hinten auf der Zunge, sind dagegen acht bis zwölf relativ große Wallpapillen gut sichtbar in V-Form angeordnet. Diese großen Papillen haben die Form eines Walls um eine kreisförmige Struktur in der Mitte. Vor den Wallpapillen sind am linken und rechten Zungenrand dicht hintereinander liegende, haifischkiemenförmige Falten zu finden, die als Blattpapillen bezeichnet werden. Diese Blattpapillen sind bei Erwachsenen weitgehend zurückgebildet, bei Kindern jedoch noch gut sichtbar. In die Schleimhäute aller drei genannten Papillenarten eingebettet sind die Geschmacksknospen. Sie bestehen aus zehn bis 50 Geschmackssinneszellen sowie Stütz- und Basalzellen, die eine orangenförmige Struktur bilden. Die Wall- und die Blattpapillen enthalten in ihren Seitenwänden bis zu 80 solcher Geschmacksknospen. Etwa die Hälfte aller Geschmacksknospen befindet sich überhaupt in den großen Wallpapillen am Zungengrund. Von den Pilzpapillen tragen zirka 50 Prozent gar keine und zirka 50 Prozent nur ein bis zwei Geschmacksknospen. In den unteren Achseln der Wall- und Blattpapillen finden sich Speichelspüldrüsen, die Speisereste, Mikroorganismen und gelöste geschmacksaktive Substanzen verdünnen und wegschwemmen. Pilzpapillen haben solche Drüsen nicht, da sich ihre Geschmacksknospen an der Oberfläche des bis zu 1 Millimeter breiten Pilzhutes und nicht in seiner Seite befinden. Die Fadenpapillen, die auf der ganzen Zunge verteilt sind, haben keine geschmacksrezeptiven Eigenschaften. Ihre Spitzen sind zu harten Zapfen verhornt und machen die Zunge damit rau. Fadenpapillen dienen der Aufnahme mechanischer Reize und zu einem gewissen Ausmaß tragen sie auch zur Zerkleinerung der Speisen im Mund bei.

Bei Neugeborenen befinden sich auch im harten Gaumen, in der Zungenmitte und in der Lippen- und Wangenschleimhaut Sinneszellen zur Wahrnehmung chemischer Substanzen, die aber nicht in Form von Knospen angeordnet sind. Die Sinneszellen in der Lippenschleimhaut von Babys führen dazu, dass Babys einen Brei schon schmecken, wenn er nur ihre Lippen berührt, und sie können damit sehr früh entscheiden, ob sie den Mund aufmachen (süßer Apfelbrei) oder lieber nicht (bitterer Gemüsebrei).

Die Anzahl der Geschmacksknospen nimmt mit dem Alter ab, von etwa 10.000 im Babyalter bis zu 2000 im Erwachsenenalter, was durchaus zu abnehmender Geschmackswahrnehmungsfähigkeit führen kann. Der Trost für Erwachsene oder ältere Menschen lautet: Die zunehmende Erfahrung mit Geschmackswahrnehmungen gleicht den Sinneszellenverlust etwas aus.

Die Geschmackssinneszellen in den Geschmacksknospen sind Sinneszellen, die das in ihnen entstehende biochemische Signal an anliegende Nervenzellen mit Hilfe von Botenstoffen weitergeben. Sie sind längliche Zellen und tragen am oberen Ende, das über eine Öffnung der Geschmacksknospe mit dem Mundraum verbunden ist, haarförmige Strukturen, sogenannte Mikrovilli. In die äußeren Membranen der Mikrovilli sind nun die Andockstellen für Geschmacksstoffe eingebettet. Diese Rezeptormoleküle sind Proteine, die in spezifischer Weise auf chemische Substanzen im vorbeifließenden Speichel reagieren und so die Geschmackswahrnehmungskaskade auslösen. An der Basis der Sinneszellen gibt es dann die Verbindungsstellen zu den Geschmacksnerven, die die Reaktionen der Sinneszellen an das Gehirn weiterleiten.

Die Sinneszellen sind enormen mechanischen und thermischen Belastungen ausgesetzt. Jeder hat sich schon einmal an heißem Tee die Zunge verbrannt und konnte dann nicht mehr gut schmecken. Glücklicherweise hält dieser Zustand nicht lange an, denn Sinneszellen werden dauernd regeneriert und neue Nervenverbindungsstellen wiederhergestellt. Nach durchschnittlich zehn Tagen wird eine Geschmackssinneszelle aus Abkömmlingen der Stützzellen und Basalzellen erneuert.

Die berühmt-berüchtigte Zungenlandkarte

Jahrzehntelang konnte man in den Schulbüchern lesen, dass es eine klar gegliederte Zungenlandkarte gäbe, nach der man auf der Zungenspitze süß schmecken würde, am Zungengrund bitter und an den vorderen Zungenrändern sauer und salzig. Diese Vorstellung ist aber falsch. Der Irrtum geht zurück auf eine missverständliche Abbildung in einer Arbeit von David Hänig, die im Jahre 1901 in der Zeitschrift „Philosophische Studien" publiziert worden ist. Er verwendete für seine Arbeit nur sieben Testpersonen. Edwin Boring hat auf diese Publikation 1942 in seiner Monographie „Sensation and Perception in the History of Experimental Psychology" zurückgegriffen und sie nicht ganz falsch aber missverständlich interpretiert, sodass die irrtümliche Zungenlandkarte daraus resultieren konnte. IIm angloamerikanischen Raum wurde die falsche Zungenlandkarte bereits 1974 durch die Sensorikerin Virginia Collings korrigiert, denn sie zeigte wie auch David Hänig schon, dass man an den Zungenrändern alle Geschmacksarten wahrnimmt und die Unterschiede in den Schwellwerten vor allem von Sauer und Salzig an unterschiedlichen Orten des Zungenrandes nicht groß sind. Nur Bitter-Reize können am Zungengrund in deutlich niedrigeren Konzentrationen wahrgenommen werden als in vorderen Bereichen der Zunge. Sie können das an sich selbst untersuchen, indem Sie Experiment 2 machen. Warum sich die irrtümliche Zungenlandkarte wider aller Erfahrungen so lange halten konnte, ist ein Rätsel. War es allen egal? Sind wir durch Autoritäten in unseren Wahrnehmungen, oder zumindest in dem, was wir von ihnen berichten, so leicht beeinflussbar? Ich habe keine Antwort.

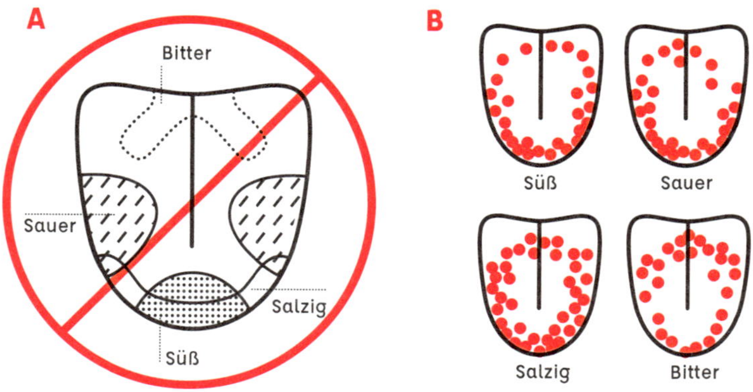

Abbildung 7: Falsche (A) und korrekte (B) Zungenlandkarten

Kann der Darm schmecken?

Für intensive Diskussion und viele neue Untersuchungsansätze hat die Erkenntnis geführt, dass Geschmacks- und Geruchsrezeptoren sich nicht nur im Mundhöhlenbereich, sondern auch im Verdauungstrakt befinden. Aber wozu brauchen wir im Darm Geschmacksrezeptoren? Offenbar führt die Reizung dieser Rezeptorzellen nicht zu einer Geschmackswahrnehmung. Die plausibelste Hypothese ist, dass diese Rezeptoren Teil eines innerkörperlichen Kommunikations- und Regulationssystems sind. Eventuell entstehen Lebensmittelpräferenzen und -aversionen nicht nur durch die sensorischen Wahrnehmungen im Mund- und Nasenbereich, sondern auch durch nichtbewusste Bewertungen ausgehend von diesen Rezeptoren im Verdauungstrakt. Auch Hunger und Sättigung könnten von diesen Rezeptoren mitgesteuert werden. Vielleicht sind die Zentren der chemischen Wahrnehmung – Nase und Zunge – evolutionsgeschichtlich später als Spezialisierungen aus den in anderen Körpergeweben verwendeten Rezeptorzellen entstanden. Was schmecken wir eigentlich?

Der Mensch, so die gängige Meinung, nimmt zumindest fünf Grundgeschmacksarten wahr: süß, sauer, salzig, bitter und umami. Es häufen sich die Belege, dass es auch eine Grundgeschmacksart Fett gibt. Fett wird demnach nicht nur über seine Textur und sein Mundgefühl wahrgenommen, sondern es gibt im Mund chemische Rezeptoren für Fettsäuren. Neben der Grundgeschmacksart Fett werden auch noch andere Grundgeschmacksarten diskutiert, die Favoriten sind Stärkeabbauprodukte, Kalzium- und Magnesiumverbindungen. Viele Wahrnehmungen, die im Mund entstehen, sind definitiv keine Geschmackswahrnehmungen. Metallischer „Geschmack" ist kein Geschmack im eigentlichen Sinne, sondern eine Riechwahrnehmung, und auch scharfe, kühle, prickelnde und ähnliche Wahrnehmungen werden nicht durch die chemischen Sinneszellen in den Geschmacksknospen auf der Zunge wahrgenommen, sondern über Rezeptormoleküle in den Enden des Nervus trigeminus. Auf das interessante und viel zu wenig bekannte trigeminale Sinnessystem, das auch mechanische, thermische und Schmerz-Wahrnehmungen vermittelt, kommen wir in Kapitel 4 zu sprechen. Abbildung 8 gibt einen Überblick über all die chemischen Wahrnehmungen im Mund.

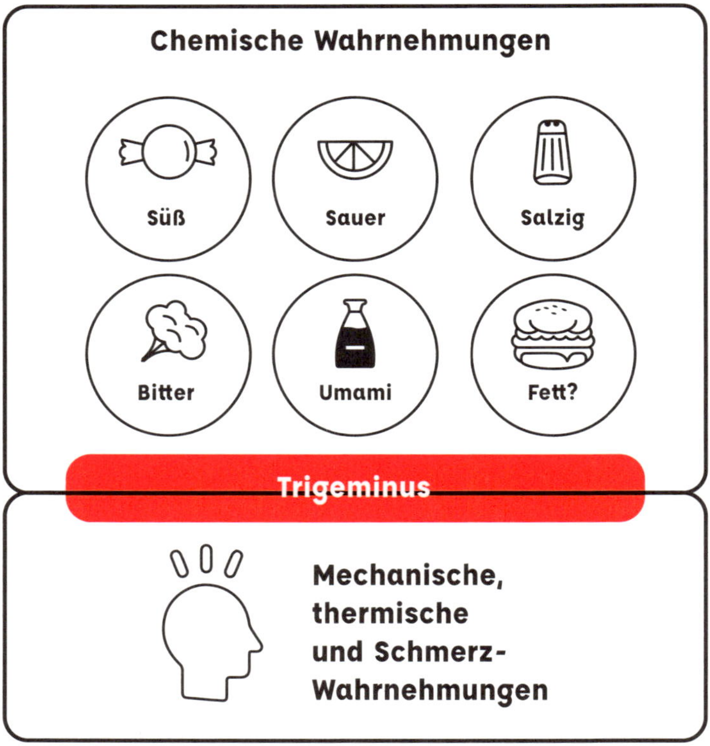

Abbildung 8: Chemische Wahrnehmungen im Mund

Wie aber kommt es molekularbiologisch-biochemisch betrachtet zum Start der Wahrnehmung der Grundgeschmacksarten? Abbildung 9 zeigt, dass es zwei grundlegende Mechanismen gibt. Entweder der Geschmacksstoff dockt an eine spezifische Andockstelle, dem Rezeptormolekül, an und löst in der Geschmackssinneszelle eine Reaktionskaskade aus, die schlussendlich zur Geschmackswahrnehmung führt, oder es tritt der Geschmacksstoff direkt über tunnelförmige Proteine in die Geschmackssinneszelle ein und löst dort chemische Reaktionen aus, die ebenfalls zu einer Geschmackswahrnehmung führen. Süße, bittere und umami Substanzen docken an Rezeptormoleküle der Sinneszelle an, was zur Ausschüttung von Botenstoffen aus der Sinneszelle hinaus in einen Spalt zwischen Sinneszelle und ableitendem Nerv führt. Es kommt dadurch zu einer Potentialschwankung an den anliegenden Nervenmembranen, also einem Signal, das in das Gehirn abgeleitet wird und zu einer Geschmackswahrnehmung führt. Die entsprechenden Rezeptormoleküle werden mit den Buchstaben T und R für Taste und Rezeptor bezeichnet. Für Süß liegen Moleküle aus zwei unterschiedlichen Teilmolekülen (Heterodimere) aus T1R2 und T1R3 vor und für umami Heterodimere aus T1R1 und T1R3. Das heißt Süß- und Umami-Rezeptoren sind zur Hälfte ident (T1R3). Für Bitter wurden 25 unterschiedliche T2R-Moleküle entdeckt, die also nur aus einem Teilmolekül bestehen und nicht aus zwei Teilmolekülen wie die Süß- und Umami-Rezeptoren. Für Umami wurden noch weitere Rezeptoren (taste-mGluR4) diskutiert und darüber hinaus könnte es auch eine Wahrnehmung von Süß und Umami ohne die angesprochenen Rezeptormoleküle geben. Was passiert übrigens mit den Geschmacksstoffen, die an einen Rezeptor andocken? Bleiben Sie ewig dort haften? Nein, natürlich nicht: Je nach chemischen Eigenschaften des Geschmacksstoffes werden sie früher oder später wieder freigesetzt und vom Speichel weggespült.

Süß-orales Glück

03

Der süße Geschmack nimmt in der menschlichen Wahrnehmung und Ernährung eine Sonderstellung ein, was an den vielen Verwendungsweisen von „süß“ im nicht-geschmacklichen Kontext zu erkennen ist: ein „süßes Mädchen“, ein „süßer Kuss“, die „Süße der Liebe“, „Dolce Vita“ etc. „Süß“ wird immer in einem positiven Sinne von *angenehm* oder *betörend* verwendet, wie die Bedeutung der Süße auch im Bereich des Geschmacks überaus positiv ist. Dies wird auch durch Versuche bestätigt, bei denen der Wohlgeschmack von Grundgeschmacksarten in Abhängigkeit von der Konzentration des entsprechenden Geschmackstoffes untersucht worden ist (Abb. 10). Während bittere, salzige und saure

Substanzen nur in relativ engen und niedrigen Konzentrationsbereichen als angenehm schmeckend bewertet werden, wird süß bei ansteigender Intensität eindeutig als sehr positiv empfunden, und das ändert sich auch bei hohen Konzentrationen wenig. Das gilt aber nur für wässrige Lösungen der Geschmacksstoffe, etwas anders sehen die Dinge aus, wenn man untersucht, wie gut die Geschmacksstoffe in Speisen passen, die weitaus komplexer sind als eine wässrige Lösung. Speisen kann man leicht versalzen, sie zu bitter oder zu sauer machen, aber ein „Versüßen" analog zum „Versalzen" gibt es relativ selten. Einen Kaffee oder Tee kann man zu stark süßen, aber Süßspeisen wie Torten und andere Mehlspeisen kann man nur schwer zu süß machen. Manche Speisen werden allerdings in unserer kulinarischen Tradition als nicht passend zu bestimmten Geschmacksarten empfunden. Beispielsweise ist Zucker in der Marinade von Blattsalaten für viele Menschen unvorstellbar, während andere Personen vor allem aus dem ostösterreichischen Bereich ein bestimmtes Maß an Süße im Salat durchaus schätzen. Sehr wichtig für viele Getränke ist auch eine Balance zwischen Süße und Säure. Machen Sie dazu das Experiment 3 und Sie erkennen, dass zu viel Zucker in einem Getränke durchaus unangenehm schmecken kann.

Es gibt Indizien dafür, dass diese überaus positive Beurteilung von süßen Geschmacksstoffen genetisch bedingt ist. Nicht nur Neugeborene reagieren mit einem entspannten, lächelnden Gesicht auf süßen Geschmack, sondern auch schon Ungeborenen schmeckt Süßes offenbar sehr gut. Vor vielen Jahren, als ethische Bedenken noch nicht so gewichtig waren, wurden schwangeren Frauen Süßstofflösungen in das Fruchtwasser injiziert und die ungeborenen Babys reagierten sehr positiv, indem sie viel mehr vom Fruchtwasser tranken als normal – ein gutes Indiz dafür, dass ihnen der süße Geschmack zusagte. Der amerikanische Ernährungspsychologe Paul Rozin sieht in der ausschließlich positiven Beurteilung von Süßem eine Art Sicherheitsstrategie der Evolution, welche die Aufnahme von Substanzen, die in der Regel leicht verfügbare Energiequellen – nämlich Kohlenhydrate – darstellen, mit einer angenehmen Empfindung verknüpft. Entsprechende Untersuchungen zeigen, dass Süße tatsächlich nicht mit dem Energiegehalt von Lebensmitteln korreliert, sondern mit dem Kohlenhydratgehalt. Am besten mit dem Energiegehalt korrelieren Fett und Salz. Aus einer evolutionären Sicht könnte man sagen, dass sich die Süß-Vorliebe entwickelte, weil Lebewesen, die Lebensmittel mit Zucker erkennen konnten und sie auch mochten, mehr Energie für die Fortpflanzung und die Pflege der Nachkommen hatten und so einen Vorteil gegenüber den Nicht-Süß-Schmeckern entwickelten. Aber es ist nur zu verständlich, dass im heutigen Lebensmittelüberfluss der Verzehr von viel Zucker zu Problemen führt. Vor allem die Aufnahme von Zucker über Erfrischungsgetränke gilt als sehr gut wissenschaftlich belegte Ursache für die Entstehung von Übergewicht und Fettleibigkeit sowie all ihren Folgekrankheiten. Cees de Graaf beschäftigt sich seit vielen Jahren mit der Beziehung von sensorischer Wahrnehmung und Gesundheit und er schildert einen überzeugenden Versuch, der klar darauf hinweist, dass unsere Geschmackswahrnehmung zur Steuerung des Sättigungsgefühls beiträgt. Eine Versuchsperson isst in diesem Versuch ein Kilogramm Weintrauben, sie benötigt dafür eine halbe Stunde und ist am Ende sehr satt. Die gleiche Person trinkt einen Saft, hergestellt durch Pürieren von einem Kilogramm Weintrauben. Fazit: Sie braucht dafür eine Minute und ist nicht im Geringsten satt. Man sieht also, dass langsames Essen dafür sorgt, dass die Sättigung richtig funktioniert. Die menschliche Physiologie ist offenbar nicht dafür gemacht, Kalorien schnell aufzunehmen. Werden Kalorien schnell aufgenommen, z.B. durch Trinken eines Erfrischungsgetränks mit viel Zucker, dann werden die Kalorien nicht richtig registriert und man nimmt zu viele davon auf – und wird dick.

Ein physiologischer Ansatz zur Erklärung der angenehmen Bewertung von Süßem geht auf die Bildung des Botenstoffes Serotonin aus der Aminosäure Tryptophan im Gehirn zurück. Serotonin hat als „Glückshormon" schon nahezu populäre Bekanntheit erlangt und vermittelt im Steuerungsgeschehen von Hunger und Sexualität tatsächlich ein Gefühl der Entspanntheit, der Sattheit und der Befriedigung. Was hat Süßes, was hat Zucker nun mit Serotonin zu tun? Vereinfacht dargestellt, bewirkt die Aufnahme von Zucker im Körper eine Reaktionskette, die zur Anreicherung von der Aminosäure Tryptophan im Blutplasma führt, die dann vermehrt ins Gehirn gelangt, dort in Serotonin umgewandelt wird und so das damit verbundene Wohlgefühl ermöglicht. Wie enorm bedeutend süßer Geschmack ist, zeigt Experiment 4, bei dem süßer Geschmack für kurze Zeit völlig ausgeschaltet wird.

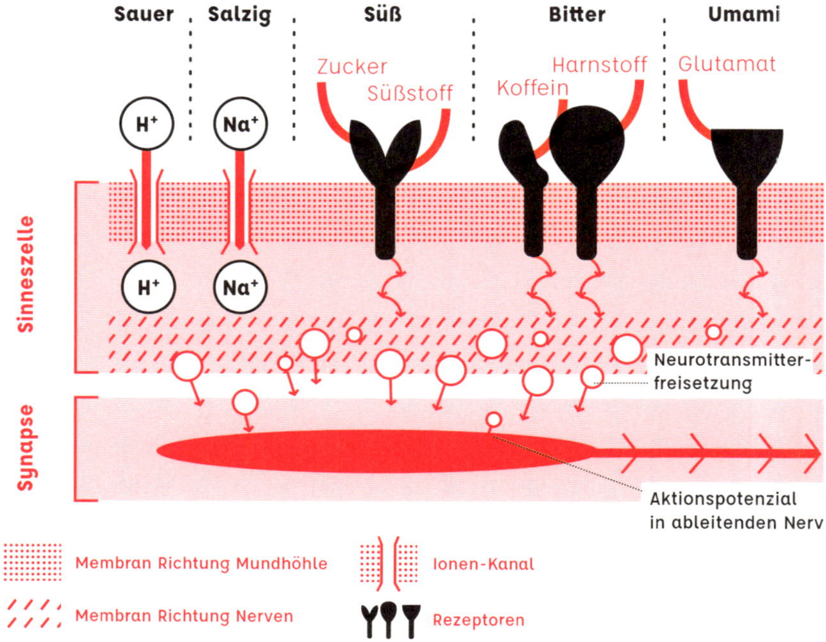

Abbildung 9: Schematische Darstellung der in den Geschmackssinneszellen für fünf Grundgeschmacksarten

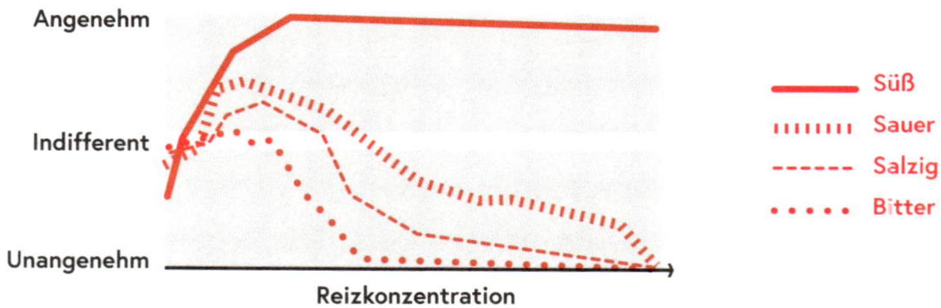

Abbildung 10: Wohlgeschmack von vier Grundgeschmacksarten in Abhängigkeit von der Reizkonzentration

Zucker und andere süß schmeckende Stoffe zählen zu den Substanzen, die nicht in die Sinneszelle eintreten können, sondern sich an ein Rezeptormolekül binden und dadurch in der Zelle chemische Reaktionskaskaden auslösen, die zur Ausbildung eines Aktionspotentials in den ableitenden Nervenzellen führen. Die Information über die chemische Konfiguration des süßen Stoffes wird somit in ein elektrisches Signal umgewandelt, das im Gehirn verarbeitet, interpretiert und in eine bewusste Wahrnehmung umgewandelt wird. Alle unterschiedlichen süß schmeckenden chemischen Substanzen, die natürlichen und die künstlichen, docken an verschiedenen Stellen eines einzigen Süß-Rezeptor-Moleküls an. Wie ein Molekül geformt sein muss, damit es andocken kann und den süßen Geschmack auslöst, ist nach wie vor nicht vollständig geklärt. Offensichtlich ist die räumliche Anordnung bestimmter chemischer Gruppen im Molekül von entscheidender Bedeutung, denn es fällt auf, dass oft bereits kleine strukturelle Modifikationen darüber entscheiden, ob etwas süß oder bitter schmeckt. Variationen im chemischen Aufbau der Rezeptoren könnten für individuelle Formen der Wahrnehmung von Süß verantwortlich sein. Die mit Abstand größte süße Rolle in der Ernährung spielen Zucker, Zuckerderivate, Alkohole und Glykole, also organische Verbindungen, die gut wasserlöslich sind. Sehr wenige anorganische Verbindungen, namentlich Blei- und Berylliumsalze, die in der freien Natur aber nur relativ selten vorkommen, schmecken ebenfalls süß.

Die Intensität, mit der verschiedene Substanzen als süß wahrgenommen werden, ist extrem unterschiedlich. Sie wird zumeist auf den wichtigsten süßen Stoff, die Saccharose, bezogen und als *relative Süßkraft* bezeichnet. Die relative Süßkraft einer süßen Substanz ist beispielsweise 10, wenn die Lösung dieser Substanz zehnfach verdünnt werden muss, um ebenso süß wie eine definierte Saccharose-Lösung zu schmecken. Es gibt Süßstoffe mit einer unglaublich starken Süßkraft. Thaumatin beispielsweise ist ein zugelassener Süßstoff, der aus einer westafrikanischen Pflanze gewonnen wird, und eine Süßkraft von 2000 aufweist. Manche Süßstoffe haben allerdings keinen reinen süßen Geschmack, sondern einen bitteren, adstringierenden oder metallischen Nebengeschmack. Auch ist die zeitliche Entwicklung der Süße von vielen Süßstoffen oft nicht gleich wie bei Saccharose. Sucralose ist hier als Beispiel zu nennen. Sucralose ist eine mit Chlor modifizierte Saccharose und wurde vor einigen Jahren zugelassen. Sie hat eine 650-fache Süßkraft, aber die Süße ist zu Beginn gering, wird dann intensiv und bleibt relativ lange auch als Nachgeschmack wahrnehmbar. Auch der synthetische Süßstoff Aspartam, der aus den zwei Aminosäuren Asparaginsäure und Phenylalanin besteht, weist eine andere zeitliche Entwicklung der Süße auf als Zucker. Letztlich schmeckt nur echter Zucker süß wie Zucker. Er liefert auch Kalorien im Gegensatz zu künstlichen Süßstoffen, die nur sehr wenige oder gar keine Kalorien haben. Häufig verwendet man beim Süßen mit künstlichen Süßstoffen Mischungen verschiedener Süßstoffe und auch Zucker selbst, sodass man den Unterschied zum echten Zucker kaum mehr oder gar nicht erkennt. Vor allem wenn die Süßstoffe einem komplexen Lebensmittel zugesetzt werden, kann es sein, dass die Fehlgeschmäcker der Süßstoffe von den Geschmacks- und Aromastoffen des Lebensmittels maskiert werden. Bei einem Orangen- oder Grapefruitsaft beispielsweise wird ein leicht bitterer Nachgeschmack durch einen Süßstoff wohl nicht bemerkt werden, weil der Saft auch ohne Süßstoff leicht bitter im Nachgeschmack ist.

Bitter – Achtung Gift!

Für die Wahrnehmung von bitteren Substanzen verwenden unsere Sinneszellen 25 unterschiedliche Rezeptoren. Wenn an einem dieser Rezeptoren ein Bitterstoff andockt, wird im Zellinneren ähnlich wie bei der Süßwahrnehmung eine Reihe von chemischen Reaktionen ausgelöst, die zum Ausschütten von Botenstoffen führen, die wiederum ein Nervensignal an das Gehirn bewirken. Während die Wahrnehmungen sauer und salzig von sehr wenigen chemischen Substanzen ausgelöst werden – Säuren bzw. Kochsalz –, gibt es bei bitteren Substanzen eine große chemische Vielfalt. Zu den Bitterstoffen zählen Salze von Kalzium-, Magnesium- und Ammoniumverbindungen und viele organische Substanzen wie

Harnstoff, Chinin oder Koffein. Entsprechend dieser Vielfalt hat die evolutionäre Entwicklung dazu geführt, dass wir über eine Reihe unterschiedlicher Bitterrezeptoren verfügen, die jeweils auf eine Bittersubstanzgruppe ansprechen. Die bekannten Bitterrezeptoren sind alle nicht für eine einzelne Substanz zuständig, sondern für jeweils eine Gruppe von Substanzen mit ähnlichen chemischen Strukturmerkmalen. Wolfgang Meyerhoff vom Deutschen Institut für Ernährung in Potsdam geht davon aus, dass wir mit den 25 Bitterrezeptoren tausende verschiedene Bitterstoffe erkennen können, aber obwohl wir 25 Bitterrezeptoren haben, können wir nicht 25 unterschiedliche Bitter-Varianten wahrnehmen. Offensichtlich führen die Bitter-Rezeptorerregungen zu Aktivierungen der Nervenzellen, die immer als ähnliche Bitter-Wahrnehmung im Gehirn interpretiert werden. Bitter ist eben bitter.

Von der persönlichen Empfindlichkeit auf *eine* bittere Substanz kann man wegen der unterschiedlichen zuständigen Rezeptoren nicht auf die Empfindlichkeit auf andere Bittersubstanzen schließen. Die Empfindlichkeit von Prüfpersonen muss also immer bezüglich der speziellen Substanz getestet werden, für die man sich interessiert. Meistens sind die Schwellwerte innerhalb einer Personengruppe eingipfelig normal verteilt, gelegentlich jedoch sind sie zweigipfelig verteilt, was bedeutet, dass es zwei Gruppen von Menschen gibt: die Schmecker und die Nicht-Schmecker, Personen, die in der Lage sind, den Bitterstoff bei sehr niedrigen Konzentrationen bereits wahrzunehmen, und solche, die erst bei weit höheren Konzentrationen überhaupt etwas bemerken. Ein Beispiel dafür ist das berühmte PROP (6-n-Propylthiouracil). Die Fähigkeit, diese Substanz bei niedrigen Konzentrationen wahrzunehmen, scheint genetisch vererbt zu werden. In einer Population gibt es relativ stabile prozentuelle Verhältnisse von Schmeckern und Nicht-Schmeckern, und angeblich wurde die PROP-Sensitivität früher als Indiz bei einem Vaterschaftstest herangezogen. Schmecker und damit gegen Bitterstoffe sensibel zu sein, ist nicht unbedingt angenehm und kann dazu führen, dass auf eine Reihe von Lebensmitteln verzichtet wird, die man als ernährungsphysiologisch wertvoll betrachtet wie z.B. Brokkoli oder andere bittere Gemüsearten.

Für die Wahrnehmung von PROP ist einer der 25 Bitter-Rezeptoren verantwortlich und von diesem Rezeptor liegen leicht unterschiedliche Varianten vor. Die eine Variante erkennt PROP sehr gut, die andere reagiert erst bei höheren Konzentrationen. PROP kommt zwar nicht in Lebensmitteln vor, aber manche Gemüsesorten wie Brokkoli oder Kohlsprossen enthalten sekundäre Pflanzeninhaltsstoffe namens Glukosinolate, die ähnliche chemische Merkmale wie PROP aufweisen. PROP-Schmecker finden diese Gemüsesorten stark bitter und schätzen sie daher nicht so wie Nicht-Schmecker. Die Schmecker werden daher besser vor diesen Glukosinolaten geschützt, und das ist gut so, denn Glukosinolate behindern nämlich die Aufnahme von Jod in die Schilddrüse und haben so einen gesundheitlich negativen Effekt.

In den letzten Jahrzehnten sind unzählige Studien publiziert worden, die untersucht haben, ob bzw. wie sich PROP-Schmecker und -Nicht-Schmecker in ihren chemischen Wahrnehmungsfähigkeiten unterscheiden. Linda Bartoshuk, eine der Gründungsmütter der modernen Sensorik, hat auf PROP-Untersuchungen ihr Konzept der Superschmecker aufgebaut, wonach es Superschmecker gäbe, die allen Geschmack sehr intensiv bei bereits niedrigen Konzentrationen wahrnehmen, während die Nicht-Schmecker erst ab höheren Konzentrationen zu schmecken beginnen. Schmecker sind nicht unbedingt glücklich mit ihrem Essen, denn alles ist ihnen gleich einmal zu intensiv, zu süß, zu bitter und sie neigen daher dazu, sehr wählerisch zu sein, während die Nicht-Schmecker es gut haben, sie brauchen nur etwas nachzusalzen, sie geben mehr Pfeffer drauf und es schmeckt ihnen schon. Die moderne genetische Erforschung der Schmeckfähigkeiten zeigte aber, dass die erhöhten Wahrnehmungsfähigkeiten der Superschmecker mit einer überdurchschnittlich hohen Dichte an Geschmackspapillen verknüpft sind und nicht mit der Fähigkeit PROP zu schmecken. Meist haben PROP-Schmecker zwar eine hohe Dichte an Geschmackspapillen, aber eben nicht immer, und daher wird das Konzept der Superschmecker heutzutage auf der Papillendichte aufgebaut und nicht auf dem PROP-Status.

Obwohl Süß und Bitter wie ein Gegensatzpaar unserer Geschmackswahrnehmung wirken, gibt es doch eine gewisse Verwandtschaft zwischen den beiden. Manche Stoffe ändern ihre Geschmacksart, wenn sie nur leicht in ihrer räumlichen Anordnung verändert werden. Phenolphthalein erscheint zeitlich zuerst bitter und dann süß. Auch bei vielen Süßstoffen kann ein bitterer Nebengeschmack festgestellt werden. Verwechslungsgefahr besteht zwischen bitter und süß nicht, in Geschmackserkennungstests wird bitter am häufigsten noch mit sauer verwechselt.

So wie die Vorliebe für Süß, ist auch die Abneigung gegen Bitteres angeboren. Die Geschmacksforschung mit Neugeborenen hat klar gezeigt, dass Babys versuchen, eine bittere Lösung rasch wieder auszuspucken, und sie schneiden dabei eindeutig abwehrende Grimassen, sie strecken die Zunge angewidert heraus und legen die Stirn in Falten. Diese charakteristische, sogenannte gustofaziale Reaktion gegen bitter ist nicht nur bei „normalen" Neugeborenen zu beobachten, sondern auch bei Kindern, denen große Teile des Gehirns fehlen oder die einen Wasserkopf haben. Und das deutet darauf hin, dass die Bewertung der Grundgeschmacksarten auf einem sehr niedrigen Gehirnniveau angesiedelt ist: Man muss also kein Genie sein, um süß zu lieben und bitter zu hassen.

Nach Paul Rozin haben wir es bei der Vorliebe für Süß und der Abneigung gegen Bitteres mit einem vorprogrammierten Sicherheitssystem zu tun. Bei süßen Lebensmitteln ist mit einer sicheren und schnellen Energiequelle zu rechnen, während Bittergeschmack mit riskanten Lebensmitteln verbunden ist. In genügend hoher Konzentration lösen bittere Stoffe, wenn sie in den Mund eingebracht werden, regelrecht Spei- und Würgereflexe aus, die darauf abzielen, das bittere Lebensmittel wieder aus dem Mund zu bringen – ein guter Schutzmechanismus. Dieses klare Bewertungsschema „süß = gut & bitter = schlecht" wird im späteren Lebensverlauf durch Erfahrungen und verschiedene Lernprozesse überformt, sodass wir dann doch beispielsweise zu bitterem Kaffee greifen. Wir fangen klarerweise als Kinder oder Jugendliche nicht gleich an, wie die Erwachsenen Espresso zu schlürfen, sondern wir trinken zuerst Kaffee, der mit viel Zucker und Milch versetzt ist, und damit viel weniger bitter schmeckt. So gewöhnen wir uns langsam an den bitteren Geschmack und lernen das reichhaltige Aroma des Kaffees und auch die stimulierende Wirkung des Koffeins zu schätzen, bis wir schließlich Milch und Zucker reduzieren und auch bitteren Kaffee gerne trinken. Auch bitteres Bier beinhaltet eine Substanz, die – so wie Koffein in Kaffee – einen belohnenden Wert hat: den Alkohol.

Da bitter vor allem in höherer Intensität eindeutig schlecht schmeckt, sucht man schon länger nach Möglichkeiten die Bitterwahrnehmung zu unterdrücken. Neben dem Zusatz von Zucker oder Süßstoffen – denken Sie an Kaffee! – sind dazu einige Stoffe geeignet, die selbst nur sehr schwach oder gar nicht schmecken. Diese Stoffe blockieren entweder den Bitterrezeptor in den Sinneszellen oder wirken auf einer anderen Ebene des Bitter-Wahrnehmungsprozesses hemmend. Beispielsweise wurde in den USA Adenosinmonophosphat, eine umami-artig schmeckende Substanz, als Bitterblocker patentiert und zur Verwendung als Bitterblocker zugelassen. Andere Substanzen wie Zink-, Natrium- und Lithiumsalze, Capsaicin, Neodiosmin, Santakraut-Inhaltsstoffe oder Pyridinium Betaine sind ebenfalls als Bitter-Modulatoren einsetzbar. Auch Kochsalz reduziert die Intensität von Bitterwahrnehmungen und darum schmeckt gesalzenes Gemüse weniger bitter und die Aromen erscheinen intensiver. Einsatzgebiete von Bitterblockern könnten beispielsweise die Herstellung milderer Kaffeesorten, weniger bitteren Grapefruitsafts und besser schmeckender Soja- oder Gemüseprodukte sein. Gesunde, aber bittere Polyphenole wären mit größerem Vergnügen konsumierbar, aber auch die sprichwörtliche bittere Medizin könnte etwas leichter über die Lippen vor allem von Kindern gehen. Kochsalzempfindliche Personen verwenden mitunter Kaliumchlorid als Kochsalzersatz, das einen bitteren Nebengeschmack aufweist und diesen könnte man ebenfalls durch Bitterblocker verschwinden lassen.

Einige empörte Aufregung – vor allem unter Liebhabern von 90-Prozent-Schokolade, Gin Tonic und schwarzem Kaffee – erregte eine Studie der Universität Innsbruck. Sie beschreibt einen signifikanten Zusammenhang zwischen der Bitter-Vorliebe und psychopathischem Verhalten wie Sadismus, Narzissmus, und Machiavellismus. Die Ursache-Wirkungsverhältnisse sind nicht vollständig geklärt: Macht bitterer Geschmack psychopathisch oder ist psychopathisch, wer bitter liebt? Indizien zeigen aber deutlich in die Richtung, dass bittere Geschmackserlebnisse zu feindseligem Verhalten führen können. Es werden andere Personen strenger beurteilt und man reagiert feindseliger auf sie. Wenn diese Studien bestätigt werden, dann kann man sagen, dass die Persönlichkeit von Menschen, die dauernd Bitteres essen und trinken, weil es ihnen gut schmeckt, auch dauernd negativ beeinflusst wird, sodass diese Personen eine größere Wahrscheinlichkeit haben, feindselig und sadistisch zu handeln.

Salzig – Naja NaCl

Salzigen Geschmack finden viele Menschen dermaßen gut, dass sie zu viel Salz essen und sich damit Gesundheitsprobleme einhandeln. Zu viel Salz kann nämlich zu erhöhtem Blutdruck führen, der langfristig Schäden im Herz-Kreislauf-System verursacht. Es ist daher wichtig, nicht zu viel Salz aufzunehmen, aber leider macht es viele Speisen erst so richtig wohlschmeckend. Klar ist aber auch: Eine bestimmte Menge an Salz ist lebensnotwendig, denn der Körper braucht es, um in seinen Körperflüssigkeiten den richtigen osmotischen Druck einstellen zu können und auch das Chlor des Natriumchlorids wird dringend für die Produktion der Salzsäure im Magen benötigt. Die Weltgesundheitsorganisation WHO empfiehlt für einen

Erwachsenen einen täglichen Salzkonsum von 5 Gramm. In vielen Ländern liegt der tägliche Salzkonsum weit über diesem Wert. Dass es dennoch möglich ist, den Verbrauch zu senken, zeigt das Beispiel Finnland. In Finnland konnte über einige Jahre hin der Verbrauch von beträchtlichen 14 Gramm auf 5 Gramm gesenkt werden. Die Strategie, die man in Finnland eingesetzt hat, bezeichnet man als Lattenzaun-Strategie. Bei diesem Trick wird die Salzkonzentration in allen Produkten einer Branche (z.B. Brot) gerade um so wenig gesenkt, dass diese Absenkung für die Konsumenten nicht wahrnehmbar ist. Nach einer Gewöhnungsphase, in der die niedrigere Konzentration als normal erlernt wird, senkt man die Salzkonzentration wieder so wenig, dass sie nicht zu unterscheiden ist von der vorigen, bereits leicht reduzierten Konzentration. Anschließend gibt es wieder eine Gewöhnungsphase und so weiter und so fort, bis man schließlich bei einer weitaus niedrigeren Salzkonzentration angelangt ist als zu Beginn. Würde man die Produkte mit der ursprünglichen Salzkonzentration mit den nach einigen Durchläufen reduzierten direkt vergleichen, würde der Unterschied deutlich erkannt werden, aber mithilfe des Lattenzaun-Tricks hat es keiner gemerkt.

Häufig ist das eigentliche Problem nicht das Salz, das wir selbst aus dem Salzstreuer zusetzen, sondern das Salz, das sich in Fertiggerichten, Brot, Wurst und Snacks versteckt. Dieses versteckte Salz hebt den Salzkonsum auf ein beachtliches Grundniveau. Lange Zeit sucht man daher schon nach Substanzen, die ähnlich salzig schmecken wie NaCl, dabei aber gesundheitlich unbedenklich sind. Leider aber ist der menschliche Salz-Rezeptor sehr selektiv und es gibt nur wenige salzig schmeckende chemische Stoffe. Einer dieser Stoffe ist Kaliumchlorid, das inzwischen gern zur Reduktion des Natriums in der Nahrung verwendet wird, aber in reiner Form leider einen Fehlgeschmack zum Bitteren hin aufweist. Es wird daher meist nur in Mischungen mit Kochsalz oder Kräutern verwendet. Manchmal wird auch Meersalz als natriumärmere Salz-Alternative angeboten, aber Tatsache ist, dass in Meersalz auch nur das Natriumchlorid salzig schmeckt, der Rest ist Wasser und verschiedene Verunreinigungen wie Magnesium-, Kalziumsalze oder Natriumsulfat. Eventuell gibt es in Meersalz noch ein gewisses

Meer-Aroma, das von verschiedenen sehr geruchsaktiven Substanzen wie z.B. von Abbauprodukten toter Meerestiere, den biogenen Aminen stammt.

In der Öffentlichkeit werden in den letzten Jahren teilweise kontrovers die vielen unterschiedlichen Salzprodukte diskutiert, die sich in unseren Supermärkten befinden und auf die Hobbyköche gerne zurückgreifen. Braucht man wirklich Himalayasalz, Meersalz, Steinsalz oder gar die manchmal überaus teuren Spezialitäten wie schwarzes Lavasalz aus Hawaii, das pyramidenförmige Maldon Sea Salt oder das Kala Namak aus Indien? Klar ist, dass die Salzigkeit immer vom Natriumchlorid des Salzprodukts verursacht wird. In manchen Salzprodukten finden sich Farbstoffe, die hübsch aussehen: Einschlüsse von Kaliumchlorid können eine schöne blaue Färbung der Kristalle ergeben, Eisensalze erzeugen das schöne Rosa bis Rot der Himalayasalze und Kohlenstoff führt zum Schwarz des Lavasalzes. Natürlich führt aber jegliche Verunreinigung zu einer geringeren Intensität der Salzigkeit des Salzes. Für den Regelfall wird also ganz konventionelles Salz völlig ausreichend sein, nur wenn man einem Gast imponieren möchte, sollte man schöne Salze verwenden. Oder wenn man eine knusprige Textur auf seinem Fleisch haben möchte, kann man Salzflocken verwenden, wie sie im Fleur de Sel vorliegen. Eine völlige Verschwendung ist es, wenn man teure Salzsorten wie Fleur de Sel in das Kochwasser von Nudeln gibt, dafür kann man getrost einfaches raffiniertes Salz verwenden – der Großteil wird ohnehin weggeschüttet.

Die Wahrnehmung salzig wird am reinsten und intensivsten durch Natriumchlorid, also durch Natrium- und Chlorid-Ionen ausgelöst. Für salzig liegen keine Rezeptormoleküle wie bei süß oder bitter vor, sondern es treten die Natriumionen bei Erhöhung der Konzentration im Speichel nach Aufnahme salzhaltiger Speisen über Ionenkanäle in den Sinneszellen direkt in die Sinneszelle ein. Die eingetretenen Natriumionen bewirken eine Depolarisation der Zelle und eine Ausschüttung von Botenstoffen zur ableitenden Nervenzelle, die das entstehende Signal an das Gehirn ableitet. Anschließend werden die Natriumionen unter Aufwendung von Energie wieder aus der Zelle entfernt.

Wenn man Natrium durch Lithium, Kalium oder Ammonium ersetzt, so erhält man ebenfalls mehr oder weniger salzig schmeckende Verbindungen, allerdings ist Lithiumchlorid zusätzlich sauer und Kaliumchlorid sowie Ammoniumchlorid sind auch bitter. Ersetzt man das Chlorid durch Bromid, so erhält man ebenfalls leicht salzige Salze. Jodide sind in erster Linie bitter und Natriumnitrat und Natriumsulfat salzig und bitter. Natriumsalze organischer Säuren wie Azetat, Glutamat und Zitrat sind deutlich weniger salzig als Kochsalz.

Wichtig für die Intensitätswahrnehmung von Salz ist auch, wie gut das Salz in einem Lebensmittel verfügbar ist. Ist das Salz gleichmäßig im Lebensmittel verteilt, nimmt man eine relativ große Menge Salz auf, ohne es besonders intensiv wahrzunehmen – man schluckt es, bevor es überhaupt eine Chance hatte, auf die Sinneszellen einzuwirken. Weit intensiver wird die gleiche Menge Salz wahrgenommen, wenn sie in leicht verfügbarer Form konzentriert an der Oberfläche des Produkts vorliegt, beispielsweise in Form von ein paar Körnern Fleur de Sel auf Fisch oder Fleisch. Die ungleichmäßig auf dem Fleisch- oder Fischstück verteilten Salzkristalle sorgen für geschmackliche Abwechslung, und durch die sich auflösenden Salzkristalle schmeckt man einzelne Salzspitzen, was die Salzigkeit stärker hervortreten lässt, als wenn das Salz gleichmäßig verteilt wäre. Sensorisch unterstützt wird die Salzigkeit auch durch den leicht knusprigen Effekt der großen Salzflocken. So kann man sich vor allem als natriumsensitiver Mensch, der auf zu viel Salz mit Bluthochdruck reagiert, einiges an Salz und damit gesundheitlicher Belastung ersparen, ohne sensorische Einbußen hinnehmen zu müssen. Auch die stellenweise Konzentration innerhalb eines Lebensmittels führt zu einer intensiveren Wahrnehmung der Salzigkeit. Wenn lange Zeit wenig Salz zur Zunge kommt, dann fällt konzentriert auftretendes Salz besonders stark auf und wird als intensiv wahrgenommen. Man machte beispielsweise Versuche, Salz im Brot in schichtenförmigen Bereichen zu konzentrieren, die sich mit Schichten ohne Salz abwechselten. Und diese Brote enthielten bei gleich intensiv wahrgenommener Salzigkeit in Summe dann weniger Salz als Brote mit gleichmäßig verteiltem Salz.

Sauer macht Lust auf mehr

05

Sauer ist ein Geschmack, der mitunter unterschätzt wird … ein schwerer Fehler, wie Ihnen das Experiment 5 vor Augen führt. Mirakulin ist ein Eiweißstoff aus der Frucht des westafrikanischen Wunderbaums und hat die Fähigkeit, saure Wahrnehmungen auszulöschen und in süße Wahrnehmungen umzuwandeln. Wenn man diese Substanz also auf die Zunge aufbringt und kurze Zeit einwirken lässt, dann schmeckt Essig plötzlich nicht mehr sauer, sondern süß wie Honigwasser, Wein mit einer gewissen Säure schmeckt nicht mehr süß-sauer, sondern platt und langweilig süßlich, eine saure Zitrone schmeckt wie eine fahl-süße Orange und süß-saure Früchte verlieren völlig den erfrischenden Charakter, den wir so an ihnen schätzen. Ohne Sauer sieht die sensorisch-kulinarische Welt regelrecht farblos aus. Andererseits sind reine Säuren sehr gefährlich, sie schädigen das Körpergewebe und daher werden sie nicht rein verwendet, sondern verdünnt und in Mischungen mit anderen Grundgeschmacksarten, vor allem mit Süß und Salzig. In solchen Mischungen macht Säure die jeweilige Speise irgendwie interessant. Säure hat rein funktional-technologisch betrachtet auch den angenehmen Effekt, dass das Wachstum von möglicherweise schädlichen Mikroorganismen verlangsamt wird.

Bei saurer Geschmackswahrnehmung löst *eine* chemische Substanz die Wahrnehmungskaskade aus, nämlich die Protonen von Säuren. Sie blockieren in der Membran der Sinneszellen tunnelartige Kalium-Ionen-Kanäle, sodass sich positiv geladene Ionen im Zellinneren anreichern, die Zelle depolarisiert und Botenstoffe ausgeschüttet werden, die zu einem Signal im ableitenden Nerv führen.

Das Wort „Säure" kann mehrere Bedeutungen haben, einerseits meint es das Geschmackserlebnis von sauren Lebensmitteln wie Essig oder Zitrone, andererseits bezeichnet „Säure" auch die chemischen Substanzen, die Protonen freisetzen und damit chemisch als Säuren gelten. Die Konzentration an Protonen wird in pH-Einheiten angegeben und im Allgemeinen schmecken chemisch saure Lösungen, solche mit niedrigem pH-Wert, auch sauer. Saurer Geschmack wird also – wenig überraschend – durch Säuren hervorgerufen, allerdings ist die Intensität der Wahrnehmung nicht immer proportional zum pH-Wert der Säure. Beispielsweise wird Essigsäure saurer als die Salzsäure mit gleichem pH-Wert wahrgenommen. Protonen scheinen also nicht alleine die Sauer-Wahrnehmung zu bestimmen, andere chemische Gruppen dürften modulierend wirken.

Wasser mit einem pH-Wert von 7 wird als neutral, nicht sauer und nicht basisch wahrgenommen. Viele Erfrischungsgetränke allerdings haben pH-Werte von 4 und das ist schon so sauer, dass bei häufigem Konsum – vor allem mit Strohhalmen – auch Schäden an den Zähnen auftreten können. Manche Gewebearten unseres Körpers können allerdings mit Säure gut umgehen, sie brauchen sogar Säure. Im Magen herrscht ein pH-Wert bis zu 1 und das ist so sauer, dass viele Mikroorganismen zerstört werden und die Auflösung des Gegessenen rasch stattfinden kann.

Wenn man Neugeborene Saures kosten lässt, reagieren sie in Abhängigkeit von der Konzentration der Säure sehr negativ und machen eine charakteristische Mimik. Der Mund wird spitz und die Augenbrauen werden verärgert zusammengezogen. Untersuchungen von Sophie Nicklaus vom Institut du Goût in Dijon haben gezeigt, dass Neugeborene auf Säure sogar negativer reagieren als auf Bitterstoffe. Sie erklärt diese Reaktion damit, dass für das ungeborene Kind ein saures Milieu im Fruchtwasser ein sehr starkes Alarmsignal darstellt. Säuren können großen Schaden anrichten, sie können Gewebe durch Verätzungen zerstören und so schwere gesundheitliche Defekte auslösen. Zum Schutz gegen einen Säureangriff im Mund wird reflexartig vermehrt Speichel sekretiert. Der zusätzliche Speichel verdünnt die Säure und Schäden werden reduziert. Die angeborene Aversion gegen Saures wird späterhin durch Sozialisierungs-, Erfahrungs- und Gewöhnungsmechanismen langsam abgebaut und es gibt tatsächlich eine große Menge von Kindern (Schätzungen gehen bis zu 30 Prozent), die intensiv saure Lebensmittel sehr schätzen und gern möglichst saure Gummischlangen oder ähnliche Produkte essen.

Das führt uns zur Klärung der oft gestellten Frage, ob sauer tatsächlich lustig macht. Und ja, beißt man in eine saure Zitrone, so verzieht sich das Gesicht zu einer wilden Grimasse, die durchaus lustig und komisch aussehen kann, aber die Redensart dürfte doch einen anderen Hintergrund haben. Das Wort lustig leitet sich etymologisch von „Lust", also der sinnlichen Begierde ab, und in diesem Sinne scheint es früher auch verwendet worden zu sein. Sauer macht also nicht lustig im heutigen Sinne von fröhlich oder ausgelassen, sondern im Sinne von Lust haben und begierig sein, weiter zu essen. „Sauer macht lustig" bedeutet also, dass Sauer appetitanregend wirkt! Sachlicher Hintergrund dieser Redensart könnte sein, dass Säuren den Speichelfluss und damit die Verdauung und den Appetit anregen. Wenn einem der Speichel im Mund zusammenfließt, dann wollen wir essen und können es auch besser, weil der eingespeichelte Bissen flutschend leicht geschluckt werden kann. Viele Vorspeisen scheinen auf diesen Effekt zu setzen, denken Sie nur an all die sauren Antipasti, Horsd'œuvre oder Tapas – Oliven, Gurken, Kapern, Auberginen, Pilze, Meeresfrüchte.

Umami – der Wohlgeschmack Asiens

In Europa hat man sich lange Zeit gegen die Ansicht der Japaner gewehrt, es gäbe neben süß, sauer, bitter und salzig auch den Grundgeschmack umami, der vom Salz der Glutaminsäure, dem Glutamat und auch anderen Aminosäuren, den Bausteinen der Proteine, ausgelöst wird. Inzwischen ist umami im Westen als Grundgeschmacksart etabliert, aber noch immer nicht vollständig im Alltag angekommen. Es wird behauptet, dass Europäer nicht in der Lage waren, umami als Grundgeschmacksart durch die eigene kulinarische Praxis zu identifizieren, weil die europäischen Speisen generell reich an Glutamat waren. Glutamat befindet sich in großen Mengen beispielsweise in Fleisch, Fisch, Hartkäse (Parmesan), Pilzen und Tomaten. Der Umami-Geschmack ist eindeutig ein Hinweis auf ein proteinreiches Lebensmittel. Und weil die Papillen der Europäer im Gegensatz zu den Japanern, die lange Zeit eine weitaus proteinärmere Kost hatten, dauernd in Glutamat badeten, haben sie nicht erkannt, dass hier eine eigenständige Geschmacksart vorliegt. Man sagt außerdem, der Erfolg der italienischen Küche sei darauf zurückzuführen, dass viele sehr glutamatreiche Rohstoffe eingesetzt werden. Denken Sie nur an den Belag von Pizza Capricciosa – Tomaten, Käse, Pilze, Schinken, Sardellen – alles stark glutmathältige Zutaten. Oder Spaghetti Bolognese: ein Ragout aus Faschiertem und Tomaten und darüber dann noch geriebener Parmesan, der mehr als 1 Prozent reines Glutamat enthält.

Bereits im Jahr 1908 wurde vom Japaner Kikunae Ikeda aus Braunalgen Glutamat isoliert, das Salz der Glutaminsäure, dessen Geschmack als prototypisch „umami“ bezeichnet wurde. Umami bedeutet nichts anderes als wohlschmeckend, angenehm herzhaft, pikant. Seit 1909 wird Glutamat vermarktet und 1958 wurde es von der amerikanischen Lebensmittelbehörde als sicher eingestuft. 1991 bestätigte dann die entsprechende Behörde der Europäischen Union die Sicherheit von Glutamat. Die Angabe eines ADI-Werts (akzeptable tägliche Aufnahmemenge) wurde als nicht nötig befunden, aber die Zugabe von Glutamat zu Fertiggerichten auf maximal 1 Prozent beschränkt. Die Weltproduktion von Glutamat beträgt inzwischen bereits 1.500.000 Tonnen pro Jahr. 1 Prozent in Fertiggerichten klingt viel, aber in Wirklichkeit werden so hohe Dosen nie zugesetzt, weil ein Zuviel an Natriumglutamat einfach nicht gut schmeckt. Meist liegt das Optimum bei 0,3 bis 0,6 Prozent Natriumglutamat. Im Parmesan befindet sich oft mehr als 1 Prozent Natriumglutamat, neben vielen anderen Aminosäuren und Peptiden, die bei der lange dauernden Reifung des Käses und dem dabei erfolgenden Abbau des Milcheiweißes entstehen. Das Sandig-Griesige von Parmesan ist teilweise auf die auskristallisierten Salze und Aminosäuren zurückzuführen. Daher lieben wir es, Parmesan über viele Speisen zu reiben – Spaghetti Bolognese wird durch den Geschmacksverstärker einfach runder und intensiver.

Glutamat verursacht eindeutig eine von den klassischen vier Grundgeschmacksarten unterschiedliche Geschmacksempfindung. Diese Umami-Empfindung kann nicht durch Mischung der anderen vier Grundgeschmacksarten erzeugt werden und Glutamat beeinflusst auch nicht die vier anderen Grundgeschmacksarten. Das alles sprach auch schon vor der Zeit der Entdeckung von Geschmacksrezeptormolekülen für die Existenz dieses Grundgeschmacks umami, doch der unumstößliche Beweis für die Existenz der fünften Grundgeschmacksart umami ist mit der Identifikation der Rezeptormoleküle in den Geschmackssinneszellen im Jahr 2000 bzw. 2004 erbracht worden. Für Umami-Substanzen liegt eindeutig ein anderes Rezeptormolekül vor als für die vier klassischen Grundgeschmacksarten. Dieses Rezeptormolekül besteht aus zwei Teilen und ein Teil ist ident mit einem der zwei Teile des Rezeptormoleküls der Süßwahrnehmung.

Natriumglutamat zeichnet sich in seiner Wahrnehmung durch starke synergistische Effekte mit Nukleotiden aus, chemischen Stoffen, die vor allem in zellkernreichen Geweben wie Fleisch zu finden sind. Daher rührt seine Verwendung als „Geschmacksverstärker" in Suppen und Fleischgerichten. Natriumglutamat führt vor allem zu einer Intensivierung des Flavours würziger Speisen. In dieser Eigenschaft kann es durchaus missbräuchlich verwendet werden, etwa wenn eine höhere sensorische Qualität vorgetäuscht werden soll, als tatsächlich im Produkt vorhanden ist. Rindfleisch beispielsweise muss man reifen lassen, bevor es gegessen werden kann, und bei diesen Reifungsprozessen werden Proteine zu einer Vielzahl unterschiedlicher Peptide und Aminosäuren abgebaut, die einen komplexen Geschmack erzeugen. Da dieser Reifungsprozesse jedoch zeitaufwändig und kostenintensiv ist, könnte man versucht sein, eine längere Reifung durch Zusatz von Natriumglutamat vortäuschen zu wollen oder Enzyme einzusetzen, die den Proteinabbau stark beschleunigen. Positiv zu bewerten ist, dass Natriumglutamat zu einer Reduktion von Kochsalz beitragen kann, die Speisen wirken pikanter und würziger und bedürfen daher nicht so großer Salzmengen. Das Wohlgeschmacksoptimum von Natriumglutamat ist allerdings rasch überschritten, ab einer Konzentration von 0,4 Prozent werden Natriumglutamat-Lösungen als nicht mehr wohlschmeckend bewertet.

Nachdem entdeckt worden war, dass Glutamat ein Botenstoff für Nerven ist, versuchte man in den 1950er Jahren Glutamat einzusetzen, um die Intelligenz von Kindern zu erhöhen. Diese Versuche, bei denen täglich sehr große Mengen an Glutamat verabreicht wurden, haben aber die Intelligenz der Kinder keineswegs nicht verbessert, aber auch ihre Gesundheit nicht beeinträchtigt. Gesundheitsschädliche Wirkungen von Natriumglutamat werden trotz der relativ eindeutigen Befunde der Wissenschaft immer wieder öffentlich behauptet und diskutiert. Auch als Gefräßig-Macher ist Glutamat in Verruf geraten, der regelrecht süchtig machen soll – wie ja auch Zucker. Die Suchtforscher haben dazu eine relativ dezidierte Meinung, sie stellen klar, dass das eine drastische Verharmlosung des Suchtbegriffs ist und die starke Beliebtheit von süß und umami nicht zu einer schädlichen Abhängigkeit führt wie bei der Sucht nach Alkohol und anderen Drogen.

Es gibt inzwischen viele Konsumenten, die Glutamat strikt ablehnen, weil es für sie zu einem Indikator für industrielle Lebensmittelverarbeitung geworden ist. Für diese Glutamat-Gegner ist es wahrscheinlich eine schockierende Tatsache, dass Natriumglutamat natürlicherweise schon in den ersten Mahlzeiten von Babys zu finden ist, nämlich in der Muttermilch. Für die Kinder ist das eine wertvolle Aminosäuren-Quelle. Manchmal wird gegen Glutamat ins Treffen geführt, dass es allergische Reaktionen auslösen würde, aber tatsächlich sind gegen Glutamat keine allergischen Reaktionen möglich, da das Molekül für eine Immunantwort zu klein ist. Möglicherweise sind hier psychologische Effekte wie der Nocebo-Effekt im Spiel, welcher ähnlich wie der Placebo-Effekt funktioniert, nur dass beim Nocebo-Effekt keine positiven, sondern negative Folgen erwartet und schlussendlich auch verspürt werden. Eine Allergie gegen einen Stoff, der wie Glutamat eine so große Bedeutung im Körper hat, wäre auch eine ganz schlimme, wahrscheinlich tödliche Angelegenheit. Aber es könnten auch biogene Amine für die mit Glutamat verbundenen Befindlichkeitsstörungen verantwortlich sein, denn biogene Amine entstehen durch chemische Umwandlung von Aminosäuren und es ist bekannt, dass biogene Amine viele physiologische Wirkungen wie Hautrötungen, Kopfschmerzen, Migräne, Blutdruckabfall etc. auslösen können. Wenn man aber keinerlei Befindlichkeitsstörungen nach dem Essen von glutamathältigen Lebensmitteln hat, kann man sich an dem abrundenden, würzigen Geschmack von Natriumglutamat erfreuen, ohne gesundheitliche Konsequenzen fürchten zu müssen.

Kokumi – was ist das?

Kokumi wird seit einigen Jahren als eine Wahrnehmung diskutiert, die man mit den Worten „langanhaltende kontinuierliche Harmonie“ und

„ausgeprägt vollmundiges Mundgefühl“ beschreiben kann. Vor allem lange geschmorte Eintöpfe, Chili con Carne oder Hühnersuppe weisen diesen Kokumi-Eindruck auf. Schon 1990 wurde gezeigt, dass ein Wasserextrakt von Knoblauch genau diesen Effekt erzeugt, wenn man ihn zu Glutamat-Lösungen hinzufügt. Die dahinter liegenden Substanzen sind Glutathion, Alliin und γ-Glutamyl-Peptide und auch Fettoxidationsprodukte. Kokumi gilt aber nicht als eigenständiger Geschmack, sondern als ein Verbesserer des Geschmacks und des Mundgefühls. Die Wirkung läuft wahrscheinlich über Rezeptormoleküle in Geschmackssinneszellen ab – zumindest wurde das bei Mäusen so nachgewiesen.

Fett – maximale Energiedichte

Das chemische Sinnessystem des Menschen versucht zu erkennen, ob ein Lebensmittel nahrhaft und sicher ist, und bereitet zugleich den Verdauungstrakt darauf vor, die aufgenommenen Nährstoffe zu verarbeiten. Am guten Geschmack erkennen wir notwendige Schlüsselkomponenten der Nahrung und am schlechten Geschmack toxische und unverdaubare Stoffe. Die fünf Grundgeschmacksarten süß, sauer, salzig, bitter und umami detektieren jeweils eine entsprechende Stoffgruppe. Süß steht für niedermolekulare Kohlenhydrate, sauer für Säuren, salzig für Natriumchlorid, umami für Aminosäuren und bitter für eine Vielzahl unterschiedlicher chemischer Stoffe, die gesundheitlich problematisch sein können. Daneben gibt es aber auch Belege für orale chemische Wahrnehmungssysteme für Stärkeabbauprodukte und andere Stoffe, die einen relevanten Ernährungsbeitrag leisten. Dazu zählt auch Fett, das in Lebensmitteln meist in Form von Triglyzeriden vorliegt.

Die gesamtheitliche sensorische Wahrnehmung von Lebensmittel-Fett löst Belohnungsreaktionen aus, die Lebensmittelpräferenzen entstehen lassen. Das ist ein wichtiger Mechanismus der Entstehung eines individuellen Präferenzen-Aversionen-Musters. Es scheint eine Tendenz zur erlernten Bevorzugung sensorischer Profile zu geben, die mit hoher Energiedichte verknüpft werden. Das Problem dieser Tendenz ist, dass Überkonsum von Fett leicht zu Adipositas führen kann und damit eine höhere Wahrscheinlichkeit für mehrere Krankheiten zeitigt.

Mangel an bestimmten Fettsäuren kann aber zu vielen Gesundheits- und Entwicklungsproblemen führen und daher scheint es im Interesse eines Organismus zu liegen, ein eigenes chemisches Wahrnehmungssystem für Fett auszubilden.

Und tatsächlich: Ähnlich wie bei Kohlenhydraten und Proteinen, bei denen die Abbauprodukte Zucker und Aminosäuren den Geschmack auslösen, verursachen beim Fett die freien Fettsäuren die chemische Fett-Wahrnehmung. Fettsäuren schmecken per se nicht gut, sondern erzeugen eher einen Würgereflex. Gut und angenehm wird der Fettgeschmack erst, wenn er in Kombination mit anderen Aromen und Geschmacksrichtungen auftritt – denken Sie nur an Schokolade oder fetten Speck. Vielleicht zeigen Fettsäuren den Verderb und das Ranzigwerden von Fetten und Ölen an und nicht, dass hier eine ernährungsphysiologisch hochwertige Energiequelle vorliegt. Für die Bezeichnung der etwaigen Grundgeschmacksart, die Fettsäuren auslösen, wird meist „fett" oder „fettig" verwendet, aber im akademischen Bereich wurde auch das sperrige Wort „Oleogustus" vorgeschlagen.

Für den Signalübertragungsweg wurden verschiedene Modelle entwickelt. Eine wesentliche Rolle spielt dabei das Fettsäure-Transportmolekül CD36, dessen Reaktion mit Fettsäuren über eine biochemische Reaktionskaskade zu einem elektrophysiologischen Signal im ableitenden Nerven führt. Das CD36-Molekül scheint mit Ionenkanal-Molekülen zu kommunizieren und auch GPR120 und ähnliche Rezeptoren scheinen eine prominente Rolle bei der Signalübertragung in der Sinneszelle zu spielen. Nicht alle Menschen sind in der Lage, Fettsäuren wahrzunehmen und von den anderen Grundgeschmacksarten zu unterscheiden. Die genetische Variabilität der Rezeptormoleküle und auch die Dichte der Rezeptormoleküle auf der Zunge könnten diese starken interindividuellen Unterschiede in der Fett-Wahrnehmungsfähigkeit erklären und damit auch die Präferenz für fettreiche Lebensmittel, die Aufnahme von Fett und die gesundheitlichen Konsequenzen daraus.

Die Empfindlichkeit auf Fettsäuren ist auch durch die Ernährungsweise formbar, denn es zeigt sich, dass eine fettarme Diät die Schwellwerte für Fettsäuren senkt. Eine fettreiche Diät dagegen erhöht die Fettsäure-Schwellwerte bei schlanken Erwachsenen, aber nicht bei adipösen Personen. Das wird mit der üblicherweise fettreichen Ernährungsweise Adipöser erklärt.

Sowohl in Tier- als auch in Humanstudien wurden Zusammenhänge zwischen der Fettsäure-Empfindlichkeit und dem Fettkonsum und der Gewichtsregulation gefunden. Wenig empfindliche Tiere nehmen mehr Fett auf und legen Körpergewicht zu, während empfindliche Tiere weniger Fett zu sich nehmen und nicht zunehmen. Ähnliche Beziehungen wurden auch beim Menschen gefunden. Bei Fettleibigen ist auch die Fettsäure-Chemozeption im oberen Verdauungstrakt weniger empfindlich als bei Normalgewichtigen, sodass womöglich die reduzierte Fettsäure-Chemozeption sowohl in der Mundhöhle als auch im Verdauungstrakt zu einer verzerrten Sättigungsantwort führt, die in vermehrte Energieaufnahme und Fettleibigkeit mündet.

Metallisch – ein Geschmack?

06

Metallischer „Geschmack" ist in Wahrheit kein Geschmack, sondern eine Geruchswahrnehmung von Fettoxidationsprodukten, die über den Mundraum in die Nase aufsteigen und dort eine Riechwahrnehmung auslösen. Man bezeichnet eine so entstehende Riechwahrnehmung als retronasal. Erstaunlicherweise wird so eine retronasale Riechwahrnehmung aber im Mund verortet, sodass wir sie umgangssprachlich als Geschmack bezeichnen, siehe Experiment 6. Bei metallischen Wahrnehmungen lösen Endprodukte der Fett-Oxidation, die im Mund durch die Wirkung von Metall-Ionen entstehen, eine typisch metallische Empfindung aus. Eisensulfat-Lösungen führen z.B. zu solchen metallischen Sensationen, indem die Fettstoffe, die sich im Speichel befinden, oxidiert werden. Mitunter entsteht ein metallischer Geschmack auch beim Verderb von fettreichen Lebensmitteln.

Dürfen es noch weitere Geschmacksarten sein?

Im Jahr 2014 publizierten Trina Lapis und Kollegen von der Oregon State University eine Arbeit, die erste Beweise liefert, dass es neben all den bekannten Geschmacksarten auch ein chemisches Wahrnehmungssystem für Glukose-Polymere gibt. Glukose-Polymere sind Abbauprodukte von Stärke, die auch im Mund erst durch die Wirkung eines Stärke spaltenden Enzyms, entstehen können der α-Amylase, und aus drei bis zehn und auch mehr als zehn Glukose-Molekülen bestehen. Bei Ratten ist schon vor längerer Zeit nachgewiesen worden, dass sie solche Glukose-Polymere chemisch wahrnehmen können, und zwar ohne Benutzung des Süß-Rezeptors. Es wurde gezeigt, dass dies auch für den Menschen gilt, und da Stärke für die menschliche Ernährung sehr wichtig ist, erscheint es nützlich, dass es ein eigenes Wahrnehmungssensorium für Stärke bzw. seine Abbauprodukte gibt.

Weitere Kandidaten als Auslöser eines spezifischen Geschmacks sind Kalzium- und Magnesium-Ionen. Das renommierte Monell Chemical Senses Center in den USA mutmaßt, dass es eine eigene Geschmacksqualität für diese Ionen gibt. Man fand auf der Zunge von Mäusen Rezeptoren, die spezifisch auf Kalzium- und Magnesium-Ionen reagieren und identifizierte auch Gene, die darauf spezifische Geschmacksrezeptoren bilden. Beide Gene sind auch im menschlichen Erbgut vorhanden, allerdings konnten Produkte dieser Gene beim Menschen bisher nur im Gehirn und im Verdauungssystem gefunden werden.

Können wir mit unserer Zunge riechen?

Ebenfalls vom Monell Chemical Senses Center kommt die erstaunliche Entdeckung, dass sich auf den Geschmackssinneszellen der Zunge auch Rezeptoren für Geruchsstoffe befinden. Womöglich können wir mit unserer Zunge nicht nur schmecken, sondern auch riechen! Man vermutet, dass die Wechselwirkungen zwischen Geschmacks- und Geruchswahrnehmung über diese Moleküle bereits auf der Zunge beginnen und nicht wie bisher gedacht erst im Gehirn. Wenn Geruchsmoleküle über diese Rezeptoren auf der Zunge tatsächlich die Geschmackswahrnehmung beeinflussen könnten, dann wäre es vielleicht möglich, überschießenden Zucker-, Fett- oder Salzkonsum und die daraus resultierenden Krankheiten wie Fettleibigkeit oder Diabetes auch auf dieser Ebene zu bekämpfen.

Ein noch weithin unverstandenes Phänomen ist, dass manche Menschen eine Art Phantom-Geschmack wahrnehmen, wenn die Temperatur auf kleinen Flächen ihrer Zunge erhöht oder abgesenkt wird. Am wahrscheinlichsten tritt eine durch Temperatur ausgelöste Süße auf der Zungenspitze auf, wenn sie nach einer Abkühlung wieder aufgewärmt wird. Thermisches Salzig wird oft wahrgenommen, wenn die Zungenspitze abgekühlt wird und thermisches Sauer kann beim Abkühlen der Zungenränder beobachtet werden. Manches deutet darauf hin, dass bei diesem Phantom-Geschmack bestimmte Tunnel-Proteine eine Rolle spielen. Die Temperatur-Schmecker sind auch empfindlicher auf Salz, Zitronensäure, verschiedene Bitterstoffe, Natriumglutamat und seltsamerweise auch auf Vanille-Aroma. Vielleicht schmecken die Temperatur-Schmecker den Geschmack ihres Speichels, der sich durch die Temperaturveränderung ebenfalls ändert, aber möglich wäre auch, dass Temperatur-Schmecker sich durch eine höhere Erregbarkeit der Gehirnregionen auszeichnen, die für die Auswertung der Geschmacks- und Geruchswahrnehmungen zuständig ist.

Ist der Geschmack jetzt einfach oder kompliziert?

Die gustatorische Wahrnehmung wird gelegentlich als simpel denunziert, weil wir ja nur ein paar Grundgeschmacksarten hätten. Bei näherer Betrachtung allerdings bietet sich ein weitaus komplexeres Bild. Geht man von nur sechs Grundgeschmacksarten aus und von hypothetischen zehn Intensitätsstufen, die differenzierbar wären, dann ergäbe das 106 Kombinationen, also die beträchtliche Zahl von einer Million unterschiedlicher Aktivierungsmuster. Das ist von simpel weit entfernt. Und dabei ist das erst der Anfang der Komplexität der Geschmackswahrnehmung, denn die Wahrnehmungen der Grundgeschmacksarten beeinflussen einander in den unterschiedlichen Konzentrationen auf unterschiedliche Art und Weise und werden zudem noch von den anderen Sinneswahrnehmungen, dem Mundgefühl, der trigeminalen Wahrnehmung, der texturalen und visuellen Wahrnehmung und natürlich besonders stark vom retronasalen Geruch maßgeblich beeinflusst. Weiters werden Geschmackswahrnehmungen von psychologischen Faktoren beeinflusst, beispielsweise von den Informationen, die wir über die Herkunft des Geschmacks haben, aber auch von unserer Stimmung, unserer Gefühlslage, unseren Erwartungen, Erinnerungen, Erfahrungen und der Situation, in der wir dem Geschmacksreiz ausgesetzt sind. Ein weites Spielfeld für die Sensorik und die experimentelle Psychologie, auf das wir in den folgenden Kapiteln und vor allem in Kapitel 9 eingehen werden.

SEHEN

Warum isst das Auge mit?

Köche, Lebensmittelproduzenten und Fooddesigner haben schon vor langer Zeit erkannt, wie wichtig das Aussehen von Speisen ist – das lässt sich an Hochglanz-Kochbüchern, Food-Blogs und Kochzeitschriften, aber auch am ästhetischen Anspruch vieler Gourmetköche ablesen. Der Mensch isst mit allen Sinnen und allein der Anblick von Speisen bereitet Vergnügen und hat große Bedeutung für den Gesamtgenuss am Essen. Dabei gilt der Sehsinn als relativ objektiver Sinn im Vergleich zu Geruch oder Geschmack, aber ist das auch zutreffend? Aus sensorischer Sicht sind die visuellen Wahrnehmungen subjektiv wie alle Sinneswahrnehmungen und eng mit Emotionen und Gefühlen verknüpft. Ein Beispiel? Servieren Sie einmal einem Gast einen Kuchen, der die Form eines Kothaufens aufweist. Die meisten reagieren mit deutlicher Abwehr auf die Aufforderung, davon zu essen, es ist für sie eine überaus ekelerregende Vorstellung auch nur einen Bissen in den Mund zu nehmen. Obwohl der Kuchen in Fäkalform eigentlich ein hervorragender Schokoladekuchen, flaumig, süß und hocharomatisch ist, können sie ihn in dieser Form unmöglich essen. Offenbar bringen sie wegen seiner Form den Kuchen mit etwas so Ekelerregendem, das sie nie essen würden, in gedankliche Verbindung, dass sie auch diesen, nur falsch geformten, köstlichen Kuchen nicht essen können. Auch Produkte wie sie in erotischen Bäckereien angeboten werden, sprechen emotionale Ebenen in uns an (siehe Abbildung 17). Manche finden sie widerwärtig oder peinlich und können sich nicht vorstellen, so etwas in den Mund zu nehmen. Andere dagegen finden solche Produkte lustig und interessant. Wie eine Person darauf reagiert, hängt sicher von ihrem Alter und der Situation ab, in der so ein Gebäck angeboten wird, aber meistens sind die Reaktionen auf visuelle Reize über persönliche Erfahrungen und kulturelle Traditionen erlernt worden. Nur gelegentlich basieren sie auf angeborenen Reaktionsmechanismen, wie die generelle Ablehnung von allen Aspekten der Verwesung.

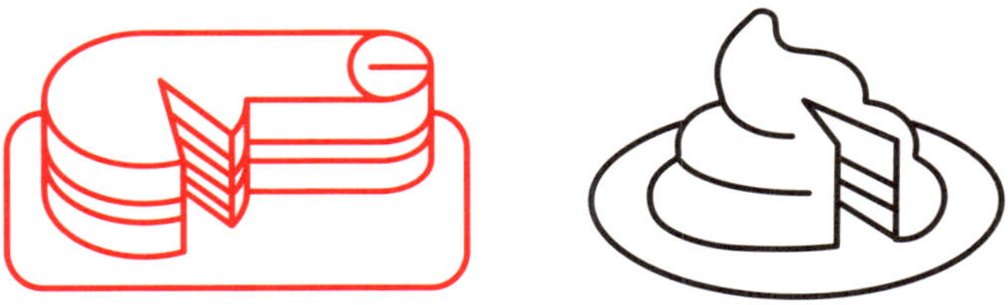

Abbildung 17: Lebensmittel mit Formen, die Emotionen auslösen

Bei Lebensmitteln schließen wir von ihrem Aussehen auf Eigenschaften, die ihre Nutzung als Lebensmittel betreffen. Und so nutzen wir auch Farben als Signale zur besseren Steuerbarkeit unseres Verhaltens. Ebenso stark wie Form und Gestalt sind Farben mit Emotionen und Erwartungen verknüpft. Eva Heller hat dazu Farbtafeln publiziert, die zeigen, welche Farben am häufigsten zu bestimmten Eigenschaften und Emotionen assoziiert werden. Zu bitter wird am häufigsten grün assoziiert, gefolgt von braun und gelb, zu sauer nur gelb und grün, zu süß rosa, orange, rot und gelb. Diese Farben passen gut zu den Lebensmitteln, die den jeweiligen Geschmack prototypisch verkörpern. Grün und braun sind die bitteren Nüsse, gelb und grün sind Zitronen und Limetten, rosa und rot sind Erdbeeren, Himbeeren und viele Produkte aus dem Süßwarenbereich. Zu salzig wird meistens weiß assoziiert – denken Sie an Kochsalz. Braun, orange, grün steht für aromatisch, braun und schwarz dagegen für verdorben. Die Farbe eines Lebensmittels informiert uns also über den voraussichtlichen Geschmack, und damit auch über seinen Reifegrad, den Garzustand, den Verderbszustand und vielleicht den Nährstoffgehalt. Farben sind für uns Indikatoren für die allgemeine Qualität eines Lebensmittels. Wir verknüpfen Farben intuitiv mit allen möglichen sensorischen Eigenschaften. Diese intuitive Verknüpfung nennt man visuelles Flavour. Die grüne Erdbeere und die grüne Tomate halten wir für unreif und wir erwarten einen sauren, adstringierenden Geschmack. Die rosafarbene Creme muss wohl süß und fruchtig schmecken, das gelbgrüne Getränk sauer und das braune Getränk aromatisch. Diese intuitiven Verknüpfungen sind erlernt und bilden einen kulinarischen Farbcode, der uns aufgrund der Farbe eines Lebensmittels ein bestimmtes Flavour-Erlebnis erwarten lässt. Dieser Code ist produktspezifisch. Von einem gelben Pudding erwartet man in Österreich und Deutschland eindeutig ein Vanille-Aroma, von einem gelben Bonbon Zitronengeschmack. Europäern erscheint es selbstverständlich, dass rosa Lebensmittel süß schmecken und süßlich riechen, rotes Obst süß und reif ist. Von braunen Produkten erwarten wir dagegen eher ein starkes Aroma und einen bitteren Geschmack (Kaffee, Schokolade). Rote Lebensmittel sind häufig süß, aber auch häufig allgemein aromatisch wie die Tomate, die Paprikaschote oder scharf wie rote Chilischoten. Die Farbe Rot könnte im Allgemeinen „höchste Intensität" bedeuten. Machen Sie dazu Experiment 1.

Es kann nicht davon ausgegangen werden, dass durch Farbe ausgelöste Erwartungen über Kulturen hinweg ident sind. Beispielsweise haben wir in Thailand und in Österreich unterschiedlich gefärbte Muffins bezüglich der Konsumentenerwartungen untersucht und es zeigte sich, dass für Österreicher nur ein gelber Muffin positive Erwartungen auslöst, rosarot gefärbte Muffins dagegen künstlich erscheinen. Vietnamesen erwarten dagegen vor allem vom rosarot gefärbten Muffin angenehme sensorische Sensationen. Offenbar gibt es in Vietnam einen anderen kulinarischen

Farbcode und die Tatsache, dass Rot insgesamt mit Glück und Erfolg assoziiert wird, führt auch zu einer relativ starken und positiv besetzten Verwendung in Lebensmitteln. In Österreich wird Rosa nur in speziellen Lebensmitteln verwendet – z. B. Punschkrapferl, Schnitten oder Zuckerwatte. Welche Erwartungen Farben hervorrufen, ist also nicht nur produktspezifisch, sondern auch eine Frage der Kultur.

Was Emotionen betrifft, sind Farben teilweise sehr eindeutig. Rot steht für Liebe, Gelb für Eifersucht, Grün für beruhigend, Grau/Schwarz für Gefühllosigkeit und Orange/Gelb/Rot für lustig. Diese emotionalen Zuweisungen, aber auch die visuellen Flavour-Zuweisungen werden in der Gestaltung von Verpackungen gezielt eingesetzt, um die passenden Erwartungen und Emotionen bei den Konsumenten auszulösen.

Beeinflusst das Aussehen die Geschmackswahrnehmung?

Sobald wir etwas Köstliches sehen, bereitet sich unser Körper auf die Nahrungsaufnahme vor. Der Speichel fließt, der Appetit steigt und verschiedene Hormone und Verdauungssekrete im Verdauungskanal werden ausgeschüttet. Folgerichtig lassen wir uns durch appetitlich zubereitete Speisen zum Essen verführen. Kathrin Ohla vom Nestlé Research Center in Lausanne hat untersucht, ob sich auch der wahrgenommene Geschmack durch das Aussehen verändert. Verglichen hat sie die Wirkung von Bildern kalorienreicher und kalorienarmer Lebensmittel sowohl auf das subjektive Urteil der 40 Versuchspersonen als auch auf messbare Veränderungen im Gehirn. Die 150 verwendeten Bilder zeigten entweder energiedichte bzw. energiearme Lebensmittel oder Küchenutensilien. Die vorgebliche Aufgabe war es, diese beiden Kategorien voneinander zu unterscheiden. Gleichzeitig zu den Bildern wurde eine Geschmacksempfindung durch elektrische Stimulation der Zunge erzeugt, aber der Geschmacksreiz war während des ganzen Experiments ohne Wissen der Teilnehmer ident. Unmittelbar nach einem Bild wurde der Geschmacksreiz gegeben und gleichzeitig die Gehirnaktivität aufgezeichnet. Die

Ergebnisse waren eindeutig: Die Versuchspersonen beurteilten den Geschmack signifikant besser, wenn sie zuvor energiedichte Speisen gesehen hatten, und auch die Gehirnaktivität in den dafür zuständigen Genussregionen war stärker nach Bildern energiedichter Lebensmittel als nach Bildern von energiearmen Lebensmitteln. Geschmack und Aussehen sind offenbar eng miteinander verknüpft. Gerade die Verknüpfung hoher Energiedichte mit der Erwartung und der Wahrnehmung von gutem Geschmack ist anscheinend sehr eng und macht uns das Leben als schlanke Wesen schwer.

Beeinflussen Farben die Geschmackswahrnehmung wirklich?

Da in der modernen Lebensmittelversorgung die Produkte meist verpackt sind und nicht gerochen oder berührt werden können, bleiben uns zur Identifikation und für den Aufbau von Erwartungen über ihren Geschmack in erster Linie visuelle Aspekte. Daher liegt die Annahme nahe, dass Farben einen wesentlichen Einfluss auf Geschmackserwartungen und den Geschmack selbst nehmen könnten. Aber wenn man die wissenschaftliche Literatur der letzten 50 Jahre überblickt: Ist es wirklich gut gesichert, dass es diesen Einfluss der Farbe gibt? Die publizierten Ergebnisse sind widersprüchlich, manche zeigen keinen Effekt der Farbe auf die Geschmacksintensität, manche nur für bestimmte Personengruppen und manche zeigen ihn ganz klar für alle Testpersonen. Ursachen für diese widersprüchlichen Ergebnisse dürften unterschiedliche Methoden, unterschiedliche Produkte (meist Getränke) und unterschiedliche Farben sein. Was man derzeit sagen kann, ist, dass der Zusatz von Farbe die Schwellwerte und die Bewertung der Intensität von Reizen beeinflussen *kann*. Wann solche Wechselwirkungen zwischen Farbwahrnehmung und Geschmacks- bzw. Flavour-Wahrnehmungen aber im Einzelfall auftreten, kann nicht immer vorhergesagt werden.

Belastbar sind die Ergebnisse bezüglich des Einflusses der Farbe auf die Identifizierung von Lebensmitteln. In einer klassischen Arbeit aus dem Jahr 1980 zeigten Cynthia DuBose und Kollegen, dass der Zusatz von Farbe (grün, rot, orange) die Beurteilung der Geschmacksidentität einer nach Kirsche schmeckenden Lösung klar verzerrte. Fast 20 Prozent der Teilnehmer haben die orange gefärbte Kirsch-Aroma-Lösung als nach Orange schmeckend bezeichnet, niemand aber machte das, sobald die Lösung rot, grün oder farblos war. Umgekehrt verführte grüne Farbe 26 Prozent der Teilnehmer dazu, die Kirsch-Aroma-Lösung als nach Zitrone schmeckend zu bezeichnen, wohingegen wieder niemand die Zitronen nannte, wenn die Lösung rot oder orange war. Nicholas Oram und Kollegen zeigten, dass der Effekt der Beeinflussbarkeit der Geschmacksidentifikation durch Farbe altersabhängig ist. Kinder im Alter zwischen zwei und sieben Jahren waren durch die Farbe am meisten beeinflussbar, Personen im Alter 19+ am wenigsten, sie haben sich primär auf das tatsächliche Aroma verlassen.

Welche sensorische Erwartungen wir aufbauen, wenn wir die Farbe eines Lebensmittels sehen, hängt sehr stark von der Identität des Lebensmittels ab, in der sie gereicht wird. Beispielsweise löst die gelbe Farbe von Keksen, Kuchen oder Pudding andere sensorische Erwartungen aus (süß, Vanille, Ei) als dieselbe gelbe Farbe in einem Erfrischungsgetränk (Zitrone, sauer). Auch der Kontext, in dem das Lebensmittel verzehrt wird, kann einflussreich sein – Charles Spence bringt dafür folgendes sehr gutes Beispiel: Eine blaue Flüssigkeit in einem Badezimmer-Plastikbecher wird andere Geschmackserwartungen auslösen als die gleiche Lösung in einem Cocktailglas. Im ersten Fall wird man den frischen, mentholartigen, leicht brennenden Geschmack einer Mundspüllösung erwarten, im zweiten Fall wahrscheinlich das Orangen-Flavour von Curaçao. Auf gleiche Art und Weise betten die Markengestaltung, Bilder, Informationen und die Beschreibung auf der Verpackung das Produkt in ein Geflecht von Hinweisen ein, welcher Geschmack von ihm zu erwarten ist.

Neben der Farbe eines Lebensmittels selbst ist auch die Farbe seiner unmittelbaren Umgebung wichtig. Je stärker beispielsweise die visuellen Kontraste auf einem Teller, desto mehr wird gegessen, wobei aber auch die Farbe des Tellers selbst beachtet werden muss. Die Farbe Rot scheint im Allgemeinen eine Warnfunktion zu haben und das führt dazu, dass Menschen deutlich weniger von einem roten Teller oder roten Tablett essen als von einem weißen. Oliver Genschow zeigte, dass dieses Prinzip auch bei Snack Food funktioniert, das heißt, wenn sie ihre Kartoffelchips auf roten Tellern servieren, ist die Chance relativ hoch, dass weniger davon gegessen wird. Charles Spence berichtet, dass die Farbe von Tassen den Geschmack von Trinkschokolade und Café Latte verändern kann. Heiße Schokolade schmeckte bei seinen Versuchen in orangefarbenen Tassen signifikant stärker nach Schokolade und besser als in weißen Tassen. Café Latte in weißen Tassen statt in durchsichtigen Gläsern schmeckte intensiver, aber weniger süß. Auch die Farbe des Bestecks ist nicht unwichtig. Wenn beispielsweise Joghurt mit einem Löffel gegessen wird, beeinflusst der Kontrast des Joghurt zum Löffel die wahrgenommene Salzigkeit, die Süße, wie gut er schmeckt und auch die Einschätzung des Preises. Schwarze Löffel machen sowohl weißen Joghurt als auch rosa gefärbtes Joghurt signifikant weniger süß als weiße Löffel. Am süßesten schmeckt rosa Joghurt vom grünen Löffel, weißer Joghurt dagegen vom weißen Löffel. Auf einem blauen Löffel wird rosa Joghurt signifikant salziger wahrgenommen als weißer Joghurt. Blau scheint Salzigkeit zumindest in Großbritannien, wo diese Studien durchgeführt wurden, zu verstärken – es wurde berichtet, dass eine blaue Schale die Salzigkeit bei Popcorn erhöhen kann. Auch das Gewicht des Bestecks nimmt Einfluss auf unsere sensorischen Wahrnehmungen. So erscheint uns Joghurt von einem leichten Löffel dichter als von einem schweren Löffel, damit wird auch der Preis höher eingeschätzt. Bei kleinen Löffeln, wie sie meist für Desserts, Tee oder Kaffee verwendet werden, vermitteln schwere Löffel eine intensivere Süße als leichte kleine Löffel. Große und dadurch auch schwere Löffel vermitteln die gleiche Süße wie die gleich schweren kleinen Löffel. Insgesamt lässt schweres Besteck uns das Essen hochwertiger und besser erscheinen als leichtes und damit billiger scheinendes Besteck. Ein einfacher Trick für Hobbyköche und Restaurants, dem wir uns nicht entziehen können, auch wenn wir Bescheid wissen – probieren Sie es aus.

Was ist Farbe?

Das Deutsche Institut für Normung (DIN) definiert „Farbe als diejenige Gesichtsempfindung eines dem Auge strukturlos erscheinenden Teiles des Gesichtsfeldes, durch die sich dieser Teil bei einäugiger Beobachtung mit unbewegtem Auge von einem gleichzeitig gesehenen, ebenfalls strukturlosen angrenzenden Bezirk allein unterscheiden kann". Diese Definition hinterlässt die meisten von uns etwas ratlos, aber klar ist, dass Farben subjektive Wahrnehmungen sind, die durch Verarbeitung elektromagnetischer Reize in einem wahrnehmungsfähigen Lebewesen entstehen. Außerhalb sehender Menschen oder Tiere gibt es keine Farben, sondern nur elektromagnetische Strahlung unterschiedlicher Intensität und Wellenlängenzusammensetzung. Die Welt ist nicht farbig, nur unsere sinnliche Vorstellung von ihr ist es. Wozu aber kreiert unser Wahrnehmungssystem die Vorstellung von Farben? Wir nehmen elektromagnetische Wellenlängen wahr, weil sie es uns ermöglichen, Objekte, die aufgrund ihrer unregelmäßigen Helligkeitsverteilung schwer zu unterscheiden sind, besser zu unterscheiden. Blätter und Blüten beispielsweise unterscheiden sich in der Helligkeitsverteilung oft kaum, wenn wir aber die Farben sehen, ist klar, das sind die grünen Blätter und das die farbigen Blüten. Dafür können wir etwa 150 bis 200 Spektralfarben unterscheiden, die wir wieder in etwa 26 Farbintensitätsstufen und 500 Helligkeitsstufen differenzieren können. Während wir viele Farbschattierungen im direkten Vergleich unterscheiden können, ist unser Farbgedächtnis dagegen schlecht. Wir sind nicht gut im absoluten Bewerten von Farben und merken uns Farbnuancen schlecht. Darum sollte man z. B. beim Einkaufen von Möbeln immer den dazugehörigen Teppich dabei haben, um beurteilen zu können, ob die Farbtöne von Möbel und Teppich zueinander passen.

Ist der Sehsinn objektiv?

Der Sehsinn gilt als der Fernsinn schlechthin und wird häufig als der bedeutendste Sinn des Menschen bezeichnet und als derjenige Sinn, der uns die „objektivsten" Informationen über unsere Umwelt vermitteln könnte. Es konnte gezeigt werden, dass über das Auge fast zehnmal mehr an Daten (zirka 10 Millionen bit/sek) einlaufen als über Haut (1 Million bit/sek), Ohr (100.000 bit/sek), Nase (100.000 bit/sek) und Zunge (1000 bit/sek) zusammen. Dieses massive Ungleichgewicht zugunsten des Sehens spricht für eine große Bedeutung des Sehens, aber man muss berücksichtigen, was aus diesen Daten gemacht wird. Ein Blick in die Bewusstseinsforschung zeigt, dass die Datenbandbreite unseres Bewusstseins 10 bis 40 bit/sek beträgt. Das bedeutet, dass nur ein Millionstel der einlangenden visuellen Informationen in das Bewusstsein gelangen kann! Die einlangenden Daten des visuellen Systems müssen daher einer drastischen Reduktion unterworfen werden, damit sie überhaupt bewusst werden können. Und in diesem Datenaufbereitungsprozess fließen viele nicht bewusst steuerbare, angeborene Grundannahmen und andere vorliegende Informationen ein, die dazu führen, dass das visuelle System sehr leicht in die Irre zu führen ist und die vielen berühmten optischen Täuschungen entstehen. Wie der Sehsinn trotz der Vielzahl an Täuschungsmöglichkeiten historisch so lange als der edelste, rationalste und objektivste Sinn gelten konnte, bleibt rätselhaft, dürfte aber darin begründet liegen, dass der Reiz des visuellen Systems, das Licht, als immateriell-geisthaft und geheimnisvoll galt, im Gegensatz zu den materiellen Reizen der chemischen Sinne.

Was sehen wir eigentlich? Wir sehen Farben, die Oberflächenfarben des bunten Gemüses, des vielfältigen Obsts, von Brot und Fleisch. Wir sehen Flächen, Räume, Formen, Gestalt und Größe, die Oberflächenbeschaffenheit und auch Bewegungen. Wir nehmen darüber hinaus visuelle Gleichheit wahr ebenso wie Durchsichtigkeit, Glanz oder Stumpfheit. Allein für die Wahrnehmung der Gestalt gibt es eine Vielzahl von Kriterien wie Kontinuität, Nähe, Ähnlichkeit, gemeinsames Schicksal, Geschlossenheit oder gute Fortsetzung, die zu einer Gestaltswahrnehmung integriert werden müssen. Auch Symmetrie ist ein solches Gestaltselement. Es fällt uns deutlich leichter, symmetrische Elemente wahrzunehmen als nicht symmetrische. Vielleicht ist das die Grundlage dafür, dass wir symmetrische Gesichter schöner finden als asymmetrische. Sie sind müheloser zu erkennen. Wie all die unterschiedlichen Kriterien des Sehens zu einer zusammenhängenden, sinnvollen visuellen Wahrnehmung integriert werden, ist nach wie vor ungeklärt.

Wie kann man das Blickverhalten untersuchen?

Ein gut beobachtbarer Aspekt des Sehens ist die Art und Weise, wie Menschen auf Lebensmittel blicken, worauf sie zuerst schauen, worauf sie immer wieder schauen, wohin sie nie schauen, worauf sie am längsten oder am häufigsten schauen. Auch die Veränderungen der Pupillenweite während des Blicks auf verschiedene Lebensmittel-Alternativen beispielsweise können erfasst werden. Das Gerät, mit dem man das Blickverhalten untersuchen kann, heißt Eye-Tracker und man kann es so einsetzen, dass die Testpersonen gar nicht wissen, dass ihr Blickverhalten aufgezeichnet wird, was den Vorteil hat, dass das Blickverhalten unbeeinflusst von irgendwelchen Überlegungen der Testpersonen, also authentisch und echt bleibt. Diese Methode hat sich als wertvoll in der Gestaltung von Webseiten erwiesen, aber auch für das Design von Lebensmittelverpackungen ist diese Methode interessant, denn man kann damit überprüfen, ob die Botschaften, die auf der Verpackung angebracht sind, überhaupt bemerkt werden, bzw. wie man die Informationen anordnen muss, damit sie maximale visuelle Aufmerksamkeit erhalten. Aber auch im Design von Lebensmittelprodukten selbst wird der Eye-Tracker eingesetzt oder im Design von Speisen oder Buffets.

In meinem Sensoriklabor untersuchen wir, wovon das Blickverhalten bei Lebensmitteln generell beeinflusst wird und welche Bedeutung die Maßzahlen haben, die das Blickverhalten beschreiben. Wir haben beispielsweise die Zusammenhänge zwischen Auswahlverhalten und Blickverhalten in vielen Untersuchungen analysiert und konnten feststellen, dass sich die zukünftige Auswahl des bevorzugten Produkts aus einer kleinen Anzahl von Produktvarianten bereits im Blickverhalten ankündigt. Man kann also aufgrund des Blickverhaltens vorhersagen, für welches Produkt sich die Testpersonen entscheiden werden. Es ist immer dasjenige, das am längsten und öftesten angeschaut wird. Fast immer, denn wenn unter den gezeigten Produktvarianten eine extrem ekelige, verschimmelte, verdorbene Variante ist, zieht diese Variante die meiste Aufmerksamkeit auf sich. Der Zusammenhang zwischen visueller Attraktivität und Blickverweildauer ist – wie in Abbildung 19 dargestellt – u-förmig. Wenn ein Objekt irritierend, hässlich oder ekelig ist, zieht es die visuelle Aufmerksamkeit ganz stark auf sich. Objekte, die weder hübsch noch hässlich sind, werden am kürzesten betrachtet und schöne Objekte werden wieder lang betrachtet, aber nicht ganz so lange wie die ganz hässlichen.

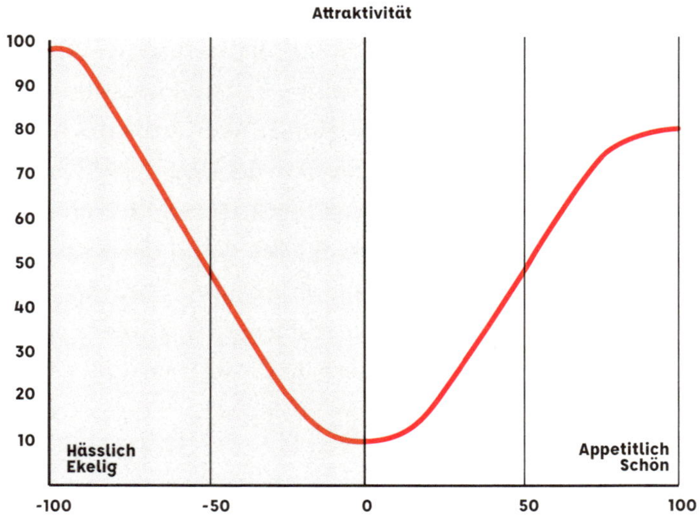

Abbildung 19: Zusammenhang zwischen Blickverweildauer und Attraktivität bei Lebensmitteln

In einer anderen Eye-Tracking-Versuchsanordnung haben wir den weiblichen und männlichen Probanden eine Reihe von Bildern eines Tellers gezeigt, auf dem mehrere Lebensmittel zu sehen waren. Anfangs waren alle frisch, eines der Lebensmittel jedoch zeigte von Bild zu Bild immer stärker werdende Verderbsanzeichen. Beispielsweise sah auf einem Teller mit mehreren aufgeschnittenen Wurstsorten und einer Essiggurke eine Wurst ab dem zweiten Bild immer stärker verdorben aus. Zuerst war nur ein ganz schwacher brauner Rand zu erkennen, bis schließlich das ganze Wurstrad braun und speckig-ledrig wirkte. Das Ergebnis war wie erwartet: Langsam zog das verderbende Wurstrad einen großen Teil der Aufmerksamkeit auf sich. Als wir dann die Daten von Männern und Frauen getrennt untersuchten, stellte sich heraus, dass es einen hochsignifikanten Unterschied gab. Raten Sie, wer früher den Verderb des Wurstrades erkannte und auch viel länger auf die verdorbene Wurst blickte. Richtig, es waren die Frauen! Als die Männer der Essiggurke noch viel Aufmerksamkeit widmeten, schauten die Frauen bereits wie magisch angezogen auf den leicht braunen Rand der verderbenden Wurst.

Wieso bemerken Frauen Verderbsanzeichen früher als Männer? Sind Frauen sensibler, was Verderbsprozesse betrifft? Sozialisation? Eine evolutionär entwickelte Begabung? Möglich wäre auch, dass Frauen aus einer Tradition heraus sich mehr mit Lebensmitteln befassen und daher individuell eine höhere Sensibilität entwickeln. Es wäre aber auch möglich, dass es für Frauen entwicklungsgeschichtlich wichtiger war, Gefahren des Essens zu erkennen als für Männer und daher diese Fähigkeit des raschen Erkennens von Verderbnis überindividuell über einen evolutionären Prozess hin entwickelt haben. Wir wissen es nicht und können darüber nur spekulieren.

Andere Versuche untersuchen, ob fettleibige Frauen ein anderes Blickverhalten auf energiedichte, sehr fette Lebensmittel haben als normal- oder untergewichtige Frauen. Unsere weiblichen Testpersonen waren über das Versuchsziel nicht informiert und wussten nicht, dass ihr

Blickverhalten aufgezeichnet wurde. Sie bekamen Bilder zu sehen, auf denen je zwei Speisen bzw. Lebensmittel abgebildet waren, eine sehr energiedichte und eine wenig energiedichte – beispielsweise ein Hamburger mit fetttriefendem Fleisch und ein bunter Salat, oder eine Schokoladepraline und eine Erdbeere. Angeregt wurden wir zu diesen Untersuchungen durch ein Forschungsergebnis der Berliner Charité, wonach Fettleibige bereits beim Anblick energiedichter Lebensmittel das angenehme Gefühl haben, das Normalgewichtige erst beim Essen derselben verspüren. Unsere Hypothese war daher, dass Fettleibige wegen dieses angenehmen Gefühls auch intensiver auf die energiedichten Lebensmittel schauen würden. Und tatsächlich bei manchen – nicht bei allen – Speisenkombinationen blickten die Adipösen signifikant länger und öfter auf die energiedichte Speisen oder deren Teile als Normalgewichtige und vor allem Untergewichtige. Untergewichtige schauten beim Burger primär auf Tomaten und Salat, Fettleibige dagegen auf das fettglänzende Fleisch und den schmelzenden Käse. Solche Unterschiede sahen wir nur bei zubereiteten Speisen wie Burger oder Wiener Schnitzel, nicht jedoch wenn Obst, Gemüse, Nüsse oder Schokoladeprodukte gezeigt wurden. Vielleicht wird man in Zukunft aufgrund des Blickverhaltens abschätzen können, ob die Testperson übergewichtig ist. Interessant für gesundheitsbezogene Produktentwicklung wäre es zu erforschen, welche visuellen Eigenschaften ein Lebensmittel haben muss, damit es energiedicht aussieht, obwohl es nicht energiedicht ist. So könnte man Fettleibige an eine gesündere Lebensmittelauswahl heranführen.

Ein interessanter Aspekt des Blickverhaltens ist auch die Messung des Pupillendurchmessers. Die Weitung der Pupille ist schon lange als Maß für die „cognitve load“ bekannt. Wenn man vom Anblick eines Bildes, eines Objekts gefangen ist, sich sehr dafür interessiert – weil es neu ist, weil es so häßlich ist, weil es so schön ist –, öffnet sich die Pupille. Hat man kein Interesse an dem betrachteten Objekt, schließt sich die Pupille wieder. Angeblich kennen dieses Prinzip die Teppichhändler in arabischen Märkten schon lange und wenn man aus kaufpreistaktischen Gründen kein Interesse an einem Teppich vorgibt, obwohl er einem sehr gut gefällt, erkennt das der gewiefte Händler an der offenen Pupille – ist diese Geschichte nicht wahr, ist sie immerhin gut erfunden. An den Untersuchungen in unserem Labor jedenfalls sehen wir ebenfalls einen Zusammenhang zwischen Pupillenweite und Kauflust, aber auch einen zwischen Pupillenweite und der Neuheit und Komplexität von visuellen Reizen. Bei neuen Reizen gehen die Pupillen auf, die Testperson will wissen, was es Neues zu sehen gibt, und nach kurzer Zeit geht die Pupille wieder zu. Ist die Komplexität des Objekts gering, gibt es keine starken Farbkontraste auf der Verpackung oder verschiedene Bild- und Schriftelemente, dann geht die Pupille rasch wieder zu. Ist das Bildobjekt dagegen komplex und vielfältig, geht die Pupille bei jedem betrachteten Bildelement erneut wieder etwas auf und spiegelt längeres Interesse wider.

Ein interessantes Anwendungsgebiet von Eye-Trackern ist die Untersuchung des Blickverhaltens im Supermarkt oder anderen Verkaufssituationen. Wie sehen Konsumenten auf Regale, die mit Produkten vollgefüllt sind? Wie ist ihr Blickverhalten, wenn sie durch die Regalgänge gehen? An solchen Daten sind klarerweise die Supermarktbetreiber hochgradig interessiert, denn ein Prinzip ist schon lange klar: Nicht gesehen, ist nicht gekauft! Wenn ein Produkt von den Konsumenten nicht einmal wahrgenommen wird, liegt die Chance, dass es gekauft wird bei null.

Wie blicken nun KonsumentInnen auf ein Regal? Als Erstes sieht man, dass das zeitliche Entscheidungsfenster bei Produkten, bei denen man im Allgemeinen nicht lange überlegt, ob man sie kaufen soll, weil sie ohnehin nicht so teuer sind, nur kurz ist, nämlich im Mittel zwei bis drei Sekunden, maximal sieben Sekunden. Wenn innerhalb dieser kurzen Zeitspanne ein Produkt nicht gesehen wird, wird es auch nicht gekauft. Zum Beispiel wird bei Tests der Proband vor ein Regal mit Produkten gestellt, man zeigt ihm das Regal drei Sekunden lang und bittet ihn, innerhalb dieser Zeit ein bestimmtes Produkt zu finden – ein Ketchup beispielsweise. Gelingt das einer ausreichend großen Anzahl von Testpersonen, weiß man, dass das Ketchup gut sichtbar platziert ist und eine hohe Wahrscheinlichkeit hat, in den Einkaufswagen zu wandern.

Die Untersuchung der Blickverweildauer auf Produkte in den verschiedenen Regalhöhen zeigt, dass die Produkte, die sich auf Armhöhe befinden, am längsten angeschaut werden. Auf Augenhöhe ist die Blickdauer 10 Prozent geringer, auf Über-Kopf-Höhe um 30 Prozent geringer und auch nach unten wird sie geringer, minus 20 Prozent für Produkte am Regal in Bodennähe. Maximale Sichtbarkeit der Produkte ist also auf Armhöhe, dort werden die Produkte am häufigsten gesehen und damit am häufigsten gekauft. Zur Sichtbarkeit eines Produkts trägt natürlich nicht nur sein Ort im Regal bei, sondern auch Aspekte wie die visuelle Gestaltung der Verpackung, die Form, das originelle Design, starke Farbkontraste oder auch wie viel Stück desselben Produkts nebeneinander stehen – ein einzelnes Produkt wird leicht übersehen, viele gleiche dagegen bilden einen gut sichtbaren Block.

Gut aus Sicht des Supermarkts ist es daher, Produkte, die den größten Gewinn erbringen, im Regal dort einzuräumen, wo sie am häufigsten gesehen und damit am wahrscheinlichsten gekauft werden. Gut aus Sicht des Konsumenten wäre es, sich Zeit zu lassen und das zu suchen, was man sich vorab zu kaufen wohl überlegt hat, auch wenn es hoch oben im Regal oder ganz unten steht.

TEXTUR UND MUNDGEFÜHL

Unsere Wahrnehmung der physikalischen Lebensmitteleigenschaften

Unsere Fingerspitzen sind wichtiger als wir glauben, wenn es um die Wahrnehmung der mechanischen Eigenschaften eines Lebensmittels geht. Wir spüren schon bei der ersten Berührung, wie glatt oder rau, wie feucht oder trocken die Oberfläche ist; wir bemerken, ob das Lebensmittel hart oder weich ist. Wenn wir es etwas drücken, merken wir, ob es seine ursprüngliche Form wieder annimmt oder deformiert bleibt, und wissen damit, wie elastisch es ist. Sobald wir dann das Lebensmittel zum Mund führen und abbeißen, bemerken wir, welche Kraft wir aufwenden müssen, um abzubeißen oder es im Mund kauen zu können. Wir nehmen beim Beißen seine Härte wahr, spüren mit der Zunge, mit der wir den Bissen im Mund hin- und herschieben, wie die innere Struktur beschaffen ist, ob es Poren gibt, ob es homogen ist oder ob Stückchen enthalten sind. Wir fühlen die Klebrigkeit und die Fließfähigkeit. Allein der Anblick eines Lebensmittels erzeugt in uns schon eine Vorstellung davon, welche texturalen Eigenschaften wir wahrnehmen werden. Ein glatt glänzender Apfel wird wohl hart, saftig und knackig sein, ein Apfel mit runzeliger Schale wohl eher weich und mehlig.

Die Textur eines Lebensmittels trägt enorm dazu bei, es überhaupt erkennen zu können, und andererseits beeinflusst sie stark, wie sehr uns das Lebensmittel zusagt. Man konnte beobachten, dass Astronauten, die man mit Breien und Flüssigkeiten ernährte, die alle ernährungsphysiologisch notwendigen Nährstoffe enthielten, nach relativ kurzer Zeit sehr unzufrieden mit dem Essen waren und allmählich sogar den Appetit verloren. Menschen wollen offenbar Lebensmittel, die sie beißen, kauen, schlürfen, schlabbern, knabbern und knuspern können und nicht nur ein breiiges Etwas.

Obwohl es viel Forschung zur Struktur und Textur von Lebensmitteln gibt, befasst sich nur ein Teil mit der Wahrnehmung der Textur im Mund. Häufig geht es eher um die effiziente Verarbeitung, gute Transportierbarkeit oder hohe Convenience der Lebensmittel.

Was sind Textur, Konsistenz und Mundgefühl aber eigentlich? Die Textur von Lebensmitteln beschreibt nichts anderes als ihre physikalisch-mechanischen Eigenschaften, ihre Viskosität, Elastizität oder Härte. Konsistenz ist dagegen ein eher schlecht definierter Begriff, meist sind damit in sehr allgemeiner Weise die im Mund wahrgenommenen mechanischen Eigenschaften eines Lebensmittels gemeint und sie entspricht damit weitgehend dem Begriff des Mundgefühls. Wir können Konsistenz und Mundgefühl als synonyme Sammelbegriffe für alle Wahrnehmungen, die im Mund durch die physikalisch-mechanischen Eigenschaften von Lebensmitteln entstehen, auffassen.

Zu diesen physikalisch-mechanisch verursachten Wahrnehmungen zählen neben den mechanischen Berührungswahrnehmungen wie Härte, Elastizität, Viskosität, Cremigkeit usw. auch die Bewegungswahrnehmungen, Kälte, Wärme, Hitze, Schmerz und die Adstringenz. Das Mundgefühl wird vom somatosensorischen System des Gehirns vermittelt, das auch für viele andere Körperregionen wie z.B. Skelettmuskeln, Gelenke, innere Organe und kardiovaskuläres System zuständig ist. Man unterteilt es in die Mechanozeption (Tastsinn), die Schmerzempfindung (Nozizeption), die Wärme- und die Kältewahrnehmung und die Tiefensensibilität (Kinästhesie).

Die Textur kann außerhalb des Mundes mit physikalischen Messinstrumenten charakterisiert werden, man erhält Kenngrößen für Härte, Sprödigkeit, Schmelzverhalten, Fließfähigkeit, Bruchkraft usw. Was man im

Mund wahrnimmt, muss aber mit diesen Kenngrößen nicht unbedingt gut beschrieben werden können. Die im Mund wahrgenommene Textur hängt nämlich nicht nur von der Textur außerhalb des Mundes ab, sondern auch stark von den Kau-Aktivitäten, der Speichelproduktion und den Bewegungen der Zunge im Mund, die zu einer permanenten, komplexen Veränderung der mechanischen Eigenschaften führen. Die mechanischen Beanspruchungen beim Beißen sind nicht immer gleich und setzen sich aus mehreren einzelnen Belastungsformen zusammen. Es kommt zu Schneidebelastungen, Scherbelastungen, Deformationen, Dehnungen, Verformungen und Bruchbelastungen. Die Sinneszellen, die die dabei entstehenden komplexen Kräfte aufnehmen und auch die Stellung der Unterkiefer relativ zum Oberkiefer registrieren, werden im kKinästhetischen Sinn zusammengefasst. In den Muskeln selbst, in den Gelenkskapseln des Kiefers und in Zähnen und Zahnfleisch sind Rezeptoren, die überaus empfindlich die mechanischen Reize aufnehmen, um den Kauvorgang präzise steuern zu können. Wir erkennen sofort, wenn sich etwas als hart erweist, und passen die Strategie des oralen Prozessierens an diesen Härtegrad an. Wir beißen vorsichtiger, mit mehr Kraft oder wir beginnen das Lebensmittel zu lutschen, um es langsam aufzulösen.

Zur Wahrnehmung der Textur gibt es eine Reihe von spezialisierten Rezeptoren, die Mechanozeptoren, die auf die mechanischen Reize durch das Lebensmittel reagieren. Es gibt Rezeptoren, die auf Druck reagieren, andere reagieren auf Vibrationen, Beschleunigung oder Dehnung. Sie haben sehr beeindruckende Bezeichnungen wie Merkel-Zellen, Ruffini-Körperchen oder Vater-Pacini-Körperchen und befinden sich in der oberen Hautschicht eingelagert. Eine ganze Gruppe von Papillen, die Fadenpapillen, dient nur der texturalen Wahrnehmung. Sie sind es, die die Zungenoberfläche rau machen, denn sie sind kleine keilförmige Strukturen, die an der Oberfläche verhornt sind. Bei Katzen und Großkatzen sind diese Fadenpapillen besonders stark ausgeprägt und sie können die Zunge als regelrechte Raspel verwenden, um beispielsweise Fleisch vom Knochen herunterzuraspeln.

Dass die Wahrnehmung der Textur im Mund für unseren Körper von großer Bedeutung ist, zeigt sich auch darin, dass in der Gehirnrinde für die Auswertung der einlangenden mechanischen Daten überproportional viel Rechenleistung zur Verfügung gestellt wird. Der sensorische Homunculus stellt einen Körper dar, dessen Verhältnisse entsprechend der Fläche im Cortex verzerrt sind (siehe Abbildung 20), und man sieht an ihm sehr klar, dass es zwei Regionen auf unserem Körper gibt, die intensiv mit mechanischer Wahrnehmung beschäftigt sind: Mund und Hände. Dort sind wir äußerst feinfühlig und können kleinste Texturunterschiede erkennen. Auch wenn man die Druck- und Zweipunktschwellen betrachtet, wird klar, dass Finger und Zunge die allerempfindlichsten Regionen zur Wahrnehmung mechanischer Reize sind. Wir alle kennen das Phänomen, dass wir glauben, ein riesiges Bläschen auf der Zunge zu haben und wenn wir dann in den Spiegel schauen, stellt es sich als kaum sichtbar heraus. Unsere Fähigkeit, sehr kleine Strukturen, die manchmal nicht einmal mit dem Auge erkennbar sind, Körnchen, Brösel, Samen, aber auch Dinge, die nicht in Lebensmittel gehören wie Steine, Nägel oder Gräten zu erkennen, ist erstaunlich gut ausgeprägt. Wir können mit der Zunge Partikel erkennen, die nur zwei Mikrometer groß sind, und daher müssen die Rohstoffe von Lebensmitteln, die besonders fein sein sollen, wie z.B. Schokolade, auch sehr fein unter diese Größe vermahlen werden, sonst werden die Partikel erkannt und es erscheint uns das Lebensmittel sandig oder gar grießelig.

Abbildung 20: Sensorischer Homunculus

Wie kann man Textur beschreiben?

Härte und Elastizität

Die Härte ist ein Maß dafür, wie viel Kraft die Kiefermuskeln über die Zähne auf den Bissen ausüben müssen oder bei weicheren Lebensmitteln, mit wie viel Kraft die Zunge gegen den Gaumen drücken muss, damit das Lebensmittel seine Form verliert. Je härter, desto mehr Kraft benötigt man. Als weich beschreibt man Lebensmittel, für die man nur kleine Kräfte aufwenden muss, um sie zu zerdrücken. Feste Lebensmittel sind fürs Erste nicht cremig oder viskos, sondern mehr oder weniger hart, weich und elastisch. Erst wenn sie im Mund gut zerkaut und eingespeichelt sind, werden sie viskos oder cremig.

Ein häufig verwendetes Gerät, mit dem man die mechanischen Eigenschaften von festen Lebensmitteln erfassen kann, ist das Texturanalyse-Gerät. Dieses Gerät bringt auf das feste Lebensmittel eine Scher-, Druck- oder Dehnungskraft auf und misst, wie das Lebensmittel darauf reagiert. Man kann für einen Druckversuch eine Art Stempel verwenden, mit dem zum Beispiel auf ein Stück Brot gedrückt wird. Der Stempel wird mit konstanter Geschwindigkeit auf das Brot gedrückt und gemessen, wie das Brot dem entgegenwirkt. In gewisser Weise ahmt das die Situation beim Kauen mit den Backenzähnen nach. Ist das Brot hart, dann muss das Gerät eine hohe Kraft aufwenden, ist das Brot weich, dann genügt eine geringe Kraft um das Brot zu deformieren und in seiner Struktur zu zerstören. Wenn die Kraft, die nötig ist, um die Struktur zu zerstören, sehr rasch ansteigt, dann ist das Produkt spröde. Alle Lebensmittel haben auch viskose und elastische Anteile, das heißt Teile, die fließfähig sind, und Teile, die sich gegen eine Deformation wehren und die ursprüngliche Gestalt wieder annehmen wollen, wenn sie gedrückt werden. Das Verhältnis dieser viskosen und elastischen Anteile kann man messen, indem man mit einem Stempel auf das Lebensmittel bis zu einer definierten Tiefe drückt und dann stehen bleibt. Dabei misst man permanent, welche Kraft der Stempel benötigt. Die maximale Kraft, die man braucht, ist ein Maß für die Festigkeit der Probe. Die Kraft, die dem Stempel entgegenwirkt, wenn er in Ruheposition ist, ist ein Maß für die Elastizität der Probe. Denken Sie an einen Gummiball, Sie brauchen Kraft um ihn mit der Hand gedrückt und deformiert zu halten, ganz im Gegensatz zu Ton oder Plastilin. Die Differenz zwischen der maximalen Kraft und der Elastizität ist der viskose Anteil des Lebensmittels, er lässt die Kraft während des Haltens des Stempels absinken.

Butter, Margarine und Lebensmittel ähnlicher Eigenschaften hat man lange Zeit mit einem einfachen Versuch textural charakterisiert. Ein Probekörper (meist ein Kegel) wird mit konstanter Kraft in die Probe gedrückt und man misst, wie weit der Probekörper eindringen kann. Ist die Butter hart, dringt der Probekörper nicht weit ein, ist sie weich, dringt er weit ein. Die technische Lösung der konstanten Kraft ist sehr einfach, man legt lediglich ein konstantes Gewicht auf den kegelförmigen Probekörper.

Kohäsion

Dieser Begriff aus der Physik beschreibt die zusammenhaltenden Kräfte innerhalb eines Materials und damit, bis zu welchem Ausmaß und in welcher Art es verformt werden kann, bevor es bricht. Zäh, lederig und gummiartig sind elastische Formen der Kohäsion, bei denen relativ große Kräfte den Deformations- und Zerstörungsanstrengungen entgegengesetzt werden, und für die man in der Regel auch relativ lange braucht, um sie so lange gekaut zu haben, dass man sie schlucken kann. Zart dagegen ist ein Lebensmittel, das dem Kauen einen nur geringen Widerstand entgegensetzt, und somit das Kauen sehr leicht und angenehm macht. Knusprig und knackig sind zwei Begriffe, die gelegentlich verwechselt werden. Knackige Lebensmittel wie Karotten brechen bei mechanischer Belastung in einem einzigen Ereignis und machen auch ein entsprechendes einzelnes Geräusch – eben ein Knackgeräusch. Knusprige Lebensmittel wie Chips oder Waffeln dagegen brechen – verursacht durch ihre zelluläre Struktur – in vielen einzelnen Bruchereignissen und es kommt daher auch zu vielen akustischen Ereignissen über die Zeit hin.

Die Adhäsion oder Klebrigkeit beschreibt, wie stark ein Material an einem anderen Material haften bleibt. Die Klebrigkeit ist bei manchen Lebensmitteln ein wichtiges Merkmal, denken Sie nur an die Vielzahl weicher Bonbons, die durch Einkochen von Zuckerlösungen entstehen. Die Klebrigkeit dieser Bonbons ist ein Vergnügen, wenn man sie beim Kauen sanft an den Backenzähnen ziehen spürt, aber auch manchmal ein Ärgernis, wenn einige Bonbonreste zu gut zwischen den Zähnen kleben bleiben und man sie kaum mehr wegbekommt. Das deutet an, dass man es mit Klebrigkeit bei Lebensmitteln nicht übertreiben sollte. Auch ein Kaugummi sollte im Mund nicht allzu klebrig sein, sondern sich wieder gut von Zähnen und Zahnfleisch lösen, um als ein kompakter Klumpen gekaut werden zu können.

Viskosität

Die meisten Lebensmittel, die wir essen, sind nicht hart und nicht flüssig wie Wasser, sondern liegen in ihren mechanischen Eigenschaften dazwischen. Sie sind mehr oder weniger weich, cremig, fließfähig, zäh und viskos. Die Viskosität beschreibt das Fließverhalten eines Materials, das heißt, wie gut sich Moleküle im Material gegeneinander bewegen können. Je kleiner die Kraft ist, die benötigt wird, um das Material zum Fließen zu bringen, desto geringer ist die Viskosität – das Material ist dünnflüssig wie Wasser. Je mehr Kraft aufgewendet werden muss, desto höher ist die Viskosität – das Material ist dickflüssig wie Honig beispielsweise. Das klingt jetzt so, als würden nur Flüssigkeiten Viskosität aufweisen, tatsächlich sind fast alle Lebensmittel Materialien, die sich zwischen den Zuständen fest und flüssig befinden, und daher weisen sie alle eine gewisse Form der Viskosität auf.

Die lebensmittelphysikalische Disziplin, die sich mit diesem Verformungs- und Fließverhalten beschäftigt, heißt Rheologie. Sie verwendet häufig Messgeräte, die man als Rheometer bezeichnet, und mit denen man mehr oder weniger fließfähige Lebensmittel wie Pudding, Ketchup,

Senf, Majonäse, Honig oder Joghurt auf eine bestimmte Art deformiert und dabei misst, wie das Lebensmittel auf diese Deformationsversuche reagiert. Ist es leicht deformierbar oder wirkt es mit größerer Kraft dagegen? Wie ändert sich dieses Verhalten über die Temperatur hin oder über verschiedene Kraftniveaus hin? Eine Methode besteht darin, dass man eine definierte Menge des Lebensmittels auf eine Metallplatte gibt und mit einer zweiten Platte, die an ein Messgerät angeschlossen ist, bedeckt. Dann beginnt sich die obere Platte auf der Schicht des Lebensmittels kreisförmig in eine Richtung oder oszillierend hin- und herzubewegen und nimmt dabei die Kraft auf, die der Bewegung durch das Lebensmittel entgegenwirkt. Mit dieser Versuchsanordnung wird bestimmt, wie viskos das Lebensmittel ist. Viskos ist ein Lebensmittel, wenn es dickflüssig ist und eine große Kraft gegen die Bewegung der oberen Platte ausübt. Wenn die Moleküle eines Lebensmittels stark aneinander gebunden sind, dann ist es zähflüssig, sind sie schwach aneinander gebunden, dann sind sie wenig viskos und erinnern an flüssiges Wasser.

Thixotrop ist ein Lebensmittel dann, wenn es durch eine starke Deformationskraft flüssiger wird. Sie kennen den Effekt vom Ketchup, das zuerst zähflüssig in der Glasflasche sitzt und erst bei kräftigem Schütteln plötzlich dünnflüssig wird, sodass es unkontrollierbar aus der Flasche herausspritzt. Wenn die Deformation aufhört, dann wird das Lebensmittel wieder so viskos wie vor der Belastung. Nicht thixotrop ist daher Joghurt, weil er nach dem Rühren nicht mehr so viskos wird wie vor dem Rühren. Bei Joghurt wird im Gegensatz zum Ketchup die Struktur durch die mechanische Einwirkung irreversibel zerstört.

Neben diesen grundlegenden Dimensionen des Mundgefühls gibt es noch eine Reihe anderer meist sehr produktspezifischer Eigenschaften wie schwer, leicht und wässrig, und solche, die sich auf den speziellen Widerstand gegen Zungenbewegungen und das Gleitverhalten im Mund beziehen wie schleimig, oder auf das Nachgefühl im Mund wie sauber, trocken oder reinigend.

Körperbezogene Begriffe werden meist bei Wein oder Bier angewendet und sie beschreiben den Extraktgehalt des Getränks. Hoher Extraktgehalt, viel Zucker bedeuten hohe Viskosität und schwerer Körper. Die Eigenschaft schleimig ist in europäischen Esskulturen meist negativ besetzt, sie beschreibt die typischen Merkmale von Schleim, eine gewisse Viskosität, Klebrigkeit, Klumpigkeit aber auch Gleitfähigkeit. Durch die enge Assoziation dieser Merkmale mit Schleim kommt es häufig zu Ekel-Reaktionen, wenn Schleimiges im Mund wahrgenommen wird. Austern beispielsweise sind aufgrund ihrer schleimigen Textur nicht bei allen Menschen beliebt. Vor allem in der japanischen Esskultur haben schleimige Lebensmittel ihren Platz und werden gerade aufgrund ihrer besonderen Textur geschätzt. Nattō ist ein traditionelles japanisches Lebensmittel aus gekochten und fermentierten Sojabohnen, bei dem ein Bakterium einen Fäden ziehenden Schleim bildet. Es wird in Europa nicht produziert, weil man glaubt, dass es hier keinen Markt für schleimige Sojabohnen gibt.

Mundbeschichtend (mouth-coating) beschreibt vor allem die Wahrnehmung von fettreichen, öligen Lebensmitteln, die aufgrund des niedrigen Schmelzpunkts ihres Fetts die Mundhöhle mit einem dünnen Fettfilm überziehen. Butter, Margarine, fettreicher Käse und Schokolade führen zu diesem angenehmen Erlebnis, bei dem die Zunge erkennt, dass sie sich leichter als üblich gegen die Schleimhäute der Mundhöhle und die Zähne bewegen kann. Die meisten Menschen lieben dieses Gefühl.

Saftigkeit ist primär ein Merkmal von Früchten, das sich auf ihre Fähigkeit bezieht, beim Kauen aus den Zellen der Frucht Flüssigkeit freizusetzen. Wie rasch passiert das? Wie groß muss der Druck sein, damit die Flüssigkeit austritt? Wie viel Saft tritt aus? Auch wie stark dadurch die Speichelproduktion angeregt wird, all das sind Fragen, die diese Wahrnehmung beantwortet. Saftigkeit wird als Begriff auch im Zusammenhang mit gebratenem oder gegrilltem Fleisch angewendet, das beim Kauen in ähnlicher Weise Zellsaft, flüssiges Fett und Gelatine freisetzt.

Cremigkeit

Cremigkeit ist ein erstaunlich komplexer, schwer zu definierender Begriff. Wir alle wissen, was cremig ist, wenn wir Cremigkeit wahrnehmen, aber wenn wir sie definieren müssen, scheitern wir meist. Cremigkeit hat jedenfalls etwas damit zu tun, wie ein Lebensmittel fließt und sich gegen die Schleimhäute des Mundes reibt und ist offenbar mit Viskosität verbunden. Nicht viskose Lebensmittel werden nicht als cremig empfunden. Cremig wird manchmal als samtig, geschmeidig und glatt umschrieben. Da cremiges Mundgefühl primär von fetten Lebensmitteln vermittelt wird, wird davon ausgegangen, dass viskose und fette Lebensmittel als cremig empfunden werden. Das spezielle Fließverhalten des Fetts scheint diese spezielle Wahrnehmung auszulösen. Vielleicht spielt auch das „Mouth-coating-Gefühl", das das Fett erzeugt, eine gewisse Rolle bei der Cremigkeit. Das Fett schmiegt sich an die Oberfläche der Mundhöhle und lässt alles im Mund glatt und geschmeidig erscheinen.

Warum lieben wir Cremiges?

Viele Menschen lieben Cremiges, leider ist Cremigkeit mit einer hohen Kaloriendichte verbunden. Majonäse, Buttercreme, Schokoladencreme, ausgerechnet das, was uns dick werden lässt, fühlt sich so gut an! Das dürfte darauf zurückzuführen sein, dass unser sensorisches Wahrnehmungssystem uns dazu bringt, die sensorischen Profile energiedichter Lebensmittel zu bevorzugen. Evolutionär hatten Kalorien offensichtlich eine große Bedeutung und unser Körper bzw. unser Gehirn hat noch nicht gelernt, dass wir heute so leicht Nahrung bekommen, und konzentriert sich immer noch auf die Speicherung von Kalorien für Zeiten, in denen keine Nahrung zur Verfügung steht.

Nachdem diese mageren Zeiten heutzutage aber nicht mehr auftreten, kommt es dazu, dass wir die zusätzlichen Kalorien in Form von gesundheitlich und ästhetisch problematischem Fett auf Bauch und Hüfte mit uns herumtragen. Aber Fett schmeckt nicht nur deswegen so gut, sondern auch weil es einen positiven Effekt auf die Speicherung der fettlöslichen Aromastoffe im Lebensmittel hat. Wenig Fett bewirkt, dass Aromastoffe recht rasch abgegeben werden, eventuell so rasch, dass man den Bissen noch gar nicht geschluckt hat, und das wird dann als wenig Geschmack wahrgenommen. Dagegen geben fettreichere Varianten die Aromastoffe langsamer ab, es kann auch mehr Aroma in mehr Fett gespeichert werden und daher schmeckt das fettreichere Produkt besser und nach mehr.

In den letzten Jahrzehnten hat es einige Forschungsanstrengungen gegeben, um das cremige Fett durch Substanzen mit weniger Kalorien, aber gleichem Mundgefühl zu ersetzen. Leider ohne Erfolg! Die spezielle chemische Struktur der Fette und ihrer Aggregate, Kügelchen und Bällchen, ist offenbar kaum nachzuahmen. Was man gefunden hat, ist, dass das cremige Mundgefühl ausgelöst durch Fett auch vom Aussehen und vom Geruch des Lebensmittels beeinflusst wird. Gerüche, die bisher mit cremigen Lebensmitteln verbunden waren, verstärken die wahrgenommene Cremigkeit und auch hellgelbe Farbe hat denselben Effekt. Was cremig aussieht und cremig riecht, wird auch im Mund als cremig wahrgenommen.

Kann man Lebensmitteltextur steuern?

Bei der Herstellung von Lebensmitteln kann man die Textur durch verschiedenste Maßnahmen definieren. Als Erstes sind natürlich die Inhaltsstoffe zu nennen, die die prinzipielle chemische Struktur erzeugen. Welches Netzwerk erzeugen die Inhaltsstoffe? Erhält man eher ein cremig-viskoses oder eher ein gummiartig-elastisches Netzwerk? Wie widerstandsfähig ist das Netzwerk? Wie hart und spröde ist es? Wichtig sind klarerweise die Mischungsverhältnisse zwischen den Inhaltsstoffen – wie alle, die Kuchen backen, wissen. Ein wichtiger Einflussfaktor auf die texturalen Eigenschaften ist das im Lebensmittel enthaltene Wasser und wie gut es verfügbar ist, die sogenannte Wasseraktivität. Wasser wirkt in Lebensmitteln wie ein Weichmacher: Je mehr Wasser, desto weicher und dehnbarer, je höher die Wasseraktivität, desto weicher und desto dehnbarer ist das Lebensmittel. Auch andere Substanzen, die als Weichmacher und Feuchthaltemittel wirken, können verwendet werden. Glyzerin, Sorbit oder Polydextrose verhindern das Austrocknen von Lebensmitteln, indem sie das Wasser binden, und halten sie so länger weich und geschmeidig. Alle Prozesse, die zur Vernetzung von Makromolekülen führen, also Stärke-Verkleisterung, Proteindenaturierung oder Gelbildung, beeinflussen ganz wesentlich die Textur. Häufig handelt es sich dabei um Back- oder Erhitzungsprozesse (Brot- oder Kuchenbacken, Puddingkochen). Ein weiterer die Textur beeinflussender Faktor ist die durch den Herstellungsprozess entstehende innere und äußere Struktur. Zellen (extrudierte Lebensmittel wie Erdnussflips), Blasen (Luftschokolade), Schäume (Brot, Schlagobers), Wellen- oder Rillenformen (Chips, Waffeln), Kuppelformen (Schwedenbomben) bestimmen mit, wie sich das Lebensmittel bei mechanischer Belastung im Mund verhält und sich wahrgenommen über unsere Mechanozeptoren anfühlt. Manche Lebensmittel haben Sollbruchstellen (Semmel, Schokolade), andere zeichnen sich durch komplexe Schichten unterschiedlicher Zusammensetzung aus (Punschkrapferl, Fächertorte, Mozartkugel) oder haben spezielle Hüllen (Pralinen, Panaden), die alle die wahrgenommene Textur beeinflussen. Je komplexer und vielfältiger die Textur eines Lebensmittels ist, desto interessanter bleibt es über eine längere Zeit hin. Brot beispielsweise ist ein textural sehr komplexes Lebensmittel. Außen ist eine mehr oder weniger harte und spröde Kruste, innen haben wir dagegen eine meist elastische Krume, die sich durch eine Vielzahl unterschiedlich großer Poren auszeichnet.

Bei vielen flüssig-cremig-viskosen Lebensmitteln werden zur Ausbildung eines speziellen „Körpers" eine Reihe von Hydrokolloiden eingesetzt, Substanzen, die in der Lage sind, ein Netzwerk auszubilden, das die Viskosität bestimmt, um damit auch Wasser zu binden. Als Verdickungsmittel werden etwa Guarkernmehl, Johannisbrotkernmehl, Xanthan oder Carboxylmethylcellulose eingesetzt. Als Emulgatoren und Schaumstabilisatoren sind Gummi Arabicum (Akaziengummi), Propylenglycolalginate oder Methylcellulose und als Gelbildner Agar-Agar, Carrageenane, Alginate und Pektine im Einsatz. Verdickungsmittel bedeutet nicht, dass uns diese Stoffe übergewichtig machen, sondern, dass sie die Textur des Lebensmittels verdicken, also viskoser machen.

Heiß-kalt im Mund

Temperatur im Mund ist ein wichtiger Teil der Essenserfahrung. Sie ist eine zusätzliche, neue Sensation neben dem Geschmack, dem Geruch, der Textur und den chemesthetischen Wahrnehmungen. Die Temperaturempfindlichkeit im Mund ist hoch, wir sind überaus gut in der Lage, kleinste Temperaturunterschiede zu erkennen. Die übliche Temperatur unterhalb der Zunge liegt durchschnittlich bei 36,8° C. Alles was darunter liegt, empfinden wir als kühl, alles, was über 50° C aufweist, schmerzt bereits und wird als brennend heiß empfunden.

Die Temperatur im Mund wird über mehrere Rezeptoren erfasst. Abbildung 21 zeigt eine Übersicht der verschiedenen Temperaturrezeptoren, die für bestimmte Temperaturbereiche zuständig sind. Es gibt mehrere physikalische Prozesse, die die Temperatur im Mund messbar absenken – man kann diese Temperaturabsenkung als physikalische Abkühlung bezeichnen. Schmelzen von Eis und damit verbundenes Abziehen von Wärme aus der Umgebung ist nur einer dieser Prozesse, die zum Gefühl von Kälte führen. Gut bekannt sind auch das kühlende Schmelzen von fetthaltigen Lebensmitteln wie Schokolade, das berühmte Eiskonfekt oder das Auflösen von Zucker in Wasser. Auch für die Auflösung des Zuckers wird Energie benötigt und sie wird aus der Umgebung abgezogen. Geben Sie einen Löffel Puderzucker in den Mund und achten Sie auf ihre Temperaturwahrnehmung – es fühlt sich plötzlich kühl im Mund an, wenn sich der Puderzucker im Speichel auflöst. Ein weiteres Beispiel für ein kühlendes physikalisches Phänomen ist die Verdampfung. Auch für die Verdampfung wird Energie abgezogen und erzeugt so ein Gefühl der Kühle. Man kann das mit einem Schluck Alkohol im Mund probieren. Alkohol verdunstet relativ rasch bei Körpertemperatur und wenn Sie den Mund offen lassen, werden Sie feststellen, dass es kühler wird im Mund, als wenn Sie nur den Mund ohne Alkohol offen lassen – diesen Selbstversuch sollten Sie nicht in der Öffentlichkeit machen.

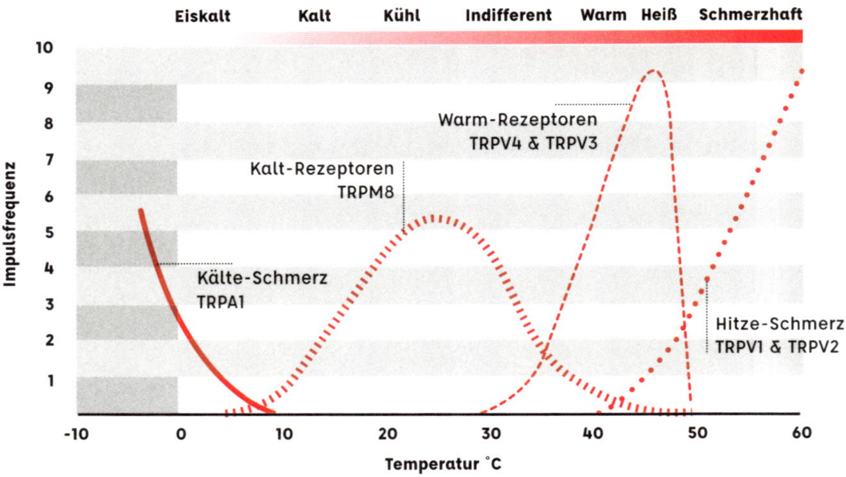

Abbildung 21: Temperatur-Rezeptoren im Mund

Neben physikalischer Abkühlung gibt es auch eine chemische Abkühlung durch Substanzen wie Menthol, die die Kälterezeptoren zwar erregen, aber zu keinem messbaren Temperaturabfall führen. Wir erleben eine Kälte-Illusion. Capsaicin stimuliert den Rezeptor, der bei Temperaturen höher als 43° C reagiert und das ist tatsächlich nahe der Grenze für Temperaturen, die als schmerzhaft empfunden werden – wir erleben eine Hitze-Illusion, die bis ins Schmerzhafte gehen kann.

Die Temperatur im Mund hat auch einen starken Einfluss auf die wahrgenommene Geschmacksintensität, da die Grundgeschmacksarten unterschiedliche Sensibilitätsmaxima, bei denen die Empfindlichkeit für die Grundgeschmacksarten am höchsten ist, aufweisen. Bei Zucker (Saccharose) liegt die maximale Sensibilität zwischen 35 und 50° C, für Kochsalz bei 18 bis 35° C und für bittere Geschmacksstoffe bei 10° C. Das erklärt, warum man zu einer Eismasse sehr viel Zucker geben muss, damit sie im gefrorenen Zustand noch angenehm süß schmeckt – im nicht gefrorenen Zustand ist diese Masse viel zu süß.

Die meisten von uns sind konservativ, was die richtige Temperatur von Speisen und Getränken betrifft: Stichwort kalter Kaffee oder warmes Bier. Speisen oder Getränke, die wir üblicherweise warm oder heiß zu uns nehmen, schmecken uns weniger gut oder zumindest anders, als wären sie kühl. Das beruht sicher häufig auf der Tatsache, dass die flüchtigen Substanzen besser bei einer höheren Temperatur freigesetzt werden, so dass sie intensiver über das retronasale Riechen wahrgenommen werden können. Andererseits können Speisen oder Getränke, die üblicherweise kühl genossen werden, bei zu hohen Temperaturen unausgewogen und zu intensiv schmecken oder es werden sogar Fehlgerüche und Fehlgeschmäcker wahrnehmbar. Die optimale Temperatur von Weinen beispielsweise ist eine eigene Wissenschaft, sie reicht von 6 bis 16° C, Weißweine werden in der Regel bei niedrigeren Temperaturen getrunken als Rotweine. Bier entwickelt seinen besten Geschmack bei ca. 10° C – ähnlich wie bei Wein können schwere Biere auch bei etwas höheren Temperaturen genossen werden.

Viele Getränke und Speisen nehmen wir auch sehr kalt zu uns. Denken Sie nur an Speiseeis, das eine Temperatur von minus 10 bis minus 15° C aufweist. Wir schätzen es, wenn kaltes Eis die Schleimhäute unseres Mundes berührt, langsam schmilzt und den gesamten Mundraum kühlt. Man kann es aber auch übertreiben, dann wird Kälte „schmerzhaft", und zwar nicht nur auf den Zähnen und im Mund selbst, sondern es können Kopf- oder Nackenschmerzen entstehen. Granita-Eisprodukte beispielsweise bestehen zu einem großen Anteil aus gefrorenem Wasser und haben daher eine hohe Wärmekapazität. Beim Schmelzen entziehen sie der Umgebung eine Menge Wärme, das heißt, es kommt zu einer starken Abkühlung im Mund und im umliegenden Gewebe, was offenbar zu Schmerzen führen kann.

ANGENEHME SCHMERZEN

Wie entstehen scharfe Wahrnehmungen?

Viele Menschen nehmen intuitiv an, dass die Schärfe von Chili, Ingwer, Radieschen oder Senf Geschmacksempfindungen sind, weil sie ja auf der Zunge und in der Mundhöhle entstehen und daher wahrscheinlich von den Geschmacksnerven übertragen würden. Tatsächlich aber ist für diese Wahrnehmung ein eigenes Sinnessystem verantwortlich, nämlich das trigeminale System. Wahrnehmungen wie brennend, scharf, adstringierend, prickelnd, beißend, brenzlig, stechend oder kühlend entstehen durch Reizung des fünften Hirnnervs, des Nervus trigeminus oder Drillingsnervs. Die Geschmackspapillen haben nichts mit der Wahrnehmung von Chili- oder Pfeffer-Schärfe zu tun. Das trigeminale Wahrnehmungssystem ist bedauerlicherweise und völlig zu Unrecht weithin unbekannt, was sich auch darin widerspiegelt, dass wir nicht einmal ein Wort dafür in der Alltagssprache haben. Manche Menschen – wie zum Beispiel die Chili-Liebhaber – sind ganz versessen auf eine starke Reizung des Nervus trigeminus. Wir nehmen mit diesem Sinnessystem Schärfe wahr, aber auch das Prickeln von Sekt oder Bier. Hohe Konzentrationen von Ethanol wie in Schnaps oder Whiskey erregen den Nervus trigeminus ebenfalls und lösen das brennende Gefühl nicht nur im Mund, sondern auch in Speiseröhre und Magen aus. Wenn scharfe Substanzen unverdaut wieder ausgeschieden werden, erregen sie auf diesem Weg den allgemeinen chemischen Sinn, der die Schleimhaut des Anus innerviert, sodass es dabei wieder zu einer Wahrnehmung der Schärfe kommen kann. Das ist der physiologische Hintergrund für die umgangssprachliche Wendung, dass ein ordentliches Gulasch *zweimal* brennen muss. Aber das Interessante an diesem wenig bekannten Sinnessystem ist seine Ambivalenz, denn einerseits trägt es zum Genuss bei, andererseits aber kippt dieser Genuss ganz rasch in einen unangenehmen Schmerz und man kann mitunter nicht mehr sagen, ob man Lust oder Schmerz empfindet – ein regelrechter „Sado-Maso-Sinn“.

Der Nervus trigeminus gehört zum chemesthetischen System in Haut und Schleimhäuten unseres Körpers und dieses System reagiert auf Reize, die Schaden an Zellen oder Gewebe anrichten können. Der Biologe George H. Parker hat dieses Sinnessystem im Jahr 1912 entdeckt und es als allgemeinen chemischen Sinn bezeichnet. Neben gustatorischer und olfaktorischer Wahrnehmung ist das chemesthetische System das dritte große System der chemischen Wahrnehmung. Die chemesthetische Wahrnehmung im Mund erfolgt über drei Nerven: den Nervus trigeminus, den Nervus glossopharyngeus und den Nervus vagus. Der Nervus trigeminus ist verantwortlich für die Detektion irritierender chemischer Stoffe auf den Schleimhäuten von Zunge, Gaumen, Mandeln, Nasenrachenraum und Nasenhöhle. Der Nervus glossopharyngeus und der Nervus vagus sind eher zweitrangige Andockstellen für irritative Substanzen in der hinteren Mundhöhle und der Speiseröhre. Ein Ast des Nervus trigeminus geht in die Schleimhäute des Auges, einer in Nase und Oberkiefer und der dritte in den Unterkiefer (siehe Abbildung 11).

Der Nervus trigeminus reagiert auf verschiedene Reizarten, auf Druck, Vibrationen, Wärme, Hitze, Kälte und auch auf chemische Reize, er ist damit ein multimodaler Nerv. Es ist auch der Drillingsnerv, der Zahnschmerzen und das Brennen und Tränen der Augen beim Zwiebelschneiden vermittelt. Natürlich ist der Schmerz des Drillingsnervs wie jeder Schmerz ein Warnsignal, das hilft die Schmerzursache zu beseitigen. Im Mund führt die Reizung des Nervus trigeminus zu vermehrtem Speichelfluss, um irritierende Stoffe wegzuschwemmen. In der Nase löst der Nervus trigeminus bei Reizung die sogenannte Apnoe aus, wobei die Atmung unwillkürlich stoppt, um schädliche Stoffe wie Rauch, Säuren oder Ammoniak nicht weiter einzuatmen. Bei schwächeren Reizen kommt es nur zu einem

Niesreiz. Und im Auge gereizt lässt uns der Nervus trigeminus die Augen schließen und Tränen beginnen zu fließen, um die irritierenden, schädlichen Substanzen beispielsweise aus der Zwiebel wieder loszuwerden.

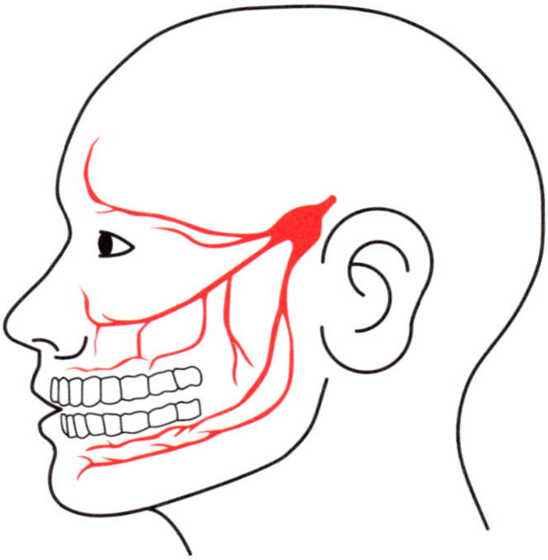

Abbildung 11: Nervus trigeminus

Wärme- und Kälteempfindungen sind über den Nervus trigeminus auch durch chemische Reizung auslösbar, es handelt sich dabei aber um Temperaturillusionen. Der Drillingsnerv hat keine Sinneszellen wie andere Sinnessysteme, sondern es befinden sich Rezeptormoleküle in den Membranen der Nervenenden in Nase, Mund und Auge. Das Rezeptormolekül für die scharfe Substanz in Chili, das Capsaicin, wird auch durch Hitze erregt. Das bedeutet, dass die Wahrnehmung schmerzhafter Temperaturen über 50° C denselben Entstehungsort hat wie das Brennen von Capsaicin und daher ist die subjektive Empfindung ähnlich, nämlich heiß, scharf oder „hot", wie es treffend im Englischen heißt. Und auch die körperlichen Reaktionen auf scharfe Substanzen und Hitze sind ähnlich – wir beginnen zu schwitzen. Der Chilirezeptor gehört zu einer großen Gruppe von Rezeptoren, die durch chemische Substanzen aus Pflanzen erregt werden können, wie man sie in Senf, Ingwer, Knoblauch, Zwiebel, Wasabi, Kren, aber auch Kampfer, Oregano, Rosmarin und Thymian findet.

Bei häufigem Essen von Chili steigen die Schwellwerte für Capsaicin stark an, sodass man die Dosis erhöhen muss, um ähnlich intensiv scharfe Wahrnehmungen zu erzielen. Der Nervus trigeminus zeigt damit ein gewisses Suchtpotential, wir gewöhnen uns langsam und brauchen immer höhere Dosen. Kurzfristig allerdings tritt beim Essen scharfer Lebensmittel keine Gewöhnung ein, sondern im Gegenteil jeder neu hinzutretende Reiz, jeder weitere Bissen vom Chili-Gericht führt zu einer immer intensiveren, schmerzhafteren Schärfe. Das ist ganz anders als bei gustatorischen Wahrnehmungen, bei denen sehr rasch Gewöhnungseffekte auftreten. Innerhalb weniger Bissen von einer Marmeladesemmel nehmen wir die Süße der Marmelade nicht mehr so intensiv wahr wie zuvor. Beim Warnsignal Schärfe erreicht unser Gehirn das Aufhören des Essens, indem die schmerzhafte Wahrnehmung mit jedem Bissen intensiver wird. Beim Belohnungssignal Süß erreicht es das, indem die angenehm süße Wahrnehmung immer schwächer wird. Interessant für Personen, die gern damit angeben, wie viel Chili sie nicht vertragen können, ist eine chemische Substanz namens Capsazepin. Sie blockiert die Chili-Schärfe völlig, indem es das Capsaicin vom Rezeptormolekül verdrängt und dabei selbst keine Scharf-Wahrnehmung auslöst.

Warum essen wir Scharfes?

Der Mensch ist das einzige Tier, das die brennende Schärfe in Früchten und Speisen wahrnehmen kann, und sie trotzdem isst. Warum macht er das? Neugeborene und kleine Kinder – auch mexikanische – lieben Chili überhaupt nicht, sondern reagieren stark abwehrend auf scharfe Speisen. Erst langsam, wenn man den Kindern immer wieder scharfes Essen gibt, gewöhnen sie sich an die Schärfe. Es gibt eine Reihe von Antwortversuchen, weshalb Menschen scharf essen. Die eine Antwort wird als Hypothese des begrenzten Risikos bezeichnet. Sie beschreibt den Chili-Verzehr als ein objektiv nicht gefährliches Ereignis – analog zu beispielsweise Hochschaubahn-Fahren, das Anschauen haarsträubender Thriller-Filme, einem heißen Bad oder einer kalten Dusche. Erlebnisse dieser Art haben eine

Steigerung des allgemeinen Aktivitätsniveaus durch körperlichen Alarm zur Folge, die als angenehm empfunden wird. Die populäre Hypothese, dass zur Linderung des Schmerzes die Produktion von körpereigenen Opiaten, den Endorphinen, angeregt wird, die auch bei Lust- und Genussempfindungen ausgeschüttet werden, konnte in einer Schweizer Studie experimentell nicht belegt werden, hat aber noch viele Anhänger. Eine andere Hypothese spricht vom „Masochismus des Alltags". Demnach empfinden es viele Menschen als angenehm, wenn ein kleiner, kontrollierter Schmerz wie z.B. die Hitze des heißen Fußbads oder das Brennen des Rasierwassers nachlässt. Ein weiterer Erklärungsversuch geht von der Beobachtung aus, dass scharfe Substanzen überwiegend in heißen Gebieten verwendet werden. Gerade dort wäre der Einsatz von Capsaicin sinnvoll, weil es eine leicht mikrobizide Wirkung aufweist. Auch die physiologische Reaktion auf scharfe Inhaltsstoffe könnte eine Erklärung liefern. Es ist allseits bekannt, dass scharfe Speisen zur gleichen körperlichen Reaktion führen wie Hitze: Man beginnt zu schwitzen. Obwohl sich die Körpertemperatur objektiv nicht erhöht, wird Schweiß abgesondert und das führt zum Absenken der Temperatur der Hautoberfläche durch die Verdunstungskälte.

Chili könnte auch zu einer besseren Verdauung beitragen. Capsaicin und ähnliche Reizstoffe verstärken nämlich den Speichelfluss, und das führt dazu, dass man den Bissen im Mund besser einspeichelt, ihn einerseits leichter schlucken kann und er andererseits durch die Verdauungsenzyme im Speichel besser verdaut wird. Veronika Somoza von der Universität Wien konnte auch zeigen, dass Capsaicin in Lebensmitteln dazu führt, dass man weniger von ihnen isst. Man isst weniger und das Wenige verdaut man besser. Die hungerdämpfende Wirkung von Capsaicin könnte auf die Reizung des Nervus vagus durch das Capsaicin zurückzuführen sein. Dieser Nerv reicht über die Speiseröhre bis in den Magen und seine Stimulation verringert Hunger, fördert Sattheit und kann auch Entzündungen hemmen.

Manchmal wird behauptet, dass durch Chili das Geschmackserlebnis intensiver wird. Wahrscheinlich wird das Ess-Erlebnis als solches stärker erlebt, weil man in einen leichten Alarmzustand gerät, aber auf die gustatorische Wahrnehmung selbst hat Chili eher eine negative Wirkung. In vielen Studien wurde nachgewiesen, dass Capsaicin die Schwellwerte für süße, bittere und umami Substanzen erhöht und damit ihre Wahrnehmung verschlechtert. Das soll den Chili-Aficionados keineswegs ihren scharfen Spaß verderben, aber für eine differenzierte sensorische Analyse im Sensoriklabor ist man nach einem heftigen Chili-Essen eher nicht geeignet.

Wer liebt Scharfes?

In einer Publikation französischer Forscher mit dem Titel „Some like it hot" wurde gezeigt, dass es bei Männern einen klaren Zusammenhang zwischen dem männlichen Sexualhormon und dem Verlangen nach scharfen Speisen gibt. Je höher der Testosteronspiegel, desto größer die Vorliebe für Scharfes. Ebenso gilt auch: Je höher der Testosteronspiegel, desto höher die sexuelle Aktivität. Und daher könnte man behaupten: Wer sexuell aktiv ist, isst scharf. Interessanterweise hat man in vielen anderen Studien bereits Zusammenhänge zwischen dem Testosteronspiegel und der Risikobereitschaft in finanzieller und sexueller Hinsicht festgestellt. Der Schluss liegt nahe, dass die französische Forschergruppe den Zusammenhang zwischen Testosteron und geschmacklicher Risikobereitschaft gefunden hat, allerdings ist nicht ausgeschlossen, dass der Ursache-Wirkung-Zusammenhang umgekehrt ist und vielmehr der häufige Verzehr von scharfen Speisen den Testosteronspiegel erhöht. Bei Nagetieren konnte genau diese Wirkung von Capsaicin festgestellt werden. Womöglich wird man eines Tages eindeutig behaupten können: Wer scharf isst, wird scharf.

Wie misst man die Schärfe?

Im Jahr 1912 entwickelte der amerikanische Pharmakologe Wilbur Scoville (1865–1942) einen Test, um die Schärfe von Früchten der Paprikapflanze zu messen. Dabei wird das Capsaicin so weit verdünnt, bis eine Verkostungsgruppe seine Schärfe nicht mehr wahrnimmt. Der Verdünnungsgrad, bei dem die Schärfe nicht mehr wahrnehmbar ist, ist als Scoville-Grad definiert. Paprika ohne jegliche Schärfe hat Scoville-Grad 0 und reines Capsaicin 16 Millionen Scoville-Grad, das heißt, um seine Schärfe nicht mehr wahrzunehmen, muss man einen Milliliter reines Capsaicin mit 16 Millionen Millilitern Wasser, also 16.000 Liter, verdünnen. Nachdem die individuellen Schwellwerte für Capsaicin von Person zu Person stark schwanken und sich diese Schwellwerte durch häufiges Kosten von Capsaicin langsam nach oben bewegen, hängt das Ergebnis der Scoville-Methode sehr stark von den verwendeten Testpersonen ab und ist sehr schwankend. Obwohl der Scoville-Test also insgesamt nicht zuverlässig ist, erfreut sich die Scoville-Skala immer noch beträchtlicher Popularität. Eine chemische Bestimmung der Konzentrationen aller die Schärfe erzeugenden capsaicinartigen Stoffe in einer Chili-Pflanze ist dagegen weit präziser und erlaubt es auch, auf die Gesamtschärfe zu schließen. Daneben gibt es auch noch andere Schärfe-Skalen, wie eine aus Mexiko, bei der die subjektiv wahrgenommene Schärfe auf einer Skala von 1 bis 10 bewertet wird. In Restaurants oder auf Lebensmittelverpackungen wird die Schärfe häufig mittels grünen, gelben und roten Chilischoten versucht darzustellen – je mehr Schoten, desto schärfer.

Die Schärfe der unterschiedlichen Paprika-Arten schwankt sehr stark, ein Überblick ist in Abbildung 12 zu sehen. Es gibt Capsaicin-freien Gemüsepaprika, sehr scharfen Jalapeno, brennenden Cayenne bis hin zu Habanero (150.000 Scoville) und Paprika-Arten wie dem Bhut Jolokia (1.000.000 Scoville), die auch im militärischen Bereich als Kampfmittel eingesetzt werden. Der Carolina Reaper ist mit 1.500.000 Scoville angeblich der schärfste Paprika der Welt, man soll angeblich den Eindruck haben, glühende Lava zu essen – guten Appetit! Ein Pfefferspray hat bis zu 5.300.000 Scoville und kommt damit schon in die Nähe von reinem Capsaicin mit 16.000.000 Scoville.

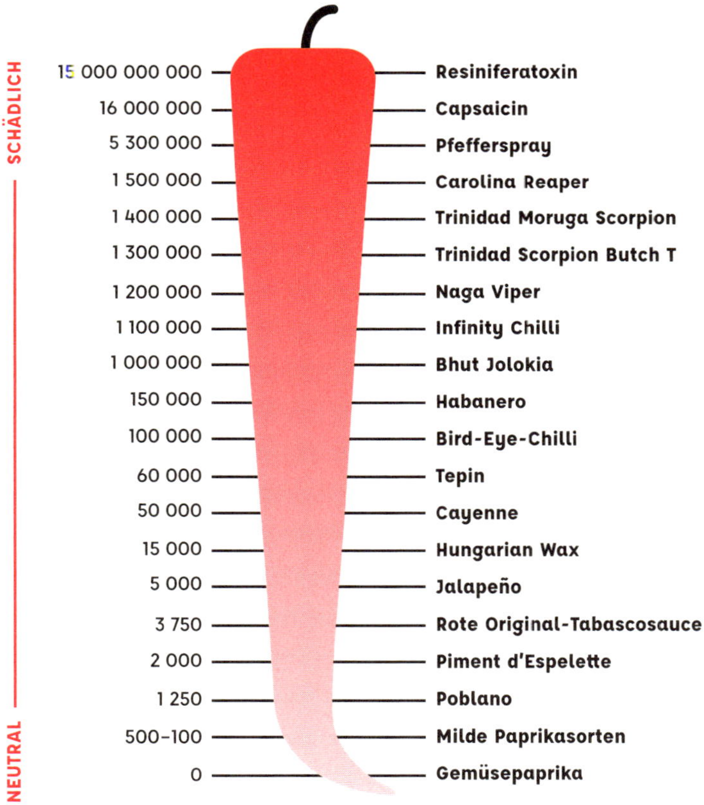

Abbildung 12: Schärfe unterschiedlicher Paprikasorten

Warum gibt es scharfe Früchte?

Warum gibt es überhaupt Pflanzen, die scharfe Früchte produzieren? Früchte dienen biologisch ja der Verbreitung von Samen durch Verzehr und Ausscheidung durch Tier und Mensch. Scharfe Früchte, die irritierend scharf sind und daher nicht gemocht und gegessen werden, müssten die Verbreitung der Pflanze eigentlich behindern. Die Lösung des Problems liegt in der Tatsache, dass es bestimmte Tiere gibt, die Capsaicin überhaupt nicht stört, weil sie es schlichtweg nicht wahrnehmen können. Es sind die Vögel, die Capsaicin nicht schmecken. Probieren Sie das einmal an einer Taube aus und geben Sie ihr eine Habanero-Chilischote. Das Tier sollte die Schote ungerührt und genüsslich verzehren können, denn Chili-Früchte schmecken allen Vögeln hervorragend und sie können die Chili-Samen in weitem Umkreis um die Pflanze verbreiten. Die Strategie, scharfe Inhaltsstoffe in den Früchten zu produzieren, gibt der Pflanze damit den Vorteil, die Samen durch ein Tier verbreiten zu lassen, das einen weitaus größeren Bewegungsradius hat als am Boden lebende Tiere wie zum Beispiel eine kleine Maus.

Was macht der Szechuanpfeffer im Mund?

Dieses Gewürz (getrocknete und von Samen befreite Fruchtschalen von Zanthoxylum piperitum), das nicht mit Schwarzem Pfeffer (Piper nigrum), sondern mit Zitruspflanzen verwandt ist, löst neben starker Speichelbildung einzigartige prickelnd-kitzelnde, blubbernde Empfindungen auf der Zunge aus, die bis hin zu einem Betäubungsgefühl gehen können. Im Chinesischen wird die Geschmacksrichtung, bei der Szechuanpfeffer und scharfer Paprika verwendet wird, als málà (betäubend und scharf) bezeichnet. Die Substanzen, die diese Wahrnehmungen auslösen, sind bekannt und sie docken alle an Rezeptoren des Nervus trigeminus an.

Warum haben wir coole Illusionen im Mund?

Die sensorischen Endigungen der Kaltsensoren reagieren nicht nur auf Temperaturänderungen, sondern auch auf chemische Stimulation. Menthol, der Hauptbestandteil des Pfefferminzöls, bringt Kaltsensoren zum Feuern und erzeugt dadurch eine Kälteempfindung. Als entsprechender Rezeptor wurde ein Ionenkanal identifiziert, der sowohl durch Abkühlung als auch durch Menthol geöffnet wird. Diese Ionenkanäle finden sich in den sensorischen Enden der Kaltrezeptoren und werden bei Abkühlung der Haut geöffnet. Sie leiten dann Kationen in die Nervenfaser, depolarisieren die Membran und lösen Aktionspotentiale aus. Man hat den Eindruck, es wird kühl, obwohl sich die Temperatur nicht ändert - eine Temperaturillusion. Keine Temperaturillusion ist der kühlende Effekt von Eiskonfekt. Eiskonfekt ist Schokolade mit Fett, das zum Schmelzen so viel Wärme benötigt, dass tatsächlich die Temperatur im Mund leicht absinkt. Die entstehende Kühl-Sensation wird oft auch mit Begriffen wie „frisch" und „rein" beschrieben und streichen daher in der Regel als sehr positiv in manchen Lebens- und Genussmitteln empfunden. Es wurden auch chemische Substanzen entwickelt, die eine stärkere Wirkung als natürliche Substanzen wie Menthol aufweisen und gerne in Lippenbalsam, Rasiercremen, Kaugummi, Zahnpasta oder Mundspülungen eingesetzt werden.

Wie nehmen wir pelzig wahr?

Als adstringent wird eine Empfindung bezeichnet, die als pelziges, raues, trockenes Gefühl im Mund und gemeinsam mit Säure als zusammenziehend beschreibbar ist. Man hat diese Wahrnehmung, wenn man schwarzen Tee, Rotwein, Spinat oder gar Bananenschale in den Mund nimmt: ein seltsames Gefühl der ruckelnden Rauheit, wenn man mit der Zunge über Gaumen und Zähne fährt. Das Standardmodell zur Erklärung der Adstringenz bezieht sich auf die Wirkung von Inhaltsstoffen wie Tanninen oder Gerbstoffen. Diese Substanzen fällen die Proteine in Speichel- und Schleimhaut aus und führen damit zu einem Verlust an Schlüpfrigkeit und Gleitfähigkeit im Mund. Der Speichel ist nicht mehr so schmierfähig und Zunge und Gaumen/Zähne können nicht mehr so leicht aneinander vorbeigleiten. Seit einigen Jahren sind Forscher auch dem trigeminalen Aspekt der Adstringenz auf der Spur und man kann inzwischen schon definitiv sagen, dass die Adstringenz auch eine trigeminale Wahrnehmung ist. Es wurden Rezeptoren im Nervus trigeminus gefunden, an die adstringierende Substanzen andocken und so über eine Reaktionskaskade zum typischen trocken-pelzigen Mundgefühl der Adstringenz beitragen.

Eigentlich klingt „raues, trockenes Gefühl im Mund“ nicht sehr positiv, aber nachdem wir Tee, Rotwein und viele andere adstringierende Lebensmittel durchaus schätzen, ist Adstringenz offenbar doch etwas, das nicht negativ genug ist, um es zu meiden. Vielleicht wird mit der Adstringenz den Lebensmitteln auch etwas Besonderes, Interessantes hinzugefügt, das sie gut erkennbar, nicht langweilig und damit beliebt macht. Es ist aber auch denkbar, dass die Adstringenz dafür sorgt, dass wir mehr trinken wollen. Der Mund fühlt sich rau und trocken an, und wir trinken, um diese Trockenheit, die auch ein Aspekt des Durstgefühls ist, zu beseitigen. Eventuell ist das auch die Erklärung für die erstaunliche Tatsache, dass viele von uns nicht nur ein Glas Bier, sondern mehrere trinken wollen. Die Gerbstoffe des Bieres erzeugen eine gewisse Trockenheit und wir bekämpfen diese Trockenheit, indem wir ein weiteres Glas Bier bestellen, das wieder Gerbstoffe enthält und so weiter und so fort. Sensoriker sprechen hierbei von der Drinkability eines Getränks und sie versuchen zu verstehen, wie man Produkte so erzeugen kann, dass man nicht nach einer kleinen Menge genug hat, sondern einen Anreiz verspürt, mehr davon zu trinken. Prost!

RIECHEN

Können Menschen gut riechen?

Riechen spielt beim Essen und Trinken eine sehr wichtige Rolle. Wir riechen an Lebensmitteln, um zu „sehen“, ob sie noch frisch sind, und wir riechen sofort, wenn beim Kochen etwas anbrennt. Kommt man nach Hause und es strömt einem der Geruch von frisch gebackenem Kuchen entgegen, ist man sofort in positiver Erwartung und fühlt sich geborgen und umsorgt. Wir riechen mit jedem Atemzug und nutzen unsere Nase alltäglich, ohne lange darüber nachzudenken. Aber sind wir Menschen eigentlich gute Riecher? Gut in dem Sinne, dass wir viele Gerüche unterscheiden oder erkennen können. Diese Frage ist nicht so leicht zu beantworten. Wie viele Gerüche der Mensch unterscheiden und erkennen kann, ist erstaunlicherweise ungeklärt.

Mit Sicherheit können wir mehrere tausend bis zu zehntausend unterschiedliche Gerüche unterscheiden und einige hundert auch erkennen. Andreas Keller von der Rockefeller University in New York schätzt sogar, dass wir in der Lage wären, die fantastisch anmutende Menge von einer Billion verschiedener Gerüche auseinanderhalten zu können. Unabhängig von der Anzahl der prinzipiell wahrnehmbaren Gerüche bleibt aber immer die entscheidende Frage, welche dieser Gerüche überhaupt für uns relevant sind. Welche Gerüche nehmen wir bewusst wahr und welche haben für unser Leben eine Bedeutung? Viele Substanzen können noch in sehr niedrigen Konzentrationen bewusst wahrgenommen werden, aber viele Geruchsstoffe entfalten eine Wirkung auf unser Erleben und unser Verhalten auch, obwohl sie gar nicht zu einer bewussten Wahrnehmung führen. Wenn Kellers Schätzung stimmt, dann würden wir mehr Gerüche differenzieren können als Farben (2 bis 7 Millionen) und auch mehr als Töne (340.000). Trotz dieser offenbar erstaunlichen Leistungsfähigkeit wurde der Geruchssinn aber lange Zeit zu den niederen Sinnen gezählt, dem man keine Beachtung schenken sollte. Vielleicht ist es nur folgerichtig, dass sich in einer Zeit der visuellen und akustischen Überreizung wie der unseren die Aufmerksamkeit wieder stärker auf diesen einflussreichen, häufig über das Unbewusste wirkenden Sinn richtet. Seine Bedeutung für zwischenmenschliche Aspekte wie Sympathie und Antipathie ist ja sprichwörtlich: „Wir können einander nicht riechen“, „Es stinkt mir“, „Ich habe die Nase voll!“

Wozu riechen?

Der Geruchssinn hat eine Alarmfunktion. Er hilft bei der Identifikation von Bekanntem und warnt vor Unbekanntem und Gefährlichem. Sobald etwas mit unserem Essen nicht stimmt, riechen wir das. Wir nehmen den Geruch von ranzigem Öl, Fäkalien oder faulen Eiern wahr und schon wissen wir: Davon lasse ich besser die Finger. Egon Peter Köster hat diese Beobachtungen zur *Misfits-Theorie der Geruchswahrnehmung* entwickelt. Demnach zielt das Riechen in erster Linie darauf ab, sicherzustellen, dass unsere Nahrungsaufnahme sicher ist. Abweichungen vom gewohnten und bewährten Geruch werden rasch und zuverlässig erkannt und führen dazu, dass wir vorsichtig werden und ablehnend reagieren. Solange der Geruch eines Lebensmittels mit unseren Erfahrungen und Erwartungen übereinstimmt, nehmen wir ihn meist gar nicht bewusst wahr, erst wenn es zu einer Abweichung vom Üblichen kommt, reagiert unser Wahrnehmungssystem und lässt uns die Abweichung bewusst werden, damit wir auf die problematische Lage reagieren können. Ähnlich ist es nach dieser Theorie auch mit den Gerüchen unserer Wohnung, unserer Kleidung, unseres Partners, unserer Partnerin. Wir bemerken den Geruch erst bewusst, wenn es eine Abweichung von der Norm gibt. Wenn wir zum Beispiel längere Zeit auf Reisen waren, jemand anderer in unserer Wohnung gelebt hat, und wir dann unsere Wohnung betreten, bemerken wir sofort:

Es riecht anders und seltsam fremd. Köster schreibt, dass Gerüche unser Leben schützen, ohne dass wir uns dessen bewusst sind. Sie geben uns ein Gefühl der Sicherheit und Geborgenheit, ohne dass wir ihnen Aufmerksamkeit schenken müssten. Menschen, die ihren Geruchssinn etwa aufgrund eines Unfalls verloren haben, berichten, dass sie sich in ihrer Wohnung nicht mehr geborgen fühlen, ihre Partner beziehungsweise Partnerinnen ihnen fremd sind und insgesamt die Welt sich emotional kälter und distanzierter anfühlt. Das kann durchaus zu depressiven Verstimmungen führen. Außerdem haben sie viele Probleme im Alltag. Sie erkennen Rauch- oder Gasgeruch in der Küche nicht mehr, wissen nicht, ob sie nach Schweiß riechen oder ob das Fleisch im Kühlschrank verdorben ist. Und nicht zuletzt führt vor allem schlagartiger und nicht schleichend erfolgender Verlust der Riechleistungsfähigkeit zu vermindertem Appetit, weil alles Essen fad und uninteressant schmeckt, was einen starken Verlust an Lebensqualität bewirkt.

Was riechen wir?

Naturwissenschaftlich betrachtet ist Riechen die Wahrnehmung gasförmiger chemischer Substanzen. Feststoffe oder Flüssigkeiten riechen wir nur, wenn genügend Moleküle davon gasförmig werden, also verdampfen oder sublimieren. Die Riech-Substanzen selbst dürfen eine maximale Molekülgröße nicht überschreiten, sie müssen bestimmte chemische Eigenschaften haben, eine gewisse Fettlöslichkeit aufweisen, aber auch schleimlöslich sein, weil sie ja über eine dünne Schleimschicht zu den Rezeptorsinneszellen diffundieren müssen. Darüber hinaus ist es aber gegenwärtig nur sehr schlecht möglich, aufgrund der chemischen Eigenschaften eines Moleküls mit Sicherheit vorherzusagen, ob beziehungsweise wie es riecht.

Es gibt Duftstoffe, die sich kaum chemisch voneinander unterscheiden, aber klar unterschiedlich wahrgenommen werden und andererseits gibt es auch Moleküle, die sich stark voneinander unterscheiden, aber zu nahezu identischen Riechwahrnehmungen führen. Man kann Aromen aber auch

Geschmacksstoffe mithilfe chemischer, physikalischer und physiologisch-sensorischer Kenngrößen charakterisieren. Chemische Kenngrößen beziehen sich auf den chemischen Aufbau der Substanzen, ihre geometrische Anordnung und auch ihre Giftigkeit. Zu den physikalischen Kenngrößen zählen beispielsweise die Konzentration des Aromastoffes, seine Flüchtigkeit, seine Viskosität sowie die Löslichkeit in Lösungsmitteln. Daneben sind aber auch physiologisch-sensorische Kenngrößen wie die Schwellwerte sehr aufschlussreich, sie werden im Kapitel Psychophysik diskutiert.

Was riecht an Lebensmitteln?

Die meisten Gerüche von Lebensmitteln werden nicht von einem einzelnen Geruchsstoff hervorgerufen, sondern von Mischungen verschiedener geruchsaktiver Komponenten. Das Interessante solcher Mischungen ist, dass es uns nicht möglich ist, die unterschiedlichen Komponenten herauszuriechen. Wir nehmen die Mischung als eine Einheit wahr und dieser Geruch der Mischung ist oft verschieden von dem Geruch der einzelnen Komponenten der Mischung. Kaffee ist ein extremes Beispiel, weil sein Geruch von hunderten verschiedenen Komponenten erzeugt wird, die isoliert gerochen nicht kaffeeartig riechen – erst in der Kombination ergibt sich der Kaffeegeruch.

Intuitiv würde man annehmen, dass in einer Aromastoff-Mischung eines Lebensmittels jene Komponente prägend ist, welche den niedrigsten Erkennungsschwellwert besitzt. Aber dieser Schwellwert alleine reicht nicht aus, um die sensorische Wichtigkeit der Substanz zu charakterisieren.

Genauso wichtig ist die Konzentration des Stoffes und das Verhältnis Konzentration zu Schwellwert, auch Aromawert genannt, der den Beitrag einer Substanz zum Aroma charakterisiert. Ein Wert größer als 1 bedeutet, dass die Substanz wahrgenommen werden kann. Der Wert kann auch kleiner als 1 sein, was bedeutet, dass der Stoff alleine keinen Beitrag zum Aroma leistet. In Kartoffelchips hat die Substanz Methional einen Aromawert von 100.000, wohingegen die Aromawerte der anderen aromaaktiven Substanzen bei Chips um Zehnerpotenzen niedriger liegen. Tatsächlich kommt der Geruch von Methional dem Aroma von Kartoffelchips nahe und ist daher ein Schlüsselaroma von Chips. Aber es ist nicht immer so einfach, Schlüsselaromen zu identifizieren, denn meist gibt es starke Wechselwirkungen zwischen den Wahrnehmungen der Substanzen, d.h. manche unterdrücken einander und andere fördern einander wechselseitig.

Schlüsselaromen liegen dann vor, wenn das Aroma eines Lebensmittels im Wesentlichen durch einen Aromastoff charakterisiert ist. Solche Schlüsselaromen sind selten, ein weiteres Beispiel neben Methional für Chips ist das Himbeeraroma, das wesentlich von Rheosmin geprägt wird. Daneben gibt es aber noch etwa 250 weitere aromaaktive Substanzen, die das Gesamtaroma der Himbeere abrunden und komplexer machen. Wenn kein einzelnes Schlüsselaroma, sondern eine Gruppe für das Gesamt-Aroma wichtiger Substanzen vorliegt, dann spricht man von „prägenden Aromen". Sie haben meist einen hohen Aromawert.

Woher aber kommen die Aromastoffe in Lebensmitteln? Klarerweise sind sie oft bereits in den Rohstoffen aus der Natur enthalten. Unter nativen Aromastoffen versteht man diejenigen chemischen Substanzen, die durch Pflanzen (Obst, Gemüse, Gewürze oder Kräuter) im Rahmen ihres Stoffwechsels entstehen. In reifem Obst beispielsweise kommt es durch den Stoffwechsel der Pflanze zur Anreicherung von Zucker, Säuren und charakteristischen Aromastoffen. Die nativen Aromen können anhand ihres chemischen Aufbaus in Gruppen eingeteilt werden. Ein wichtiges Beispiel sind Ketone und Aldehyde. Sie entstehen unter anderem, wenn ungesättigte Fettsäuren oxidieren. Durch die Oxidation von Öl- und Linolsäure entsteht in vielen Obst- und Gemüsesorten eine Vielzahl an Aldehyden. Bekannte Beispiele sind die Verbindungen Hexenal, Nonenal oder Nonedienal, die für das typische Aroma von Gurken verantwortlich sind. Ester und Lactone können ebenfalls als Aromastoffe fungieren. Ausgangsstoffe sind hier wieder Öl- und Linolsäure, die an bestimmten Stellen oxidiert werden. Weiters zählen viele Terpene, Pyrazine und Schwefelverbindungen zu den nativen Aromastoffen.

Aromen, die erst während der Verarbeitung entstehen, nennt man prozessive Aromen. Sie werden vor allem beim Erhitzen, Backen, Rösten und Frittieren gebildet. Die dabei neu entstehenden Verbindungen, sind stark abhängig von der Hitze und den Rohstoffen. Die wohl wichtigste und bekannteste Reaktion ist die Maillard-Reaktion (eigentlich nicht eine Reaktion, sondern eine unüberschaubare große Menge neben- und hintereinander ablaufender chemischer Reaktionen), die auf der Reaktion zwischen einer Aminogruppe und einer Carbonylgruppe eines Zuckers beruht und zu einer Vielzahl aromaaktiver Substanzen führen kann. Auch das Karamellisieren ist ein Prozess, bei dem das Schmelzen und Erhitzen von Zucker viele aroma- und geschmacksaktive Stoffe erzeugt. Karamell kann je nach Röstungsgrad süß bis bitter schmecken.

Aromen können auch während der Verarbeitung zugesetzt werden. Diese „additiven Aromen" sind chemische Verbindungen, die zum Aromatisieren von Lebensmitteln eingesetzt werden und Geruch oder Geschmack gezielt verändern. In Europa sind der Zusatz von Aromen und die Bedingungen für ihre Herstellung, ihre Sicherheit, Verwendung und Kennzeichnung rechtlich geregelt. Alle in Lebensmitteln verwendeten Aromen müssen gesundheitlich unbedenklich sein und dürfen Verbraucher nicht irreführen. Derzeit sind in der EU ca. 2500 Aromastoffe zugelassen, verantwortlich für die Prüfung der Aromen vor allem hinsichtlich Sicherheit ist in der EU die europäische Behörde für Lebensmittelsicherheit EFSA (European Food Safety Authority).

Sehr oft riecht man von Lebensmitteln gar nicht eine Substanz des Lebensmittels selbst, sondern Substanzen, die von Mikroorganismen produziert werden, die auf dem Lebensmittel leben. Verderbende Lebensmittel und Schweißgeruch sind gute Beispiele dafür. Schweiß ist praktisch geruchlos, aber Inhaltsstoffe des Schweißes werden von Bakterien, die auf der Hautoberfläche angesiedelt sind, in unangenehm riechende Substanzen umgewandelt. Auch Fäkalien bestehen zu einem großen Teil aus Mikroorganismen, die den unangenehmen Geruch erzeugt haben. Die Information dieser schlechten Gerüche ist klar: „Geh weg! Iss das nicht! Es könnte gefährlich sein." Ob diese ablehnenden Reaktionen angeboren sind, ist unklar. In frühen Babyphasen scheint der Ekel vor Fäkalien und Verderbsgerüchen nicht immer stark ausgeprägt zu sein, er entwickelt sich aber sehr rasch.

Immer wieder wird auch die Frage aufgeworfen, ob man Gerüche sinnvoll in einige wenige Klassen gruppieren kann und ob es so etwas wie Grundgeruchsarten analog zu den Grundgeschmacksarten gibt. Platon machte es sich relativ einfach, er gruppierte Gerüche einfach in angenehme und unangenehme. Aristoteles unterschied nicht zwischen Geruch und Geschmack und postulierte die Grundqualitäten bitter, süß, scharf, sauer und ölig für Geruch und Geschmack sowie stinkend für Gerüche. Carl von Linné (1707–1778) teilte Gerüche in sieben Gruppen: aromatisch, duftend, amberartig, lauchig, bockig, garstig und ekelerregend. Crocker und Henderson fanden 1927 dagegen nur vier Grundklassen (duftend, sauer, brenzelich und schweißig), die in jeweils zehn Intensitäten alle Gerüche beschreiben sollten. Eine noch immer sehr bekannte Einteilung der Gerüche wurde vom britischen Forscher John Amoore vorgenommen. Er nahm sieben Grundgerüche an: Kampfer, Moschus, Blume, Pfefferminze, Äther, Stechen und Fäulnis. Ähnlich teilte der deutsche Psychologe Hans Henning (1885–1946) Gerüche in sechs Klassen ein: faulig, blumig, fruchtig, würzig, brenzelich und harzig. Zusätzlich ordnete er diese sechs Klassen in einem Prisma an, auf dessen Flächen alle Gerüche darstellbar sein sollten. Aber aus heutiger Sicht sind wohl all diese Gruppierungen mehr oder weniger zufällig und wissenschaftlich nicht haltbar.

Später wurden die Geruchsklassifizierungen stark erweitert und vor allem die unterschiedlichen Aroma-Produzenten, Parfümeure und die Lebensmittelindustrie haben eigene Klassifizierungen erarbeitet. Während Amoore und Henning mit wenigen Geruchsdimensionen auskamen, verwendeten spätere Klassifizierungssysteme, wie etwa das von R. Harper (1968) für die Lebensmittelindustrie erarbeitete System 44, Geruchsnoten. Verschiedene Firmen und Organisationen wie die ASTM (American Society for Testing and Materials) haben für den Lebensmittelbereich 160 sensorisch-beschreibende Begriffe publiziert und daneben haben Universitäten und Organisationen ab den 1970er Jahren Listen von beschreibenden Merkmalen für einzelne Lebensmittelgruppen entwickelt, die meist in Form von Aromarädern dargestellt wurden. So wurde über die Jahre und Jahrzehnte ein umfangreiches Vokabular entwickelt, um über die sensorischen Eigenschaften von Lebensmitteln sprechen zu können. Das erste Aromarad entstand 1973 für Bier in einer Kooperation der Europäischen und den Amerikanischen Brauereigesellschaften. Es sollte eine einheitliche Terminologie zur sensorischen Beschreibung von Bier geschaffen werden und das wurde realisiert in Form von 14 Begriffsklassen mit 44 Oberbegriffen und 78 untergeordneten Begriffen. Klassen 1 bis 8 beziehen sich auf Geruch, Klassen 9 bis 14 auf den Geschmack. Obwohl das Bieraromarad sicher ein Meilenstein der Bier-Sensorik war, finden sich dennoch so problematische Begriffe darin wie wohlriechend, aufdringlich, grün oder bockig. Mitte der 1980er Jahre entwickelte dann Ann Noble an der University of California ein Aromarad für Wein und inzwischen gibt es Aromaräder für viele wichtige und sensorisch anspruchsvolle Lebens- und Genussmittel wie Brot, Kaffee, Schokolade, Whisky, Apfel, Käse usw. Diese Aromaräder enthalten nur analytisch-beschreibende und keine gefühlsmäßig wertenden Begriffe wie ausgewogen, harmonisch oder elegant. Das kalifornische Weinaromarad beispielsweise besteht aus drei konzentrischen Kreisen. Der innerste Kreis beschreibt 12 übergeordnete Hauptgruppen (blumig, chemisch-Petrol, erdig, fruchtig, karamellisiert-Butter, mikrobiologisch, nussig, oxidiert, scharf, vegetabil, holzig und würzig), der mittlere 29 Untergruppen und der äußere Kreis 94 Einzelaromen. Dieses kalifornische Weinaromarad wurde mehrfach überarbeitet und für regionale Zwecke adaptiert. Außerdem gibt es Aromaräder für all die Gerüche, die nicht im Wein vorkommen sollten, die Weinfehler. Für manche dieser Aromaräder kann man auch Referenzsubstanzen kaufen, um so die entsprechende sensorische Wahrnehmung zum beschreibenden Begriff erfahren zu können.

Warum riecht Urin nach dem Spargelessen seltsam?

Ein Kuriosum ist sicher der Geruch, der sich im Urin einstellt, wenn man Spargel gegessen hat. Spargel selbst hat diesen Geruch nicht, aber der Urin, den man nach dem Essen von Spargel ausscheidet, dagegen sehr intensiv. Benjamin Franklin, einer der Gründerväter der USA, forderte schon im Jahr 1781 in einem Brief an die Royal Academy of Brussels, ein Mittel zu erfinden, das den grässlichen Geruch von Darmwinden beseitigen könnte. Und dass so etwas prinzipiell machbar sein sollte, stellte er anhand des Beispiels Spargel-Urin dar: „Ein paar Stangen Spargel geben unserem Urin einen unangenehmen Geruch“, aber sobald man ihm eine kleine Menge Terpentin zusetzt, verwandelt sich der Gestank in Veilchenduft. Vielleicht kannte Marcel Proust diesen Trick, denn er meinte, dass Spargel „in der Art und Weise Shakespearescher Elfenspiele ihre zugleich poetischen wie groben Possen aufführten, indem sie meinen Nachttopf in ein Duftgefäß verwandelten“. Die meisten Menschen finden den Geruch, der ihnen aus der Toilette oder seltener dem Nachttopf entgegenströmt, weniger märchenhaft als vielmehr sehr unangenehm, sie beschreiben ihn häufig als gekochten oder fauligen Kohlgeruch. Im Jahr 2011 wurde vom Monell Chemical Senses Center in Philadelphia aufgeklärt, was den Spargel-Urin-Geruch verursacht, und warum ihn manche Menschen nicht wahrnehmen können. Die Asparagusinsäure im Spargel riecht selbst nicht, weil sie bei Zimmertemperatur nicht flüchtig ist, aber sie wird im Darm zu stark flüchtigen chemischen Substanzen abgebaut, die Schwefel enthalten und sehr unangenehm riechen. Erstaunlicherweise erfolgt der Abbau der Asparagusinsäure sehr rasch, 15 bis 30 Minuten nach dem Essen von Spargel riecht der Urin bereits typisch, um dann nach etwa zwei Stunden den Geruchshöhepunkt zu erreichen. Es gibt aber Personen, die den Geruch beim Wasserlassen überhaupt nie wahrnehmen und dafür gibt es zwei mögliche Gründe: 1. sie haben die Geruchsstoffe tatsächlich nicht im Urin, weil die Asparagusinsäure nicht entsprechend abgebaut wird (Ausscheider und Nicht-Ausscheider) und 2. sie sind geruchsblind, was diese Substanzen betrifft. Ausscheider, Nicht-Ausscheider und Geruchsblinde müssen sich keine Sorgen machen, es sind keine Krankheiten bekannt, die mit den Abbauprodukten in Verbindung gebracht werden könnten. Ende des 18. Jahrhunderts vermutete man sogar, dass der Spargel deswegen gesund sei, weil er „schlechte Säfte" von Leber und Nieren über den Urin aus dem Körper spüle und diese schlechten Säfte eben stinken würden.

Wozu riechen?

Beim Menschen und bei vielen anderen Tieren werden die gasförmigen Geruchsstoffe über Sinneszellen im Nasenraum aufgenommen. Vermutlich waren ähnliche Sinnessysteme evolutionär schon früh für die Orientierung, zur Nährstoffsuche und zur Gefahrstoffvermeidung im Einsatz. Riechen hat heute noch diese drei wesentlichen Funktionen: eine allgemeine Sicherheitsfunktion, eine Ernährungsfunktion und eine soziale Funktion. Die soziale Funktion besteht in der Bewertung der Umwelt, ob eine Person als sympathisch aufzufassen ist, zu den Freunden und Angehörigen oder Feinden beziehungsweise gar Raubtieren gehört. Bei der Sicherheitsfunktion wird bewertet, ob die Lebensumwelt, in der man sich aktuell befindet, als gefährlich oder als angenehm einzuschätzen ist. Die Ernährungsfunktion besteht in der Beurteilung, ob ein Lebensmittel dazu geeignet ist, in den eigenen Organismus aufgenommen zu werden oder nicht. Gerüche haben Signalfunktion und transportieren immer relativ einfache, bewertende und auffordernde (hedonische und appellative) Bedeutungen. Unser Riechsystem sagt uns „Mach weiter!" beziehungsweise

„Hör auf!“, „Das ist gut!“, „Das ist schlecht!“, „Bleib hier!“, „Lauf weg!“. Die präzise Analyse von Gerüchen und ihre treffende sprachliche Bezeichnung haben sich nicht als evolutionärer Vorteil erwiesen.

Gerüche können auch körperliche und psychische Veränderungen bewirken, ohne dass dies bewusst wird. Sie können Emotionen, Gefühle und Befindlichkeiten in uns hervorrufen oder auf die Stimmungslage, die Arbeitsleistung, das Kaufverhalten, die Konzentrationsfähigkeit, das Aggressivitätspotenzial, Angstgefühle und viele andere Parameter unseres Verhaltens und Erlebens wirken. Jasmin soll geistig stimulierend wirken, Lavendel beruhigen, Pfefferminz die Konzentrationsfähigkeit erhöhen, Bergamotte-Öl dagegen die Konzentrationsfähigkeit vermindern. Zitronenaroma soll die Wachsamkeit erhöhen, grüner Apfel-Aroma soll Platzangst mildern und Brotaromen dienen im Supermarkt der Verkaufssteigerung. Neben diesen beispielhaften, allgemein gültigen Wirkungen gibt es unendlich viele individuelle Verknüpfungen von Gerüchen und Stimmungen, Emotionen und Gefühlen, die durch persönliche Erfahrungen entstanden sind.

Womit und wie riechen wir?

Wenn man die Frage stellt: „Womit riechst Du?“, erhält man wohl in der Regel die Antwort: „Mit der Nase.“ Richtige Antwort, aber nur ein Teil der Wahrheit, denn Riechsinneszellen sind nicht etwa gleichmäßig in der ganzen Nasenschleimhaut verteilt, sondern in einem eng umgrenzten Bereich im Nasendach, also im obersten, tief im Schädel liegenden Teil der Nase lokalisiert. Dieser Bereich wird als Riechschleimhaut oder *regio olfactoria* bezeichnet; in jeder Nasenhälfte befindet sich eine Riechschleimhaut mit einer Oberfläche von 2 bis 5 cm^2, was ungefähr einer 5-Cent-Münze entspricht. In dieser Riechschleimhaut sind etwa 30.000 Sinneszellen/mm^2 eingelagert. Da sie im Nasendach, auf der obersten, der dritten Nasenmuschel liegt, gelangen bei normaler Atmung nur etwa zwei Prozent der Atemluft zu ihr und die Identifikation darin enthaltener Gerüche dauert relativ lange. Erst nach zirka zwölf Sekunden liefert unser Riechsystem das beste Ergebnis. Man kann und soll sich beim systematischen Riechen also Zeit lassen.

Die Riechsinneszellen der Riechschleimhaut haben an der Oberfläche fadenförmige Fortsätze, die Zilien, die in eine hauchdünne Schleimschicht eingebettet sind. Durch diese wässrige Schleimschicht müssen geruchsaktive Substanzen entweder hindurchwandern oder von speziellen Eiweißmolekülen transportiert werden. Wird vermehrt Schleim gebildet wie zum Beispiel beim Schnupfen, dann riechen wir schlechter, einfach weil der Weg der Duftstoffe zu den Sinneszellen sehr viel weiter wird. Wenn die Geruchsstoffe die Schleimschicht passiert haben, dann docken sie an Rezeptormoleküle in den Membranen der Zilien an und lösen in den Sinneszellen ein elektrisches Signal aus. Linda Buck und Richard Axel entdeckten 1991 beim Menschen ungefähr 1000 nur für das Riechen zuständige Gene, von denen jedes die Bauanleitung für ein spezielles Geruchsrezeptormolekül darstellt. Von den 1000 Genen sind allerdings nur zirka 350 intakt, was als Indiz für einen degenerierten Geruchssinn gewertet wird. Nicht jeder Mensch hat die gleichen Rezeptoren im Riechepithel, vielmehr gibt es so große Unterschiede in der Zusammensetzung der Geruchsrezeptoren zwischen den Menschen, dass man durchaus sagen kann: Jedes Individuum lebt in seiner eigenen Geruchswelt.

Die Riechsinneszellen senden also durch die andockenden Geruchsstoffe elektrische Signale aus und diese werden über Nervenfasern aus dem Nasenraum hinaus durch feine Löcher im Siebbein in die zwei wattestäbchenförmigen Strukturen des Gehirns geleitet, die man Riechkolben nennt – der Riechkolben ist also nicht, wie die Umgangssprache nahelegt, die äußere Nase, sondern ein Teil des Gehirns (siehe Abbildung 14). Hier im Riechkolben werden die Signale sortiert und aufbereitet, bevor sie tiefer in das Gehirn weitergeleitet werden. Die Verarbeitung der Riechsignale im Gehirn ist sehr komplex. Sofort gehen die Riechinformationen zu zwei kleinen, aber wichtigen Gehirnstrukturen namens Amygdalae oder Mandelkerne, und diese bewerten den Geruch sehr rasch hinsichtlich seines

Gefahrenpotentials und seiner Ekelhaftigkeit. Ein weiterer für das Riechen wichtiger Gehirnbereich wird Riechhirn genannt, in dem die Geruchserkennung stattfindet. Die Riechinformationen werden auch im limbischen System und in der Gehirnrinde über den Augen (orbitofrontaler Cortex) verarbeitet. Limbisches System und orbitofrontaler Cortex sorgen für etwas ganz Wichtiges, nämlich die emotionale und hedonische Einfärbung der Riechwahrnehmungen, ohne welche uns Gerüche kalt lassen würden und bedeutungslos wären. Die hier nur angedeutete weit verzweigte Verteilung der Riechinformationen im Gehirn macht es möglich, dass Riechwahrnehmungen mit vielen anderen Sinnesempfindungen und Erinnerungen verknüpft werden.

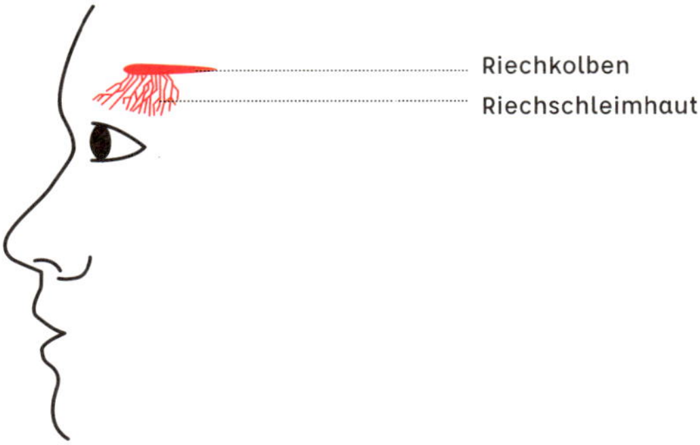

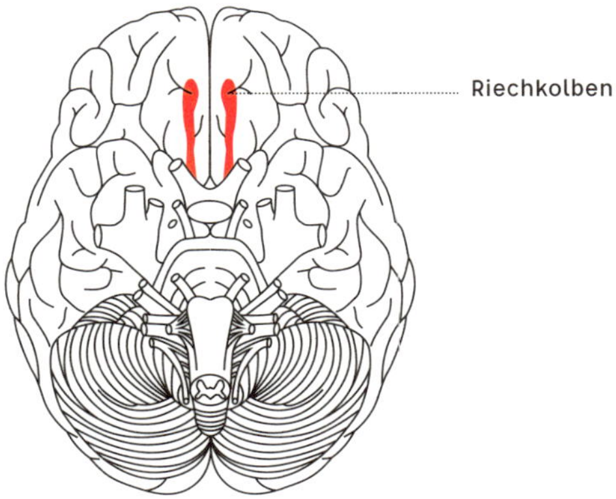

Abbildung 13: Modell der Nase mit gelb markierter Riechschleimhaut und Riechkolben
Abbildung 14: Gehirnmodell mit markierten Riechkolben

Kann man auch ohne Riechsinneszellen riechen?

Das zweite Sinnessystem, das chemische Wahrnehmungen über die Nase vermittelt, wird vom Nervus trigeminus gestellt. Wir nehmen damit gasförmige Substanzen wahr, die die olfaktorischen Rezeptoren in der Riechschleimhaut nicht erregen: Ammoniak, Säuren oder Kohlendioxid beispielsweise. Tatsächlich riecht man Ammoniak oder Kohlendioxid aus Bier oder Sekt nicht, sondern nimmt sie über den Nervus trigeminus wahr. Bei hohen Konzentrationen von Duftstoffen, die üblicherweise über das olfaktorische System der Riechschleimhaut aufgenommen werden, wird der Nervus trigeminus aber auch aktiv. Es konnte gezeigt werden, dass das nasal-trigeminale Riechsystem bis zu einem Drittel zur Gesamtintensität eines Duftstoffes beitragen kann. Das erklärt, warum Personen, bei denen das olfaktorische Riechsystem ausgefallen ist, immer noch über ein gewisses Riechvermögen verfügen, solange der Nervus trigeminus unbeschädigt ist.

Während beim Riechen über die Riechschleimhaut bei längerer Reizung mit einem Duftstoff die wahrgenommene Intensität geringer wird, nimmt die subjektiv empfundene Intensität eines über den Trigeminus wahrgenommenen Riechstoffes kurzfristig nicht ab, sondern sogar zu – die Intensität der Irritation steigt unvermindert an. Es addieren sich beim Nervus trigeminus die Reizintensitäten über die Zeit hin und es tritt auch das Phänomen der sensorischen Perseveration auf, das heißt nach der Reizung kommt es zu einer bis zu 15 Minuten anhaltenden Wahrnehmung der Irritation – der Schmerz lässt erst langsam wieder los.

Gut belegt ist, dass bei Rauchern zwar die nasal-trigeminale Wahrnehmungssensibilität verringert ist, jedoch kaum oder gar nicht die olfaktorische Wahrnehmungsfähigkeit. Dies ist wahrscheinlich auf lang anhaltende Gewöhnungseffekte durch die andauernde Reizung des Nervus trigeminus mit den Reizstoffen des Tabakrauches zurückzuführen. Ein Ausfall des olfaktorischen Riechsystems bei Rauchern führt nicht zu einer signifikanten Verminderung des Tabakkonsums. Auch dies deutet darauf hin, dass der Tabakrauch in erster Linie das nasal-trigeminale System und weniger das olfaktorische System anspricht.

Wozu haben wir zwei Nasenlöcher?

Der Verdacht liegt nahe, dass mit zwei Nasenlöchern ähnlich wie bei den Augen eine räumliche Komponente in das Riechen gebracht wird, aber das Richtungsriechen konnte experimentell mit üblichen Duft- und Riechstoffen, die die Sinneszellen der Riechschleimhaut ansprechen, nicht nachgewiesen werden. Wenn man einen Duftstoff vor das linke Nasenloch gehalten bekommt, kann man nicht sagen, ob der Duft links oder rechts ist. Ein solches Richtungsriechen funktioniert beim Menschen in begrenztem Ausmaß nur bei den trigeminal vermittelten Reizstoffen (Menthol, Kohlenmonoxid, Rauchinhaltsstoffe etc.). Sinnvoll, denn es ist für das Überleben wichtig zu wissen, aus welcher Richtung Gefahr bedeutende Gerüche wie z.B. Rauch kommen. Es ist aber für das Überleben relativ belanglos, zu wissen, woher der Geruch z.B. einer lieblich duftenden Rose kommt. Beim Sehen und Hören haben wir paarige Sinnesorgane – zwei Augen, zwei Ohren –, die eine räumliche Orientierung ermöglichen. Die Signale von links und rechts werden im Gehirn miteinander verbunden. Beim Sehen werden die Signale von den linken Hälften der beiden Netzhäute in die rechte Hemisphäre des Gehirns transportiert und umgekehrt. Die Signale vom linken und rechten Ohr werden auch abgeglichen, woraus sich die Position einer Schallquelle ableiten lässt. Beim Riechen und den beiden Nasenlöchern aber bleiben die Signale, die von den beiden Nasenlöchern und Riechepithelen kommen, getrennt. Die Signale vom linken Nasenloch werden in der linken Hemisphäre verarbeitet und die von der rechten in der rechten Gehirnhälfte. Die linke Gehirnhälfte ist stärker mit Sprache befasst als die rechte und daher wird gelegentlich behauptet, man könnte Gerüche, die über das linke Nasenloch wahrgenommen werden, besser sprachlich beschreiben. Die wissenschaftlichen Belege dafür sind allerdings sehr schwach.

Eine andere geheimnisvolle Beobachtung ist, dass die beiden Nasenlöcher im Drei-Stunden-Rhythmus an- beziehungsweise abschwellen, sodass immer eher durch ein Nasenloch eingeatmet wird. Das hat zur Folge, dass sich die zwei Riechschleimhäute in rhythmischen Abständen in der Riechbelastung abwechseln, sodass eine stärker belastet wird, während die andere sich erholen kann.

Wer riecht wie gut?

Die äußere Größe der Nase sagt nichts über die Riechwahrnehmungsfähigkeiten der jeweiligen Person aus, da sie keine Rückschlüsse auf die innere Struktur der Nase und die Beschaffenheit der Riechschleimhaut erlaubt. Große Nasen zeigen nur, dass die evolutionären Vorfahren der jeweiligen Person in einem eher trockenen geografischen Gebiet mit niedriger Luftfeuchtigkeit lebten, denn eine große Nase ist besser geeignet, die Atemluft zu befeuchten als eine kleine Nase. Die Vorfahren stupsnasiger Menschen stammen wahrscheinlich eher aus Gebieten mit hoher Luftfeuchtigkeit. Von großer Bedeutung für die Riechfähigkeiten ist dagegen die innere Beschaffenheit der Nase. Wie ist die Geometrie der Nasenmuscheln beschaffen und erlaubt sie es, möglichst viel Atemluft auf die Riechschleimhaut ins Nasendach zu verwirbeln? Oder behindern das Polypen gar?

07

Die Schwellwerte für die Geruchsstoffe sind zwischen den menschlichen Individuen unterschiedlich, aber es gibt große Schwankungen bei einer Person von Tag zu Tag und von Situation zu Situation. Generell kann gesagt werden, dass Frauen zumindest ab der Pubertät ein besseres Riechvermögen aufweisen als Männer. Ihre Schwellwerte sind für viele Stoffe niedriger als diejenigen der Männer, sie haben ein besseres Unterscheidungsvermögen, bessere sprachliche Fähigkeiten zur Beschreibung ihrer Eindrücke, ein besseres Erkennungs- und Erinnerungsvermögen und zudem weist das weibliche Riechsystem auch noch eine langsamere Alterung auf. Schlechte Nachrichten für Männer, die so stolz sind auf ihre Weinkennerfähigkeiten. Sie sollten auch hier mehr auf ihre Frauen hören. Ab der Menopause nähern sich die Riechwahrnehmungsfähigkeiten von Männern und Frauen einander wieder an, aber im Durchschnitt riechen auch noch 80-jährige Frauen besser als gleichaltrige Männer. Um ihr Geruchserinnerungsvermögen zu testen, machen Sie Experiment 7.

Häufig wird angenommen, dass Kinder bessere Riechfähigkeiten hätten als Erwachsene. In eigenen Untersuchungen mussten wir aber das Gegenteil feststellen, wenn es um die Identifikationsfähigkeiten geht. Bei allen elf ausgewählten Lebensmittelaromen (Orange, Zitrone, Pfefferminz, Banane, Rose, Kaffee, Zimt, Fisch, Ananas, Gewürznelke, Leder) waren die Erwachsenen hochsignifikant besser in der Lage, die Gerüche zu identifizieren als die Kinder im Alter von 10 bis 13 Jahren. Vor allem bei Leder und Gewürznelke waren die Unterschiede sehr groß. Offenbar sind das Gerüche, die in der Lebenswelt der Kinder selten vorkommen und daher weniger gut erkannt werden. Erst im Verlauf des Lebens und der Konfrontation mit Lebensmitteln und Aromen lernen Kinder, Gerüche zu identifizieren und Kinder, die sich abwechslungsreich mit viel Obst und Gemüse ernähren, haben bessere Möglichkeiten die Gerüche zu lernen als diejenigen, die selten zu Obst und Gemüse und vermehrt zu verarbeiteten Lebensmitteln und Fast Food greifen.

Raucher riechen in der Regel etwas schlechter als Nichtraucher, allerdings wird der Effekt des Rauchens von bedeutenderen Einflussgrößen wie dem Alterungsprozess, dem Geschlecht und den allgemeinen Lebensumständen überlagert. Raucher nehmen vor allem Reizstoffe vermindert wahr, da der Nervus trigeminus durch die Rauchinhaltsstoffe permanent gereizt wird und abstumpft. Viele andere Stoffe wie z.B. Putz- und Lösungsmittel, Benzin oder Formaldehyd schädigen dagegen die Riechschleimhaut direkt und beeinträchtigen die Geruchswahrnehmungsfähigkeiten teilweise irreversibel. Der häufigste Auslöser schlechten Riechvermögens sind aber harmlosere Erkrankungen wie Erkältungen, Grippe, Allergien,

Nasenpolypen oder Entzündungen in den Nasennebenhöhlen, bei denen Schleimhautschwellungen den Zutritt der Geruchsstoffe zum Riechepithel behindern.

Neben Schädigungen des Riechepithels durch chemische Stoffe tritt eine Altersdegeneration des Riechsinns auf, die zu einem schleichenden Ansteigen der Schwellwerte führt. Das Geruchserkennungsvermögen wird im Alter geringer, die Erholungsphasen werden länger, es kommt zu stärkeren Gewöhnungseffekten. Die Ursachen dafür sind vielfältig: chronische Virusinfektionen, Parkinson, Austrocknen der Schleimhäute, Verkalkung des Siebbeins, geringere Zellneuproduktion, Schrumpfen des Volumens des Riechkolbens, Degeneration der Nervenzellen im Riechkolben, Polypen, Degeneration des olfaktorischen Cortex. All diese Ursachen führen dazu, dass zirka die Hälfte der der über 50- bis 80-Jährigen, und drei Viertel aller über 80-Jährigen zumindest teilweise an Geruchsblindheiten leiden. Auch diverse Medikamente können zu einer reduzierten Riechleistungsfähigkeit führen.

Neben der Hyposmie, einer reduzierten Riechleistungsfähigkeit, gibt es auch die Hyperosmie, eine übermäßige Riechwahrnehmungsfähigkeit. Sie besteht in einer manchmal quälenden Überempfindlichkeit gegenüber Gerüchen, die zu Übelkeit, Erbrechen bis hin zu Angst und Depressionen führen kann. Die Ursachen sind mannigfaltig. Hypersomie tritt gelegentlich im Umfeld von Migräneanfall auf, in der Schwangerschaft beklagen manche Frauen einen verfeinerten Geruchssinn, aber auch Infektionen mit Borrelia-Bakterien durch Zeckenbisse, Autoimmunerkrankungen und neurologische Krankheiten können Hyperosmie auslösen.

Wie riecht man beim Essen?

Bevor wir zu essen beginnen, riechen wir schon, was wir gleich in unserem Mund haben werden. Durch die Atmung gelangen die Duftstoffe des Essens über die beiden äußeren Nasenlöcher in die Nase. Man nennt diese

Art des Riechens das orthonasale oder antizipatorische Riechen: Duftstoffe von außen kommen ins Innere der Nase und lösen Riechwahrnehmungen und Erwartungen bezüglich des kommenden Essens aus. Wenn die Gerüche entsprechend positiv sind, bereitet sich unser Körper auf das Essen vor: Wir beginnen zu speicheln und Verdauungsprozesse im Magen-Darm-Trakt werden vorbereitet. Wir bekommen Hunger. Die von den Gerüchen ausgelösten Erwartungen beeinflussen die Wahrnehmungen beziehungsweise die Beurteilung dieser Wahrnehmungen. Sind wir enttäuscht oder positiv überrascht?

Von großer Bedeutung für den umgangssprachlichen Geschmack, dem englischen Flavour, sowie das Erkennen und Genießen von Lebensmitteln allerdings ist das retronasale oder konsumatorische Riechen. Das retronasale Riechen entsteht, wenn Duftstoffe aus dem Mund- und Rachenraum in die Nase aufsteigen und dort eine Riechwahrnehmung auslösen.

Wie kommen aber die Duftstoffe vom Mund in die Nase?

Wir wissen, dass es eine Verbindung zwischen Mundraum und Nase geben muss. Erinnern sie sich daran, dass Spaghetti oder andere Speiseteile aus ihrer Nase herausgekommen sind, als sie während des Essens plötzlich lachen oder niesen mussten? Tatsächlich ist diese Verbindung für die Beurteilung des Flavours von Lebensmitteln außerordentlich wichtig, denn sie ermöglicht das retronasale Riechen – das Riechen von hinten. Dies erfolgt vor allem nach dem Schlucken beim Ausatmen, denn dabei gelangt eine große Menge der Aromastoffe, die der gekaute, eingespeichelte Speisebrei verströmt, über die Verbindung von Mund- und

Nasenraum durch den Rachen bis zur Riechschleimhaut. Die Bewertung der Aromastoffe erfolgt beim retronasalen anders als beim orthonasalen Riechen. Bei retronasalem Riechen gibt es eine geringere Adaptation als bei orthonasaler Reizung und die hedonische Beurteilung des Geruchs ist nicht so streng wie beim orthonasalen Riechen. Zweiteres bezeichnet man als Limburger Cheese-Phänomen: Was über die vorderen Nasenlöcher gerochen, abstoßend riecht, kann retronasal wahrgenommen als ganz gut empfunden werden – wie angeblich beim Limburger Käse. Eine Ursache für diese unterschiedliche Bewertung ist, dass die wahrzunehmende Aromastoffzusammensetzung durch das Zerbeißen, Einspeicheln und Erwärmen im Mund eine andere ist als beim intakten Lebensmittel außerhalb des Mundes. Aber auch die von der anderen Seite her erfolgende und daher unterschiedliche Aromastoff-Belegung der Riechzellen in der Riechschleimhaut führt zu einer unterschiedlichen Interpretation der Aromen. Das retronasale Riechen kann durch intensive Mund- und Kaubewegungen (z.B. beim Weinbeißen) sowie häufiges Schlucken kleiner Mengen signifikant verstärkt werden. Die flüchtigen Riechstoffe, die durch die Nahrungsaufnahme aus der Mundhöhle in die Nasenhöhle gelangen, vermitteln so etwas wie einen „gustatorischen Geruch". Obwohl die Reizung im Riechepithel der Nase erfolgt, verortet unser Gehirn die Wahrnehmung erstaunlicherweise im Mundraum, wir glauben, den Geruch im Mund als Geschmack wahrzunehmen – eine Illusion. Wahrscheinlich entsteht diese Illusion durch die gemeinsame Auswertung von olfaktorischen und gustatorischen Daten im Gehirn, sodass wir den Eindruck haben, gustatorische als auch aromatische Komponenten mit Zunge und Gaumen wahrzunehmen. In Verbindung mit den Grundgeschmacksarten und den Reizen des Nervus trigeminus führen die retronasal wahrgenommenen Gerüche der Nahrungsmittel zur gesamtheitlichen Flavour-Wahrnehmung.

06

Der Skramlik-Test (Experiment 6) zeigt eindrucksvoll, wie Duftstoffe in der Mundhöhle zur Nase aufsteigen und wahrgenommen werden können. Benannt ist der Test nach dem tschechischen

Physiologen Emil von Skramlik (1886–1970). Man benutzt für diesen Test am besten ein intensiv riechendes Lebensmittel, Kaffee beispielsweise oder ein aromatisiertes Bonbon. Halten sie zuerst Ihre Nase mit zwei Fingern fest geschlossen, sodass sie nichts riechen können. Dann nehmen Sie das Bonbon in den Mund. Sie werden schmecken, wie süß oder sauer das Bonbon ist, aber nicht in der Lage sein, das Aroma des Bonbons, ob es Himbeere oder Erdbeere oder Minze ist, zu identifizieren. Wenn Sie dann die Nase freigeben und durchatmen, wird plötzlich ein Duftschwall aus dem Mund in Ihre Nase kommen und Sie werden sofort erkennen, welches Aroma vorliegt.

Eine sehr beeindruckende Grafik veröffentlichte Maxwell Mozell im Jahr 1969 (siehe Abbildung 15). Sie zeigt, wie gut Testpersonen Lebensmittel identifizieren können, wenn sie sie erstens mit verbundenen Augen, aber offener Nase verkosten (schwarzer Balken) und zweitens mit verbundenen Augen und ausgeschlossenem retronasalem Riechen. Um retronasales Riechen vollständig auszuschließen, steckte in den Nasenlöchern je ein Pfropfen, über den langsam geruchlose Luft eingeblasen wurde (roter Balken). Sie sehen, dass die Identifikationsleistung ohne retronasales Riechen unglaublich schlecht ist. Kaffee wurde mit retronasalem Riechen zu 96 Prozent erkannt, ohne retronasales Riechen überhaupt nicht! Die Testpersonen schmeckten ohne retronasales Riechen nur eine bittere Flüssigkeit und das gesamte komplexe Flavour des Kaffees war schlagartig dahin. Ähnlich, aber nicht so drastisch war es bei Wein, bei Kirschsaft oder Knoblauch. Vor allem sehr aromatische Lebensmittel wurden sehr schlecht erkannt, wenn man das retronasale Riechen verhinderte. Lebensmittel mit einem hohen Anteil reizender Inhaltsstoffe wie Essig, Whisky oder Zitrone wurden dagegen relativ gut erkannt. Auch die Zwiebel hat eine relativ hohe Identifikationsrate, weil sie den Nervus trigeminus unabhängig vom retronasalen Riechen reizt, sie brennt im Mund. Manchmal kann man lesen, man würde ohne retronasales Riechen einen Apfel nicht von einer Zwiebel unterscheiden können – bitte probieren sie das aus, indem sie sich die Nase beim blinden Verkosten zuhalten. Sie werden feststellen, dass die beiden sehr wohl unterscheidbar sind, erstens wegen der völlig unterschiedlichen Textur und zweitens, weil die Zwiebel trigeminal Schmerzen verursacht.

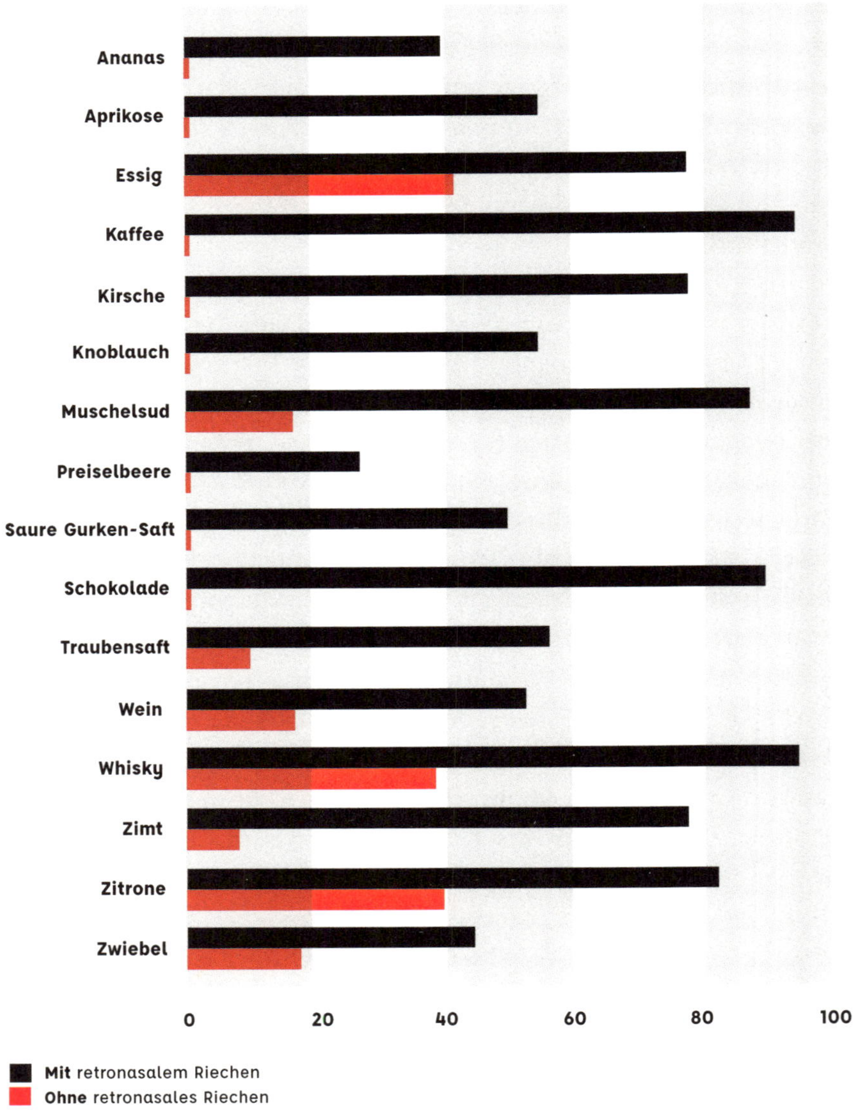

Abbildung 15: Erkennung von Lebensmitteln mit und ohne retronasales Riechen

Ist die Form des Glases von Bedeutung für die sensorische Wahrnehmung?

Wenn man ein Getränk einmal im Mund hat, dann werden seine sensorischen Eigenschaften wahrgenommen unabhängig vom Glas, aus dem der Schluck zuvor genommen worden ist. Das könnte zum Schluss führen, dass die Form des Glases für die gesamtheitliche Flavour-Wahrnehmung im Mund irrelevant ist. Aber wenn man bedenkt, dass man vor dem eigentlichen Trinken orthonasal am Getränk riecht und somit Erwartungen und Assoziationen auslöst, dann hat die Form möglicherweise doch einen Einfluss auf die Flavour-Wahrnehmung. Thomas Hummel aus Dresden hat eine Studie veröffentlicht, in der vier verschieden geformte Weingläser verwendet wurden (Becher-, Tulpen-Formen und zwei bauchige in unterschiedlicher Größe), um darin Rot- und Weißwein verkosten zu lassen. Das Ergebnis ist wahrscheinlich etwas enttäuschend für die Freunde der gehobenen Weinglas-Kultur, denn sie fanden eine höhere Geruchsintensität in den bauchigen Gläsern nur bei Personen mit sehr guten Wahrnehmungsfähigkeiten. Bei Verwendung der bauchigen Gläser sind mehr beschreibende sensorische Merkmale gefunden worden als bei der Becher- und der Tulpen-Form. Auf das Flavour im Mund hatte die Glasform keinen oder nur einen sehr kleinen Effekt.

Entscheidend dafür, ob ein Weinglas, das Weinaroma gut konzentriert, sind geometrische Parameter des Glases und seiner Befüllung. Je größer das Verhältnis zwischen maximalem Durchmesser des Glases und Durchmesser der Ausgussöffnung ist, desto intensiver sind der wahrgenommene Geruch und die Fruchtigkeit. Und auch der Durchmesser der Oberfläche des eingegossenen Weines ist wichtig, denn je größer dieser ist, desto intensiver ist der Geruch. Am besten man füllt ein bauchiges Glas bis zum maximalen Durchmesser, dann hat man maximale Geruchsintensität – zumindest vor dem ersten Schluck.

Auch bei Biergläsern hat die Form einen ähnlichen Einfluss auf die Wahrnehmung des Bieres, allerdings werden zylindrische Biergläser meist fast voll serviert, sodass im Glas kein Luftraum ist, der sich mit den Aromen des Bieres anreichern könnte. Erst wenn man einen ersten Schluck Bier trinkt, hat man eine Gasphase im Glas, in dem sich Aromen aber auch Fehlaromen sammeln und positiv oder negativ auffallen können. Wenn sich beispielsweise eher krautige Aromen sammeln, dann wird man von der Bestellung eines zweiten Glases wohl eher Abstand nehmen, sind es aber angenehme, erfrischende Hopfen-Aromen, dann, ja dann Prost, will man mehr davon.

Was neben der Form des Glases auch einen Effekt auf die Gesamtbewertung eines Getränks hat, ist das Gefühl der Wertigkeit des Glases. Fühlt es sich sehr fein und edel an, dann überträgt sich dieser Eindruck auf das Getränk selbst und es wird besser beurteilt, als wenn es in einem gleich geformten Plastikbecher getrunken würde. Wir haben in Übungen zur Lebensmittelsensorik entsprechende Versuche gemacht und gesehen, dass edle Gläser die Beliebtheit des Weines sehr stark anheben können, von durchschnittlich 6 auf einer 9-teiligen Skala hinauf zu 7,5. Und, was für Gastwirte und Heurige sicher wichtig ist, auch die Bereitschaft, einen höheren Preis zu zahlen, stieg mit der Wertigkeit des Glases beträchtlich. Insgesamt ist aber immer zu beachten, dass die Art des Glases zur Art des Lokals und zum Charakter des Getränks passt.

Sekt und Sektgläser sind ein spezielles Kapitel, mit dem sich insbesondere französische Forscher beschäftigt haben wie z.B. Gerard Liger-Belair von der Universität in Reims. Sekt, Champagner und Prosecco sind ja fürs Erste nur Wein mit Kohlensäure, aber fürs Zweite liefert diese Kohlensäure einiges an sensorischem Mehrwert. Nach dem Öffnen der Flasche und dem damit erfolgenden Druckverlust entweicht die Kohlensäure über zwei Wege: erstens entweicht sie direkt durch Diffusion über die Sekt-Oberfläche und zweitens steigen CO_2-Bläschen nach oben und perlen in eleganten Perlenschnüren langsam aus. Das ist nicht nur hübsch anzusehen, sondern auch anzuhören, denn man hört ein leises Knistern beim Zerplatzen der Gasblasen an der Oberfläche. Beim Aufsteigen nehmen die Kohlendioxid-Perlen

Duftstoffe mit und transportieren sie zur Oberfläche. Trifft das Bläschen an der Oberfläche auf, zerplatzt es und ein kleiner Flüssigkeitsstrahl, der in kleine Tröpfchen zerfällt, schießt einige Zentimeter über die Sektoberfläche hinaus. Dadurch ist die Oberfläche des Sekts im Glas nicht glatt, sondern hat eine stachelig vergrößerte Oberfläche, über die mehr Aromastoffe abdampfen können. Für Genießer sind die Größe der Perlen und ihre Anordnung wichtige Aspekte des Genusses und Indikatoren für die Sektqualität.

Was hat die Glasform nun mit der Wissenschaft um die CO_2-Bläschen zu tun? Durch das Aufsteigen der Bläschen entsteht im gesamten Glas eine komplizierte Umwälzdynamik, die permanent Aromastoffe an die Oberfläche bringt. Diese Umwälzdynamik ist bei tulpenförmigen Gläsern über die gesamte Sektoberfläche zu finden, bei Sektschalen dagegen gibt es eine tote Zone, wo es zu keiner Umwälzung und damit zu geringerer Aromafreisetzung kommt. Es zeigt sich somit, dass tulpenförmige, hohe und schmale Sektgläser mit Wölbung des oberen Glasrandes nach innen am besten in der Lage sind, die Duftstoffe zu konzentrieren. Gleichzeitig gibt diese Glasform auch den Perlen die Möglichkeit, sich ästhetisch schön zu bilden und aufzusteigen. Eine Sektflöte, deren Rand sich nach außen weitet, ist weniger genussförderlich, weil die Konzentration der Duftstoffe in der Gasphase im Glas geringer ist. Und als sensorisch schlechteste Variante gilt die breite Sektschale, weil die Oberfläche des Sekts sehr groß ist, und die Duftstoffe nicht konzentriert werden, sondern ungehindert abdampfen können. Auch visuell bietet die Sektschale weniger als Tulpe oder Flöte, denn die Perlenschnüre sind aufgrund der geringen Tiefe des Glases nicht gut sichtbar. Andererseits soll die Form dieses Glases durch die Brust von Madame de Pompadour, der Mätresse von König Ludwig XV., inspiriert worden sein, und kann damit eventuell angenehme Assoziationen und inspirierende Gespräche auslösen.

Beeinflusst die Temperatur den Geruch?

08 Die Temperatur eines Lebensmittels oder Getränks hat starken Einfluss auf die Menge und die Zusammensetzung der abdampfenden Geruchsstoffe. Je höher die Temperatur, desto größer die Menge der Geruchsstoffe und je kühler, desto weniger Geruchsstoffe. Vor allem bei Getränken erwarten wir eine sehr spezielle Temperatur für die unterschiedlichen Produkte. Bei Wein scheint es eine regelrechte Wissenschaft zu sein, welche Temperatur die richtige für den speziellen Wein ist. Früher empfahl man, Rotwein bei Zimmertemperatur und Weißwein gekühlt zu trinken. So einfach ist das heute nicht mehr, zumal die Empfehlung Zimmertemperatur offensichtlich in Zeiten entwickelt worden war, in denen es keine vernünftigen Zentralheizungen gab und die Zimmertemperaturen entsprechend niedrig waren. Heute differenziert man stark nach Art und Schwere des Weines. Wissenschaftlich untersucht wurde der Effekt der Serviertemperatur von Rot- und Weißweinen beispielsweise von Carolyn Ross und Karen Weller. Sie reichten Weißweine bei 4, 10 und 18° C und Rotweine bei 14, 18 und 23° C und ermittelten dann Merkmale wie die Intensität des Aromas, der Süße, der Säure oder der Adstringenz. Sowohl bei Weiß- als auch bei Rotwein stieg die Aroma-Intensität mehr oder weniger linear mit der Temperatur des Weines. Die Geschmacksmerkmale waren aber weitgehend unbeeinflusst von der ansteigenden Temperatur. Bei Weißwein verringerten sich nur Süße und Säure minimal mit ansteigender Temperatur, und der warme Rotwein wurde etwas bitterer. Hohe Temperatur bedeutet also hohe Aroma-Intensität. Warum also nicht jeden Wein bei 23° C oder noch wärmer trinken? Das Problem ist, es werden bei höheren Temperaturen auch Aromen intensiver, die man als Wein-Fehler empfindet und beispielsweise die Fruchtigkeit des Weines unterdrücken können. Insgesamt kann sich durch hohe Temperaturen das Aroma-Profil so stark verzerren, dass man es als nicht mehr passend und als unangenehm empfindet. (siehe auch Experiment 8)

Was haben Geruch und Gedächtnis miteinander zu tun?

Gerüche haben einen nicht unbeträchtlichen Einfluss auf unser Gedächtnis. Durch Geruchseindrücke kann es zur plötzlichen und unwillkürlichen Rekonstruktion von Erlebnissen kommen, zur Erinnerung an lang zurückliegende Episoden unseres Lebens. Dieses Phänomen wird nach dem großen französischen Schriftsteller und Autor von „Auf der Suche nach der verlorenen Zeit" als Proust-Phänomen bezeichnet. In diesem Romangroßwerk des frühen 20. Jahrhunderts führt der Verzehr von Tee und einer Madeleine – das ist ein muschelförmiges Stück Sandkuchen – im Romanhelden Marcel zur unwillkürlichen Erinnerung an seine Kindheit und zu einem Glücksgefühl – davon erzählt Prousts Geschichte. Die Glücksursache wird in der Verschmelzung der vergangenen und gegenwärtigen Augenblicke der sensorischen Wahrnehmung gefunden, die als Aufhebung der linearen Zeit empfunden wird. Ist es für Marcel nur der Geruch der Madeleine im Tee, die das Glücksgefühl und die Erinnerung auslöst? Ich denke nein, es ist vielmehr das gesamte Geschmackserlebnis, das einerseits durch die sich im Tee auflösende Madeleines erzeugt wird. Aber auch die gesamte Situation bestimmt das Erlebnis mit. Es klappert der Löffel am Geschirr, die Tante ist anwesend in der Umgebung seines Elternhauses, Sonnenlicht fällt auf den Tisch und Marcel ist in einer melancholischen Stimmung. All diese Faktoren führen zu dem gesamtheitlichen Erlebnis, wie es der junge Marcel vor Jahrzehnten erlebt hat und das er nun, nachdem er viele Erlebnisse und Erfahrungen gemacht hat, ähnlich wieder erlebt. Es ist keine Wiederholung des gleichen Erlebnisses, aber das jetzige Erlebnis macht den jungen Marcel in ihm wieder lebendig.

Neurowissenschaftliche Untersuchungen bestätigen, dass Geruchsinformationen tatsächlich eng mit unserem episodischen Gedächtnis, das in der Gehirnstruktur des Hippocampus lokalisiert wird, verknüpft sind. Es kann experimentell gezeigt werden, dass Riechwahrnehmungen deutlich länger im Gedächtnis haften bleiben als z.B. visuelle Wahrnehmungen (siehe Abb. 16). Proust drückt dies wie folgt aus: „Aber wenn von einer lang zurückliegenden Vergangenheit nichts mehr übrig ist, nach dem

Tode der lebendigen Wesen, nach der Zerstörung der Dinge, verweilen ganz alleine, viel fragiler, aber lebenskräftiger, immaterieller, ausdauernder, treuer, der Geruch und der Geschmack noch lange Zeit, wie Seelen, entsinnen sich, warten, hoffen, auf den Ruinen von allem übrigen, und tragen, ohne zu wanken, auf ihren kaum wahrnehmbaren Papillen den ungeheuren Bau der Erinnerung." (Marcel Proust „Auf der Suche nach der verlorenen Zeit" Bd. 1 Teil 1: Combray, 1913).

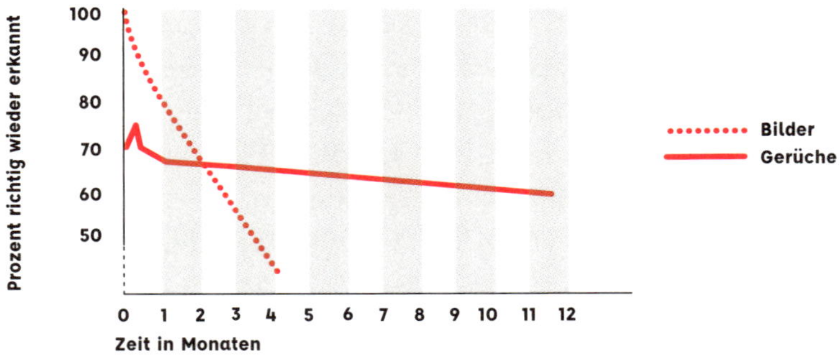

Abbildung 16: Erkennungsrate von visuellen und olfaktorischen Eindrücken

Warum ist das Riechen der Sinn ohne Worte?

Der Geruchssinn kann als ein Sinn ohne Worte bezeichnet werden, denn es fällt uns meist sehr schwer, unsere Geruchswahrnehmungen in treffende Worte zu fassen. Wenn man sich vor Augen führt, wie Geruchswahrnehmungen entstehen, wird klar, dass eine solche verbale, analytische Befassung mit Gerüchen evolutionsgeschichtlich nicht nur nicht notwendig, sondern einem Überleben sogar hinderlich gewesen wäre. Riechen ist unmittelbar mit dem Atmen verbunden. Über die Nase gelangen mit der Atemluft die Duftstoffe zu den olfaktorischen Sinneszellen im Nasendach. Nachdem wir 15.000 bis 30.000-mal pro Tag einatmen und damit jedes Mal Geruchsstoffe zum Riechepithel gelangen, wäre unser Gehirn heillos überfordert, wenn es diese Informationen permanent bewusst verarbeiten und verbal beurteilen müsste. Dieser Prozess wäre viel zu langsam und aufwändig. Daher wirken

Geruchsinformationen in erste Linie über schnellere und leistungsstärkere unbewusste Verarbeitungsmechanismen auf unser Verhalten ein.

Wir alle kennen das Phänomen, dass uns jemand etwas unter die Nase hält und fragt: „Und? Was riechst du?“ Sehr oft wird die Antwort lauten: „Ich kenne diesen Geruch, aber ich kann ihn nicht benennen. Es liegt mir auf der Zunge, aber es fällt mir nicht ein.“ Wir wissen, dass wir es wissen, aber wir wissen nicht genau, was wir wissen – wir haben ein Metawissen. Ursache dafür ist die Tatsache, dass die Verbindungen zwischen olfaktorischer Wahrnehmung und Sprache in unseren Gehirnen nicht sehr gut entwickelt sind. Die extrem komplexe und diffuse Verarbeitung von Riechinformationen im Gehirn führt zur Sprachferne, aber auch zur Emotionalität des Riechens. Würden wir ebenso sehen, wie wir riechen, würden wir ein rotes Tuch beschreiben als: „Sieht irgendwie wütend aus“ oder „Erinnert mich an Bordeaux“. Alle unsere Wörter für Gerüche stammen von Objekten, die diese Gerüche absondern oder von assoziativ-unscharfen Metaphern: pilzartig, blumig, harzig, Apotheke etc. Eine Geruchsbeschreibung liegt immer in der impliziten Formulierung vor, „Es riecht wie Kaffee, Flieder, Rosenduft, Mango, Paprika etc.“, und wir können damit relativ klar kommunizieren, was wir riechen. Nicht an ein Objekt gebundene Geruchsbezeichnungen wie würzig oder aromatisch bleiben dagegen sehr vage und können alles Mögliche bedeuten. Eine analytische Beschreibung der einzelnen Dimensionen eines Geruches ist außerordentlich schwierig und nur durch langjähriges Training und intensive Erfahrungen erreichbar, wohingegen die Empfindung, ob wir einen Geruch mögen oder nicht – die sogenannte hedonische Frage – sofort in uns entsteht. Wir wissen im Augenblick, ob ein Geruch köstlich ist, ob er widerlich und ekelig ist, oder ob wir ihn nur als okay empfinden. Dagegen ist die analytische Beschreibung ein langwieriger Prozess und es ist uns meist kaum möglich, Gerüche anders als als unbeschreibliche Einheiten wahrzunehmen. Wie wollen Sie jemandem, der noch nie eine Himbeere gerochen hat, den Geruch der Himbeere beschreiben? Unmöglich. Der einzige Weg Himbeergeruch zu vermitteln, ist an einer Himbeere riechen zu lassen.

HÖREN

Geräusche sind Qualitätsindikatoren

09 Machen wir uns bewusst, was wir beim Essen und bei der Essenszubereitung alles hören, sind wir von der Vielfalt der Geräusche erstaunt. Wir hören schon bei der Zubereitung ein Brutzeln, ein Blubbern, ein Knistern, Glucksen, Klopfen, Hacken, Quietschen und Krachen. Und beim Essen selbst gibt es dann ein Knacken, Knuspern, Schmatzen, Quietschen, Schlürfen, Krachen und Knirschen. Die Vielzahl dieser Geräusche deutet bereits an, dass das Hören beim Essen und Trinken eine größere Rolle spielen muss, als gemeinhin angenommen. Die Geräusche bei der Zubereitung von Speisen lenken unsere Aufmerksamkeit auf das Essen und leiten damit erste Vorbereitungen auf seine Verdauung ein – wie beispielsweise das Absondern von Speichel im Mund. Denken Sie an das morgendliche Brutzeln des Frühstücksspecks in der Pfanne, das Gurgeln der Kaffeemaschine, mittags das Klopfen des Schnitzelfleisches, abends das Gluckern des Weines beim Einschenken oder das zarte Platzen der Kohlendioxid-Bläschen im Sektglas – Geräusche, die wir gut einordnen können und die uns mitteilen, dass es bald etwas Bestimmtes zu essen oder trinken geben wird. Manche Menschen sind regelrechte Spezialisten für Lebensmittelgeräusche, so soll es Personen geben, die aufgrund der Geräusche beim Einschenken eines Weines auf seine Schwere und seinen Alkoholgehalt schließen können. Wahrscheinlich spielt die Viskosität eine Rolle, je viskoser der Wein, desto tiefer die Gluckergeräusche. Überprüfen Sie Ihre Fähigkeiten mit Experiment 9.

Knackiges Gemüse

Wir nehmen das akustische Erscheinungsbild von Lebensmitteln als Maß für die Veränderung ihrer mechanischen Eigenschaften bei mechanischen Belastungen wie dem Eingießen, Schneiden, Kauen oder Brechen. Die Geräusche, die beim Verzehr der Lebensmittel entstehen, vermitteln uns wichtige Informationen über ihre mechanischen Eigenschaften und damit über ihre Identität und ihren Qualitätszustand. Lebensmittel, die in einem einzigen, prägnanten akustischen Ereignis brechen, machen Knackgeräusche. Wie kommt dieses Geräusch zustande? Das Gewebe von Gemüse oder Obst ist aus Zellen aufgebaut, die in frischem Zustand prall mit Zellflüssigkeit gefüllt sind wie kleine, zusammengeklebte, wassergefüllte Luftballons. Wenn sie frisch geerntet sind, machen diese Zellen mit hohem Innendruck beim Brechen, Beißen oder Kauen ein Knackgeräusch durch plötzliches Freiwerden dieses Innendrucks. In diesem Fall bedeutet ein ausgeprägtes Knackgeräusch also, dass das Obst oder Gemüse frisch ist. Es wurde erst unlängst geerntet und die Zellen sind noch prall gefüllt mit Zellflüssigkeit. In nicht frischem Zustand, wenn Gurken oder Karotten weich und gummiartig wirken, ist wenig Wasser in den Zellen, die Zellwände verkleben und beim Reinbeißen hat man eher einen elastisch-gummiartigen Eindruck und die entstehenden Geräusche sind nicht mit einem frischen „Knacks" zu vergleichen, sondern meist dumpfer und gehen mitunter ins Knusprige.

Auch andere Lebensmittel mit hoher mechanischer Festigkeit (Schokolade), mit sehr hohem oder sehr niedrigem Wassergehalt (Kekse) oder mit hohem innerem Druck (Frankfurter Würstel) knacken. Die Würstel haben vor allem in gekochter Form einen hohen Innendruck, denn das Brät im Darm dehnt sich bei Erwärmung aus, sodass eine höhere Spannung entsteht, die bei Reißen des Darms plötzlich abgebaut wird – das Würstchen knackt. Gute Schokolade macht beim Brechen abhängig von seiner Dicke und Temperatur ein mehr oder weniger hohes und lautes Knackgeräusch. Wie man aus der Werbung weiß, knackt eine dünne

Schokoladeschicht auf kaltem Eis sinnlich, wenn man hineinbeißt. Wir haben vor Jahren im Labor versucht, das Knackgeräusch von Schokolade aufzuzeichnen, um es dann in weiteren Versuchen im Sensoriklabor zu verwenden. Wir haben es nicht geschafft, eine Aufnahme im Tonstudio so hinzubekommen, dass sie wie ein typisches Schokoladeknacken geklungen hätte – das aufgenommene Geräusch hat eher wie eine schallende Ohrfeige geklungen. Experiment gescheitert. Kollegen in Oxford haben nicht-knackige, sondern knusprige Geräusche aufgezeichnet und damit Versuche gemacht. Vielleicht ist die Aufnahme knuspriger Geräusche einfacher … jedenfalls haben sie mit diesen Experimenten im Jahr 2008 den Ig-Nobelpreis errungen, der für wissenschaftliche Leistungen vergeben wird, die zuerst zum Lachen und dann zum Nachdenken anregen. Sie haben den Testpersonen während des Essens von Kartoffelchips ihre knusprigen Tonaufzeichnungen über Kopfhörer vorgespielt, und die haben die Chips im Mund für deutlich knuspriger und frischer gehalten, als sie eigentlich waren. Was aber ist knusprig im Gegensatz zu knackig?

Knusprige Frische

Knusprige Lebensmittel (Waffel, Kekse, Knäckebrot, Toast etc.) brechen im Gegensatz zu knackigen Lebensmitteln in vielen kleinen auch akustisch wahrnehmbaren Ereignissen. Es handelt sich bei ihnen meist um poröse Produkte, die getrocknet oder gebacken worden sind. Ihre luftgefüllten kleinen Höhlen und Zellen sind von festen Wänden umgeben und das Zerstören der Wände durch Brechen oder Beißen führt zu einem Vibrieren der Wandreste und damit zu einem typischen Geräusch. Dieses

Geräusch ist stark abhängig vom Wassergehalt der Zellwände, denn Wasser ist für biologische Makromoleküle wie der Stärke ein Weichmacher, es verringert die Elastizität der Zellwände und daher die Wahrscheinlichkeit des Zurückfederns – das Produkt ist zäh geworden. Daher schließen wir intuitiv richtig: Je knuspriger, desto frischer ist das Produkt.

Ob ein Lebensmittelprodukt knackt oder knusprig ist, hängt auch von der Art der mechanischen Belastung ab. Rasche mechanische Belastungen mit Schneide-, Knick- oder Schervorrichtungen wie unseren Schneidezähnen führen eher zu Knackgeräuschen. Belastungen mit stumpfen Prüfkörpern wie den Backen- und Mahlzähnen führen dagegen vermehrt zu Knuspergeräuschen. Kekse beispielsweise oder auch Stangensellerie können sowohl knacken, als auch knuspern. Sie knacken, wenn man sie mit der Hand rasch bricht, und sie knuspern, wenn man sie mit den Backenzähnen zermalmt.

Der Frequenzbereich knackiger Geräusche liegt zwischen 1 bis 2 Kilohertz und damit etwas niedriger als knusprige Geräusche, die bis zu 5 Kilohertz gehen. Die Knackigkeit ist schlechter von außen durch andere Personen und besser bei sich selbst zu beurteilen, da niederfrequente Geräusche bestens durch Kiefer und Schädelknochen ins Gehör geleitet werden. Beißgeräusche werden durch die beißende Person selbst als tiefer wahrgenommen als durch andere Personen. Das ist eine Mit-Ursache für eine spezielle Form der Misophonie, nämlich die Abneigung gegen Essgeräusche. Sie erscheinen uns beim Gegenüber höher und damit durchdringender als bei uns selbst. Das ist mir nicht fremd: Wenn jemand neben mir eine Karotte isst und dabei mehr oder weniger laute Knackgeräusche macht, fühle ich mich so irrational angespannt, dass ich besser weggehe.

Essen, das quietscht

Quietschen kommt beispielsweise bei Lauch oder Halloumi-Käse vor – das kennen wir. Verantwortlich dafür ist der Stick-Slip-Effekt. Beim Beißen gleitet der Halloumi-Käse nicht gleichmäßig an den Zähnen vorbei, sondern er bleibt haften, löst sich vom Zahn, gleitet wieder ein Stückchen, bleibt wieder haften usw. Durch rasche, ruckartige Bewegungen kommt es zu Schwingungen, die zu einem hohen, etwas schrillen Geräusch, dem Quietschen führen. Manche Menschen finden es gar nicht störend, andere empfinden es unangenehm, vergleichbar mit dem Geräusch, das Kreide auf einer Tafel macht.

Wie hören wir unser Essen?

Beim Hören nehmen wir Druckschwankungen in der Luft und den körpereigenen Knochen von Kiefer und Schädel wahr – den Schall. Das Hören ist demnach ein mechanischer Sinn. Schallwellen sind nichts anderes als ein Muster von Hoch- und Tiefdruckregionen, die sich mit 340 m/s durch die Luft und mit 1500 m/s durch Wasser bewegen. Diese Druckschwankungen werden durch Schwingungen von Objekten – einer Stimmgabel beispielsweise – ausgelöst. Diese Druckschwankungen werden dann in den Sinneszellen der Hörschnecke im Innenohr in elektrophysiologische Signale umgesetzt und an das auditive Zentrum im Gehirn geleitet.

Wir hören Töne, Klänge und Geräusche. Töne sind Schallwellen mit einer einheitlichen Frequenz, wohingegen bei Klängen der Grundton durch Obertöne überlagert ist. Geräusche, wie wir sie von Lebensmitteln wahrnehmen, enthalten dagegen viele unterschiedliche Töne und Klänge. Wir sind in der Lage, Tonhöhen in Frequenzen zwischen 16 und 20.000 Hertz wahrzunehmen. Knackige Geräusche liegen zwischen einer Frequenz von 1 bis 2 Kilohertz, knusprige Geräusche im Bereich von 2 bis 5 Kilohertz. Die menschliche Sprache spielt sich in einem Frequenzbereich zwischen 200 Hertz bis 5 Kilohertz ab. Knackige und knusprige Geräusche liegen also genau in unserem Sprachbereich. Lebensmittel sprechen mit ihren Geräuschen genau in der richtigen Frequenz zu uns!

SINNLICHE TEAMARBEIT

Sind unser Sinne Einzelkämpfer oder doch Teamplayer?

In der alltäglichen Konfrontation mit Lebensmitteln nehmen wir intuitiv an, den Geschmack eines Lebensmittels unabhängig von dessen Farbe wahrnehmen zu können. Wir glauben auch nicht, dass der Geschmack unsere Geruchswahrnehmung beeinflusst oder Geräusche mitbestimmen, wie wir die Textur wahrnehmen. Wir gehen also davon aus, dass jedes Sinnessystem, jede Sinnesmodalität unabhängig von den anderen Modalitäten arbeitet, aber diese Annahme ist unzutreffend. Die Sinnessysteme des Menschen, die in den vorigen Kapiteln beschrieben worden sind, arbeiten nicht isoliert voneinander, sondern sie sind eng kooperierende Teamspieler. Beim täglichen Essen und Trinken strömen alle vom Lebensmittel ausgehenden Sinnesreize immer in Kombination gleichzeitig auf uns ein, so dass sich aus diesen vielfältigen, parallel einlaufenden Wahrnehmungen und ihren Wechselwirkungen erst die eigentlichen Lebensmittelvorlieben und die Anreize zu einem bestimmten Verhalten ergeben. Multimodale Wahrnehmungen sind also nichts Ungewöhnliches, sondern die Regel. Das ist auch ein Grund, warum wir so schlecht beim Identifizieren von Gerüchen sind. Beispiel Brombeergeruch: normalerweise haben wir neben dem Geruch der Brombeere auch das typische Aussehen, das spezielle Mundgefühl und den Brombeergeschmack, den wir zur Identifikation nutzen können. Wenn dann nur mehr der Geruch zur Verfügung steht, fehlen uns die üblichen sensorischen Dimensionen, um sofort sagen zu können: Das ist eine Brombeere. Unimodale Wahrnehmungen als Wahrnehmungen, die durch die Erregung nur eines einzigen Sinnessystems entstehen, stellen vor allem im Lebensmittel- und Ernährungsbereich die seltene Ausnahme dar. Selbst wenn man eine wässrige

Zuckerlösung im Mund hat, nimmt man nicht nur die Süße wahr, sondern auch die Temperatur der Lösung, ihre Viskosität und vor dem Kosten auch ihre Farbe. Wir schmecken süß und wir nehmen intuitiv an, dieser Geschmack wäre unabhängig von der ebenfalls wahrgenommenen Farbe des verkosteten Produkts, seiner Textur und Temperatur. Die Intensität des Geschmacks wird aber sehr wohl von der Viskosität der Lösung, ihrer Temperatur und wahrscheinlich von der Farbe beeinflusst. Rosa gefärbte Lösungen beispielsweise schmecken meist süßer als farblose Lösungen und kühle Lösungen erscheinen weniger süß. Solche Wechselwirkungen zwischen den Sinnesmodalitäten, die crossmodalen Interaktionen, sind so wie multimodale Wahrnehmungen die alltägliche Regel.

01

10

Um die Erforschung der crossmodalen Interaktionen haben sich besonders Charles Spence und Betina Piqueras-Fiszman vom Crossmodal Research Laboratory am Department of Experimental Psychology an der Universität von Oxford verdient gemacht. Sie haben in einer erstaunlichen Anzahl von Publikationen viele dieser Wechselwirkungen untersucht, allen voran Wechselwirkungen zwischen Farben der Lebensmittel und Geruchs- oder Geschmackswahrnehmungen, Hintergrundfarben und Wahrnehmung der Lebensmittel, Farben von Löffeln und Tellern und der Wahrnehmung der damit verzehrten Lebensmittel. Die erstaunlichen Wechselwirkungen zwischen Farbe und Geschmack haben Charles Spence gar zur provokanten Aussage verführt, dass man Farben schmecken kann. Tatsächlich schmecken Farben als solche natürlich nicht, aber sie können unsere Geschmackswahrnehmungen in eine bestimmte Richtung verzerren. Machen Sie dazu die Experimente 1 und 10.

Unsere Sinnessysteme funktionieren wie ein Netzwerk, bei dem jeder Knoten des Netzes von einem Sinnessystem gebildet wird. Die Aktivierung jedes Sinnessystem-Knotens kann die anderen Sinnesmodalitäten beeinflussen. Geschmack beeinflusst Viskosität, Farbe beeinflusst Geruch und Geschmack etc. In Abbildung 22 ist dargestellt, welche und wie die sieben wichtigsten Sinnesmodalitäten einander paarweise wechselseitig beeinflussen. Der zentrale Ort, an dem die multimodale Wahrnehmung beginnt, ist der Mund. Dort und in den dazugehörigen Regionen im Gehirn entsteht ein multimodales Wahrnehmungskonstrukt, das im Englischen als Flavour bezeichnet wird und im Deutschen am ehesten durch den umgangssprachlichen Begriff des Geschmacks umrissen wird.

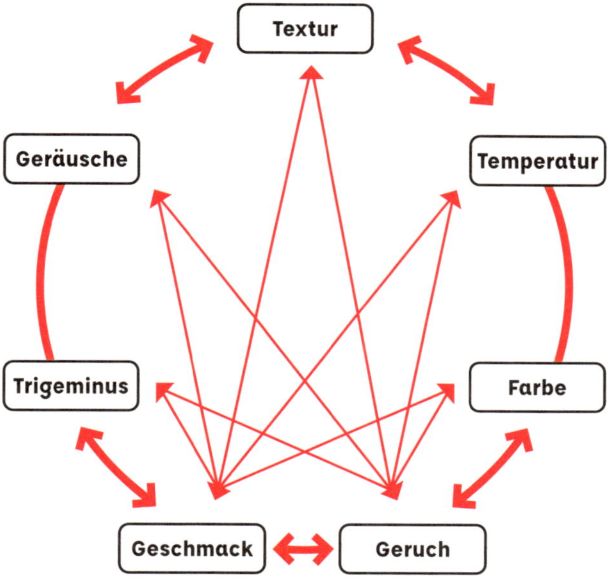

Abbildung 22: Wechselwirkungen der sieben wichtigsten Sinnessysteme

Multimodale Wahrnehmung im Mund

Die gesamtheitliche Wahrnehmung eines Lebensmittels im Mund ist also als das Flavour definiert. Sie umfasst die gustatorischen, olfaktorischen, physikalischen und texturalen Sinnesmodalitäten, aber auch trigeminale Merkmale. Eine Flavour-Wahrnehmung umfasst damit alle Sinneswahrnehmungen, die im Mundraum während des Essens entstehen oder dort verortet werden. Für die gesamtheitliche Wahrnehmung und Beurteilung eines Lebensmittels ist das Flavour klarerweise von besonderer Bedeutung. Die Flavour-Wahrnehmung ist multimodal, weil mehrere

Sinnesmodalitäten in ihre Entstehung involviert sind, und crossmodal, weil die Sinnesmodalitäten miteinander wechselwirken und die Gesamtwahrnehmung damit modifizieren.

Vor allem zwischen Geruch und Geschmack gibt es eine Reihe von interessanten Wechselwirkungen. Der Aromastoff Maltol beispielsweise wird Schokoladen und anderen Süßwaren zugesetzt und hilft dort fünf bis 15 Prozent Zucker einzusparen, indem es uns die Süße des vorhandenen Zuckers intensiver wahrnehmen lässt. Maltol verbessert auch das Mundgefühl fettreduzierter Lebensmittel. Eine andere gut dokumentierte Wechselwirkung ist die zwischen Erdbeeraroma und dem süßen Geschmack. Erdbeeraroma verstärkt die Süßintensität, aber die Süße verstärkt auch das Erdbeeraroma. Die gezielte Ausnutzung solcher Wechselwirkungen ist für Forscher und Anwender in der Lebensmittelindustrie eine hochinteressante Sache. Man könnte mit Hilfe chemischer Substanzen Geschmacks- und Geruchswahrnehmungen gezielt verändern, verstärken, abschwächen oder gar auslöschen.

Wie und warum diese stabilen, aber nicht allzu großen Geschmack-Geruch-Wechselwirkungen auftreten, ist weitgehend ungeklärt. Eine plausible Vermutung ist, dass es sich um durch Erfahrung herangebildete Verknüpfungen von Gerüchen mit Geschmäckern handelt. Diese unwillkürliche Verknüpfung einer Sinnesmodalität mit einer anderen nennt man auch gelernte Synästhesie, im Gegensatz zur angeborenen Synästhesie. Bei angeborenen Synästhesien sind zwei Sinnesmodalitäten so eng miteinander verknüpft, dass die Wahrnehmung der einen Modalität eine zweite Wahrnehmung auslöst. So können Synästhetiker z.B. Farben riechen, Töne schmecken oder Ziffern als Farben sehen.

Wie verändert Geschmack Geschmack?

Wechselwirkungen können nicht nur zwischen unterschiedlichen Sinnesmodalitäten auftreten, sondern auch zwischen Wahrnehmungen innerhalb einer Modalität – beispielsweise zwischen Geschmackswahrnehmungen. Das klingt einerseits furchtbar kompliziert, andererseits ist die gezielte Nutzung dieser Wechselwirkungen zwischen Geschmacksqualitäten alltägliche Küchenpraxis. Die Wechselwirkungen zwischen den Grundgeschmacksarten sind intensiv untersucht worden, was unglücklicherweise zu vielen einander widersprechenden Ergebnissen geführt hat. Diese widersprüchlichen Ergebnisse sind darauf zurückzuführen, dass einerseits unterschiedliche chemische Substanzen für die Geschmackstests verwendet worden sind, die andererseits auch noch in unterschiedlichen Konzentrationen gereicht worden waren. Beides kann die Wechselwirkungen stark beeinflussen.

Es wurden sowohl Mischungen von zwei oder mehreren Geschmacksstoffen untersucht, die dieselbe Geschmacksqualität auslösen (z.B. Zucker und Süßstoffe), als auch solche, die unterschiedlichen Geschmack haben (z.B. bitter und salzig oder sauer und süß). Die etwas komplizierten Wechselwirkungen der vier Grundgeschmacksarten süß, sauer, salzig und bitter sind für den niedrigen, mittleren und hohen Konzentrationsbereich in Abbildung 23 verallgemeinert dargestellt.

Salzig verstärkt süß, aber süß schwächt salzig

Abbildung 23 verdeutlicht, dass Salz in niedrigen Konzentrationen die Süße etwas anhebt, wohingegen die Süße die Salzigkeit weder verstärkt noch abschwächt. Das könnte die Sinnhaftigkeit der Prise Salz im Kuchen erklären: eine Prise Salz macht den Kuchen süßer. Aber das Salz hat auch den angenehmen Effekt, dass die sensorische Komplexität erhöht wird und der Kuchen damit vielschichtiger und interessanter schmeckt. Bei mittleren Konzentrationen dagegen senkt Süßes die wahrgenommene Salzigkeit, bei hohen Konzentrationen aber hat Süßes keinen Effekt mehr auf die Salzigkeit. Für die Küchenpraxis bedeutet das, dass man in mittleren Konzentrationen mit Zucker oder Süßstoff die Salzigkeit etwas verringern kann, hat man aber schon zu sehr versalzen hilft auch Zucker nicht mehr.

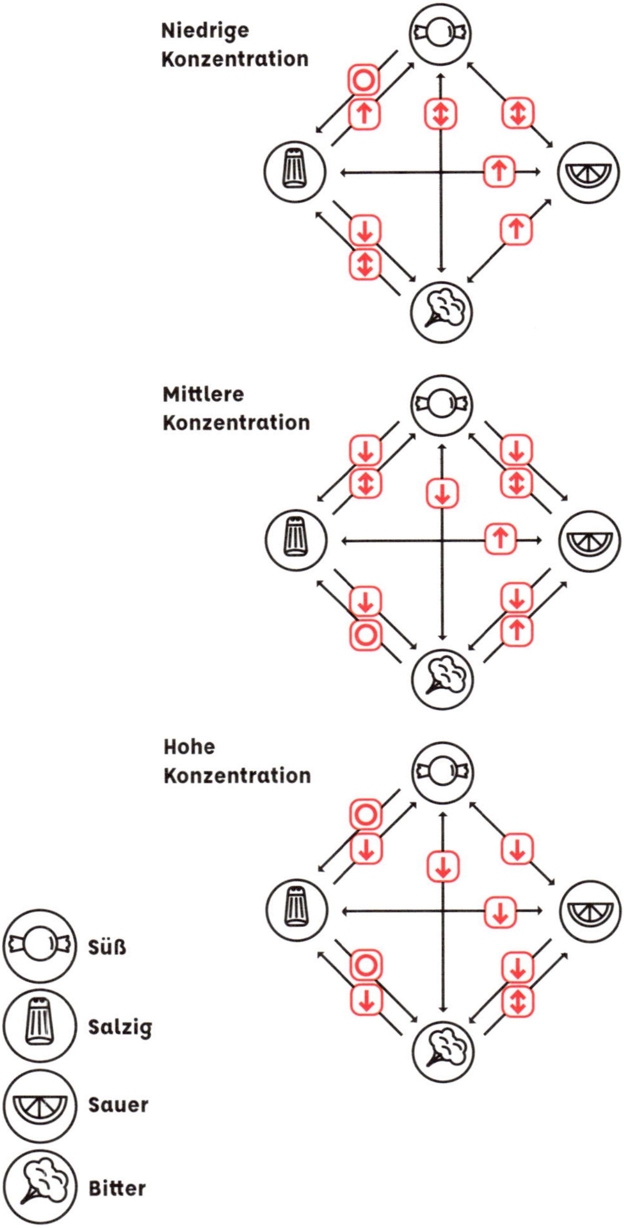

Abbildung 23: Wechselwirkungen zwischen vier Grundgeschmacksarten. Pfeil nach unten: schwächt ab; Pfeil nach oben: verstärkt; Null: kein Effekt nachweisbar; Doppelpfeil: uneinheitliche Ergebnisse

Süß-saure Verhältnisse

In niedrigen Konzentrationen sind die Wechselwirkungen zwischen süß und sauer ungeklärt, aber bei mittleren Konzentrationen reduziert das Süße das Saure, wohingegen das Saure keinen Einfluss auf die Süße hat. Und bei hohen Konzentrationen unterdrücken einander Süß und Sauer wechselseitig. Das gilt wohlgemerkt nur für Lösungen in Wasser. Wie diese Wechselwirkungen in komplexen Speisen und Getränken aussehen, ist ungeklärt oder behalten die Köche als geheimes Erfahrungswissen für sich. Säuren in Lebensmitteln und vor allem in Getränken werden durchaus geschätzt, aber üblicherweise nur wenn sich die Säure in einer bestimmten Balance zur Süße befindet. Diese Balance erinnert an reife Früchte, sie sind sauer, schmecken aber nicht zu sauer, weil sie bereits Zucker gebildet haben. Unreife und verdorbene Früchte dagegen haben mehr Säure und wenig Zucker – sie schmecken schlecht.

Salzauer oder sauerlig?

Salzig und sauer werden relativ häufig miteinander verwechselt. Die beiden Grundgeschmacksarten verstärken einander gegenseitig von niedrigen bis zu mittleren Konzentrationen, erst bei hohen Konzentrationen unterdrücken sie einander wechselseitig. Bis zu einer gewissen Intensität kann man die wahrgenommene Salzigkeit durch Zugabe von Säure intensivieren und damit eventuell sogar gesundheitlich problematisches Kochsalz einsparen. Diese intensiven positiven Wechselwirkungen bis zu hohen Konzentrationen sind vielleicht die Ursache dafür, warum die Grundgeschmacksarten sauer und salzig so häufig verwechselt werden.

Bitter-süße Kontraste

Süß und bitter wirken dagegen wie Gegensatzpole im Geschmacksuniversum und vielleicht gerade deswegen werden sie gerne miteinander kombiniert. Bei mittleren und hohen Konzentrationen unterdrücken sie einander wechselseitig, süß macht bitter weniger intensiv und bitter macht die Süße weniger intensiv. Meist will man den bitteren Geschmack mit der Süße abschwächen, beispielsweise den Kaffee mit Zucker. Es ist auch möglich, Süßes durch Zugabe von Bitterem weniger süß zu machen, beispielsweise können bittere Nüsse die Süße eines Kuchens reduzieren. Außerdem macht das Zusammenspiel der geschmacklichen Gegensätze eine Speise womöglich erst interessant, die reine sozusagen unwidersprochene Süße wirkt dagegen leicht banal und leer.

Das Verhältnis von bitter und sauer – es ist kompliziert

Die Wechselwirkungen von bitter und sauer sind über die verschiedenen Konzentrationen unterschiedlich. Es fängt bei niedrigen Konzentrationen noch einfach an: bitter und sauer verstärken einander wechselseitig. Bei mittleren Konzentrationen dagegen verstärkt bitter den sauren Geschmack, aber sauer macht bitter weniger intensiv. Bei hohen Konzentrationen ist es dann wieder so, dass bitter den sauren Geschmack weniger intensiv macht, wohingegen der saure Geschmack keinen Einfluss mehr auf die Bitterkeit hat. Auch hier liegt eine intensive, wenn auch etwas konfuse Wechselwirkung vor, die erklären könnte, warum bitter und sauer relativ häufig vor allem von sensorischen Laien verwechselt werden.

Salz auf bitteres Gemüse

Die Wechselwirkungen zwischen bitter und salzig sind über alle Konzentrationen die gleichen. Bitter scheint generell keinen Effekt auf die wahrgenommene Salzigkeit zu haben. Dagegen verringert Salz die Bitterkeit, obwohl vor allem bei hohen Salzkonzentrationen viele Menschen von einem bitteren Beigeschmack des Salzes sprechen. Den Bitter-Reduktionseffekt von Salz nutzen wir beim Kochen aus, indem wir bitteres Gemüse wie Brokkoli oder Gurken salzen. Durch das Salz auf dem Gemüse sinkt nicht nur die Bitterkeit, das Gemüse schmeckt einfach runder und aromatischer.

Wie wirken Farben auf das Flavour?

Der schottische Chemiker H. C. Moir hat 1936 als Erster gezeigt, dass die Veränderung der Farbe eines Lebensmittels das wahrgenommene Flavour mitverändert. Er hat beobachtet, dass der Geschmack von Bonbons, die er mit Farbe versehen hatte, die nicht zum Geschmack passten, von seinen Testpersonen sehr selten richtig erkannt worden ist. Tatsächlich ist das auch so bei vielen anderen Lebensmitteln. Rote Farbe in Weißwein überzeugt viele ungeschulte Konsumenten, es handle sich dabei um Rotwein. Rot bewirkt oft eine deutliche Verstärkung der wahrgenommenen Süß-Intensität. Man kann also mit Farbe die Geschmackswahrnehmungen manipulieren, aber leider sind die Zusammenhänge nicht eindeutig. Es zeigen zwar viele Studien klare Effekte der Farbe auf das wahrgenommene Flavour und auch die Intensität des Geschmacks, andere aber belegen diese Zusammenhänge gar nicht. Man konnte zeigen, dass die Art und Weise, wie Farben auf Flavour und Geschmack wirken, sehr stark von den durch die Farbe ausgelösten Erwartungen abhängt und daher nicht unabhängig von der kulinarischen Kultur ist. Blaue Farbe kann beispielsweise für Europäer die Erwartung von Blaubeeren-Flavour auslösen, bei Vietnamesen aber dagegen die Erwartung von Minze-Flavour (ausgehend von der Farbe eines Mundspülmittels). Wenn nun das wahrgenommene Flavour nicht allzu weit vom erwarteten Flavour entfernt ist (erwartet: Schwarze Johannisbeere, tatsächlich eingesetzt: Brombeere), dann werden die Konsumenten das erwartete Flavour berichten. Dieser Effekt ist als „expectation bias“ bekannt. Nur wenn der Unterschied zwischen erwartetem und wahrgenommenem Flavour zu groß ist, kommt es nicht zu einer Bestätigung der Erwartung und damit zu Irritationen.

Was macht Geschmack mit dem Geruch und Geruch mit dem Geschmack?

Die Wechselwirkungen werden in der wissenschaftlichen Literatur als sehr robust beschrieben. Gerüche können die wahrgenommene Geschmacksintensität verändern und umgekehrt kann der Geschmack die Aroma-Wahrnehmung modulieren. Besonders gut dokumentiert ist die Verstärkung der Süßwahrnehmung durch bestimmte Gerüche. Der „süße" Geruch von Karamell-, Vanille-, Erdbeere-, und Litschi- Aromen, die für sich genommen ja keinen Geschmack haben, ist in der Lage, die wahrgenommene Süße in einem Produkt zu intensivieren.

Analoges wurde für viele andere Geruch-Geschmack-Interaktionen gefunden. Zitronen- und Erdbeeraroma verstärken die Sauer-Empfindung von Zitronensäure, Sojasaucen- und Sardellen-Aroma verstärken den salzigen Geschmack. Im Allgemeinen sind also Gerüche, die regelmäßig gemeinsam mit einem bestimmten Geschmack in Lebensmitteln gepaart auftreten, in der Lage diesen assoziierten Geschmack zu verstärken, auch wenn sie nur in sehr niedriger Konzentration beigegeben werden. Diese den Geschmackseindruck verstärkenden Wechselwirkungen sind für praktische Anwendungen im industriellen Kontext bei Rezepturänderungen und vor allem bei der Reduktion von Zucker und Salz von großer Bedeutung. Durch den gezielten Einsatz definierter Aroma-Kombinationen in der Rezeptur kann eine nicht zu unterschätzende Menge an Zucker eingespart werden, was aus einer gesundheitlichen, präventivmedizinischen Perspektive günstig zu bewerten ist.

Aus einer Gesundheitsperspektive ebenfalls von großem Interesse ist die Verstärkung des salzigen Geschmacks durch Aromen, um Salz einzusparen, das – im Übermaß genossen – für Bluthochdruck verantwortlich gemacht wird. Diese Verstärkung kann vor allem bei niedrigen Salzkonzentrationen beobachtet werden; ist die Salzkonzentrationn bereits hoch, wirken die die Salzigkeit verstärkenden Aromen nur mehr schwach.

Umgekehrt können Geschmacksstoffe aber auch die retronasale Aromawahrnehmung intensivieren. Anhand von Kaugummi wurde gezeigt, dass der nachlassende Menthol-Eindruck beim Kaugummikauen nicht immer auf eine sinkende Mentholkonzentration zurückzuführen ist, sondern auf die sinkende Süße des Kaugummis. Wenn man es schafft, die Süße lang gut wahrnehmbar zu halten, dann scheint auch das Menthol-Aroma intensiv zu bleiben und der Kaugummi schmeckt länger nicht abgelutscht und bleibt länger interessant. Der Süßstoff Sacharin lässt in einer niedrigen Konzentration bereits unter der Wahrnehmungsschwelle das Kirsche-/Mandel-Aroma von Benzaldehyd massiv ansteigen. Und auch Erdbeer-Aroma wird durch süßen Geschmack verstärkt. Ein weithin bekannter Effekt ist auch, dass Natriumchlorid und Natriumglutamat den Geschmack von Suppen und anderen Fleischprodukten intensiver, voller und runder erscheinen lassen. Die meisten wissenschaftlichen Publikationen beschreiben den Einfluss von süßem oder saurem Geschmack auf die Flavour-Wahrnehmung, der in der Regel darin besteht, dass ein Süßstoff-Zusatz die wahrgenommene Intensität eines Aromas verstärkt, das üblicherweise in Lebensmitteln gemeinsam mit süßem Geschmack auftritt.

Da die Verstärkung der Süß-Intensität nur mit Aromen möglich ist, die von den Testpersonen schon oft in Kombination mit Süße wahrgenommen worden sind, liegt der Schluss nahe, dass es sich bei der Süß-Verstärkung um einen erlernten Effekt handelt. Er wird häufig als erlernte Synästhesie bezeichnet. Mailka Auvray von der Universität Oxford vertritt die Ansicht, dass diese Wechselwirkung nur auftritt, weil Geschmack und Geruch im Akt des Essens in ein einziges Sinneskonstrukt, das Flavour, transformiert werden. Neurophysiologische Untersuchungen unterstützen diese Einschätzung, indem sie zeigen, dass gustatorischer und olfaktorischer Cortex nicht getrennt voneinander arbeiten, sondern eng miteinander verknüpft sind. Der olfaktorische Cortex wird vom gustatorischen Cortex stark beeinflusst und mitunter sogar kontrolliert.

Wie beeinflussen trigeminale Wahrnehmungen Geruch und Geschmack?

Der Nervus trigeminus wird nicht nur von speziellen Substanzen wie Capsaicin erregt, sondern auch die meisten anderen Geruchs- und Geschmacksstoffe aktivieren ihn ab einer gewissen Konzentration. Das macht die Untersuchung der Interaktionen zwischen trigeminalen Reizen und Geruchs- und Geschmackswahrnehmungen schwierig.

Kohlensäure in Getränken wie Sekt, Bier oder prickelnden Erfrischungsgetränken ist stark trigeminal wirksam und kann die Intensität von Sauer und Salzig verstärken und die Süße abschwächen. Vielleicht mit ein Grund, warum in manchen Erfrischungsgetränken mit Kohlensäure so viel Zucker zugesetzt wird. Das Aroma eines Erfrischungsgetränks wird durch die Kohlensäure dagegen intensiver wahrgenommen, weil flüchtige Aromen mit dem ausgasenden Kohlendioxid aus dem Getränk vermehrt ausgetrieben werden, sodass sie intensiver gerochen werden können.

Am häufigsten untersucht wurde die Wirkung der scharfen Chili-Substanz Capsaicin auf die Geschmackswahrnehmung und es zeigte sich, dass Capsaicin die wahrgenommene Geschmacksintensität von süßen, salzigen und bitteren Lösungen abschwächt. Eine Ursache für diesen Effekt könnte sein, dass die brennende Empfindung von Capsaicin die Aufmerksamkeit von der Geschmackswahrnehmung abzieht und so der Geschmack als weniger intensiv beurteilt wird. Das Brennen von Capsaicin dagegen wird durch Kochsalz, das ja selbst schon bei relativ niedrigen Konzentrationen trigeminal wirksam ist, noch verstärkt.

Die Interaktionen zwischen trigeminalen und Geruchswahrnehmungen sind kaum untersucht, aber es scheinen trigeminale Reize die olfaktorischen Reize abzuschwächen, das heißt, man riecht schlechter, wenn Reizstoffe die Nase irritieren. So konnte bei Verwendung von Kohlendioxid-Vanilin-Mischungen gezeigt werden, dass die wahrgenommene Intensität des Vanillegeruchs durch Kohlendioxid verringert wurde. Die neurophysiologischen Zusammenhänge für diese Wechselwirkungen sind aber noch nicht geklärt.

Beeinflusst die Textur Geschmack und Geruch?

Die Literatur über Wechselwirkungen zwischen Textur und Aroma bzw. Geschmack ist widersprüchlich und die wesentliche Ursache dafür dürfte sein, dass diese Interaktionen stark von der speziellen Struktur und der Zusammensetzung des untersuchten Lebensmittels abhängen. Was die Wechselwirkungen zwischen Textur und Geschmack betrifft, wird meist eine Abnahme der wahrgenommenen Geschmacksintensität bei Zunahme der Viskosität durch Zugabe von Verdickungsmitteln berichtet. Der dahinter liegende Mechanismus könnte darin liegen, dass die Geschmacksstoffe in einer viskoseren Matrix im Mund schlechter, langsamer freigesetzt und damit weniger intensiv wahrgenommen werden. Bezüglich Wechselwirkungen zwischen Textur und Geruch konnten einige Studien keinen Effekt der Textur auf die Aroma-Wahrnehmung nachweisen, vor allem wenn die Textur-Modifikationen eher klein und geringfügig waren. Daneben gibt es Studien, die zeigen, dass der Zusatz von Verdickungsmitteln zu einer Reduktion der wahrgenommenen Intensität von Aromen führt. Es zeigte sich aber oft, dass die Art des Verdickungsmittels starken Einfluss auf den Aroma reduzierenden Effekt hatte. Als Ursache für diesen Effekt wird auch hier die geringere Verfügbarkeit des Aromastoffes verantwortlich gemacht, er ist stärker in das Lebensmittel eingebunden. Die chemische Bindung der Aromastoffe und die Art, wie das Lebensmittel gekaut und im Mund verarbeitet wird, könnten Ursachen für die Reduktion der wahrgenommenen Aromaintensität sein.

Kann man Geschmack manipulieren?

Ein hochinteressantes Forschungsgebiet sind Substanzen, die Geschmackswahrnehmungen gezielt manipulieren können, sogenannte

Geschmacksmodulatoren. So hat beispielsweise eine US-amerikanische Firma vor einigen Jahren Adenosinmonophosphat (AMP) als Bitterblocker patentieren lassen. AMP soll den bitteren Nebengeschmack von Süßstoffen, Lebensmitteln (z.B. Kaffee oder Grapefruitsaft) sowie von Arzneimitteln (z.B. Hustensäfte für Kinder) dämpfen, so dass süße Geschmackskomponenten reiner oder intensiver hervortreten. Untersuchungen mit AMP in verschiedenen Lebensmitteln an unserem Institut haben den Effekt nicht in dem angepriesenen Umfang bestätigen können, und wir haben den Verdacht, dass die leicht bitter-reduzierende Wirkung von AMP, das einen Umami-Geschmack hat, auf die altbekannte Wechselwirkung zwischen den Geschmäckern umami und bitter zurückzuführen ist. Umami dämpft die Bitter-Wahrnehmung. Besonders interessant wären Bitterblocker, die den bitteren Geschmack von Gemüse oder Arzneimitteln stark verringern könnten. Einen Bitterblocker zu finden, der alle Bitterstoffe blockieren könnte, ist trotz vieljähriger Bemühungen auch von Seiten der Lebensmittel- und der Pharmaindustrie nicht geglückt. Das dürfte wahrscheinlich daran liegen, dass bittere Stoffe chemisch sehr unterschiedlich sind und wir deswegen auch 25 unterschiedliche Rezeptormoleküle haben, um diese Substanzen alle wahrnehmen zu können. Eine einzige Substanz zu finden, die alle 25 Rezeptormoleküle vollständig blockiert, ist wahrscheinlich gar nicht möglich.

04

Interessante Anwendungen sind eventuell für die geschmacksmodulierenden Inhaltsstoffe der indischen Schlingpflanze *Gymnema sylvestre* zu erwarten. Deren Wirkstoff, die Gymnemasäuren, sind in der Lage, die Geschmackswahrnehmung Süß vollständig zu blockieren. Die Pflanze wird unter anderem zur Gewichtsreduktion und in Indien als Volksheilmittel gegen Diabetes verwendet. Man kann Gymnema-sylvestre-

Produkte im Internet kaufen und die süß-blockierende Wirkung erfahren, indem man das Pulver auf die Zunge aufträgt und etwas einwirken lässt. Das Zeug schmeckt widerlich, sehr bitter und adstringierend, aber das Ergebnis ist faszinierend: Man schmeckt süß praktisch nicht mehr. Schokolade schmeckt wie ein Klumpen Fett, Kristallzucker im Mund fühlt sich wie Sand an, konzentrierte Zuckerlösungen schmecken plötzlich wie reines Wasser. Da erfährt man unmittelbar und sinnlich, wie wichtig der süße Geschmack für den Wohlgeschmack vieler Lebensmittel ist. Ohne Süße schmecken sie leer und widerlich. Gott sei Dank lässt der Effekt der Gymnemasäure nach 15 bis 30 Minuten wieder nach und man schmeckt wieder normal. Eine sehr interessante Wechselwirkung zwischen den Wahrnehmungen der Süße und der Viskosität, kann man bei konzentrierter Zuckerlösung feststellen. Während sich eine konzentrierte Zuckerlösung normalerweise etwas dickflüssig anfühlt, erscheint dieselbe Zuckerlösung nach der Süß-Blockade durch die Gymnemasäure wieder dünnflüssig wie reines Wasser. Unser Wahrnehmungssystem hat offenbar gelernt, dass intensiv süße Zuckerlösungen eine gewisse Viskosität aufweisen, und wenn eine Lösung nicht so intensiv schmeckt, hat sie gefälligst auch dünnflüssig wie Wasser zu sein. Das ist ein erstaunlicher Triumph des erlernten Wissens über die Wahrnehmung. Übrigens sollten Diabetiker und Personen mit Allergien die Gymnema sylvestre-Produkte keinesfalls einnehmen. Dadurch könnte der Blutzuckerspiegel stark absinken und es könnte auch zu unangenehmen allergischen Reaktionen gegen dieses Naturprodukt kommen.

Eine ähnlich spektakuläre geschmacksmodulierende Wirkung hat ein Inhaltsstoff namens Mirakulin, der aus der Wunderbeere, den Früchten eines westafrikanischen Strauchgewächses, stammt. Wenn man diese Substanz auf die Zunge aufbringt und einwirken lässt, schmecken plötzlich alle sauren Getränke und Speisen nicht mehr sauer, sondern süß – ein Mirakel! Entdeckt hat man diese Wirkung, weil man beobachtete, wie Vögel zuerst von den Wunderbeeren naschen und anschließend zu ihren unreifen und daher sauren Lieblingsfrüchten fliegen. Auch die Vögel nutzen offenbar den Effekt von Mirakulin aus. Man kann Mirakulin-Produkte im Internet kaufen und ausprobieren. Essig schmeckt dann nach dem Lutschen von Mirakulin-Tabletten wie süßes Honigwasser und Zitronen wie fahle, säurearme Orangen. Der Effekt ist erstaunlich und zeigt, wie wichtig eine gewisse Säure für bestimmte Lebensmittel ist. Wein beispielsweise schmeckt ohne Säure erstaunlich langweilig und fahl, es fehlt offenbar etwas Wesentliches. Die Wirksubstanz in Mirakulin ist ein Eiweißstoff, der sich schon bei einer Temperatur von etwa 50° C so verändert, dass er seine Wirksamkeit verliert, und das bedeutet, sobald man heißen Tee trinkt, ist der wunderbare Effekt auch wieder weg. Das ist der Grund, warum Mirakulin industriell nicht verwendet werden kann; sobald man ein Getränk erhitzt, um die Mikroorganismen abzutöten, zerstört man auch das Mirakulin. Eine Substanz mit ähnlicher Wirkung – Umwandlung von sauer in süß – entfaltet der Eiweißstoff Curculin, der in Früchten einer malaysischen Pflanze namens Lumbah enthalten ist. Curculin schmeckt selbst süß, macht aber Wasser und Säuren nach dem Abklingen seines eigenen Süßgeschmacks ebenfalls süß. Genauso wie Mirakulin ist Curculin nicht temperaturstabil und es ist auch so wie Mirakulin in Europa nicht als Zusatzstoff zugelassen.

Die geschmacksmodulierende Wirkung von Artischocken ist bekannt. Genießt man Artischocken und trinkt anschließend Wasser, hat dieses eindeutig einen süßen Geschmack. Das ist nicht nur ein sensorischer Kontrasteffekt, der durch die bitteren Inhaltsstoffe der Artischocken entsteht, sondern es gibt spezielle Substanzen, die diesen Effekt auslösen. Sie sind als Cynarin und Chlorogensäure identifiziert worden, schmecken als Pulver selbst schwach süßlich und sie sind es, die Wasser nach dem Artischocken-Genuss süß schmeckend machen.

Gibt es zwischen Lebensmittelverpackung und dem Lebensmittel sensorische Wechselwirkungen?

Die Wechselwirkungen zwischen den Sinnesmodalitäten machen aber nicht beim Lebensmittel selbst halt, sondern erstrecken sich auf die Verpackung des Lebensmittels. Die sensorischen Merkmale der Verpackung können über multimodale Wechselwirkungen die Wahrnehmung und Bewertung des verpackten Produkts selbst verändern. Hierbei sind vor allem Farben und Form der Verpackung, ihre haptischen aber auch die akustischen Eigenschaften relevant. Besonders wirksam sind die sensorischen Eigenschaften des Verpackungsmaterials dann, wenn das Lebensmittel direkt aus der Verpackung verzehrt wird (z. B. Kartoffelchips) und daher die Verpackungseigenschaften während des Essens oder Trinkens wahrgenommen werden. Bei Knabbergebäck verstärkt das Knistern und Rascheln der Verpackung die wahrgenommene Knusprigkeit der darin befindlichen Produkte.

Farben beeinflussen sehr stark die Erwartungen und Assoziationen der KonsumentInnen bezüglich des verpackten Lebensmittels und beeinflussen so die Wahrnehmung des Produkts selbst. Die ausgelösten Erwartungen können das Produkt selbst betreffen, aber auch seine Produktionsweise. Grüne Farben sollen oft die Natur vermitteln, in der das Lebensmittel produziert worden ist. Blaue Farbe steht meist für Reinheit und Sauberkeit, Rot und Gelb für Intensität. Es gibt auch für die Verpackungsgestaltung einen Farbcode, mit dessen Hilfe Assoziationen ausgelöst werden. Wichtig bei der Farbwahl ist vor allem, dass die ausgelösten Erwartungen und Assoziationen mit den tatsächlichen Wahrnehmungen beim Konsum übereinstimmen, diese unterstützen und keineswegs konterkarieren – andernfalls kommt es zu Irritationen und zu Unzufriedenheit.

Auch die Form der Verpackung kann Erwartungen und Assoziationen beeinflussen, wobei diese vom kulturellen Hintergrund der untersuchten Personen bestimmt zu sein scheinen. So wurden beispielsweise zwischen

Formen und Grundgeschmacksarten assoziative Beziehungen nachgewiesen. Eckige und dünne Formen werden mit bitter und salzig verknüpft, sauer mit Eckigkeit und Asymmetrie, Süße dagegen mit runden und symmetrischen Formen mit Volumen.

Gewicht und Material einer Verpackung können gleichfalls die sensorische Wahrnehmung des Inhalts modulieren. Es konnte gezeigt werden, dass das Verpackungsmaterial für Teegetränke die sensorische Dimension süß, aber nicht sauer und bitter beeinflussen kann. Der Tee im Glasgebinde wurde süßer bewertet als derjenige in der gleich schweren Kunststoffverpackung. Alleine das Gewicht einer Flasche lässt uns unbewusste Rückschlüsse auf die Qualität des Inhalts machen. Ein Sekt in einer schweren, hochwertigen Flasche muss einfach besser sein als der in der leichten, fragil wirkenden Flasche.

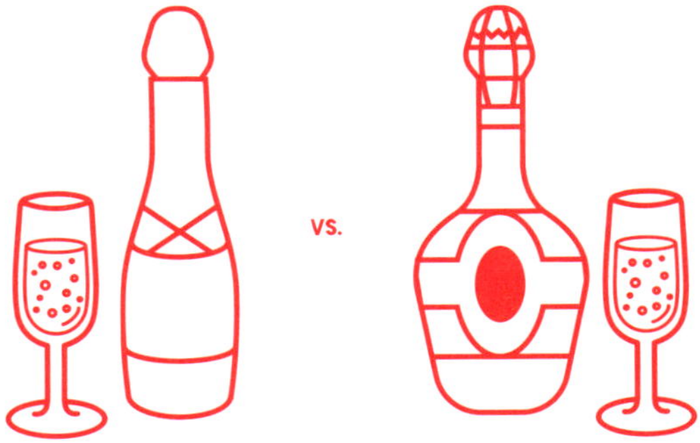

GENUSS

Wozu schmeckt uns das Essen eigentlich?

Bevor wir uns damit beschäftigen, wie es kommt, dass jedes Individuum seine speziellen Geschmacksvorlieben und -abneigungen hat, sollten wir uns der nicht unwichtigen Frage nach dem Zweck der Lust am Essen widmen. Wozu empfinden wir eigentlich so ein positives Gefühl, wenn uns etwas schmeckt, beziehungsweise so ein intensiv negatives, wenn wir uns davor ekeln? Aus einer biologischen Sicht verdanken wir das Wohlgefühl und die Lust, die wir verspüren, wenn wir gutes Essen und gute Getränke zu uns nehmen, der natürlichen Evolution, denn alle Tätigkeiten, die der Aufrechterhaltung von Leben dienen, werden von Lustgefühlen begleitet: Sexualität, Kommunikation, das Lösen von Rätseln, Spielen, die Wissenschaft, Kunst und last, but not least die Nahrungsaufnahme. Diejenigen Individuen, die eine durch die Lust verursachte starke Motivation zu diesen Tätigkeiten haben, haben einen Überlebensvorteil und wir sind Nachfolger solcher Individuen. Sexualität kann zu Nachwuchs führen und fördert damit das überindividuelle Leben. Kommunikation mit anderen erleichtert die Kooperation und damit das Überleben, Rätsel und Spiele üben uns in den Fähigkeiten des Problemlösens, was ebenfalls das Überleben fördert. Die Wissenschaft verbessert unser Verständnis von der Welt und ermöglicht uns so ein besseres Leben, außerdem ist allein der Erkenntnisgewinn ein lustvoller Akt. Die Kunst schließlich eröffnet uns neue Sichtweisen auf die Welt und erweitert damit unser Spektrum, die Welt zu begreifen und uns in ihr zurechtzufinden. Es liegt auf der Hand, dass Essen und Trinken Voraussetzungen des biologischen Lebens sind und damit selbstverständlich zu den lustbringenden Tätigkeiten zur Aufrechterhaltung von Leben zählen. Nach drei Tagen ohne zu trinken sind wir verdurstet, nach drei Wochen ohne zu essen verhungert.

Das Erstaunliche ist, dass für alle diese lebensfördernden Genüsse und Lustempfindungen sehr ähnliche Mechanismen im Gehirn aktiv werden, die alle mit dem Ausstoßen von Botenstoffen wie endogenen Opioiden und Neurotransmittern verbunden sind. Genuss ist nie nur eine Sache eines Organes, der Zunge oder der Nase beispielsweise, sondern immer ganz wesentlich eine des Gehirns. So, wie es ohne Gehirn keine sensorische Wahrnehmung gibt, so gibt es ohne Gehirn auch keinen Genuss.

Genuss am Essen und Trinken ist eine positive Motivation, lebensnotwendige Nährstoffe aufzunehmen. Der unmittelbare Zweck der Empfindung des Genießens ist, zu entscheiden, ob wir ein potentielles Lebensmittel überhaupt aufnehmen sollen oder lieber nicht. Wenn es so gut aussieht, riecht und schmeckt, dass wir es in den Mund nehmen, kauen und schlucken, hilft uns die Genussempfindung zu entscheiden, wie viel wir davon essen sollen. Der kulinarische Genuss ist ein evolutionär entwickeltes System zur Beurteilung der Nützlichkeit von Objekten als Lebensmittel. Die Information, die wir von diesem System erhalten, ist durch eine starke Verknüpfung mit Emotionen klar, einfach, lustbezogen und zu einem Verhalten auffordernd, im Fachchinesisch heißt das hedonisch-appellativ: „Iss es! Iss es nicht! Kau weiter! Hör auf! Schluck es! Schluck es nicht!" Während uns Genussempfindungen zu Nützlichem, zum Essen und Trinken anstiften, sind Ekel-Empfindungen dagegen Reaktionen, die der Abwehr von Schädlichem dienen. Es graut uns vor Verdorbenem, schlecht Riechendem und ekelhaft Aussehendem, sodass wir es mit einer typischen Gestik und Mimik abwehren.

Warum schmeckt nicht allen dasselbe?

Wie kommt es, dass jede Person seine eigenen Vorlieben und Aversionen hat? Meine Frau mag Zimt und Rosinen nicht, liebt aber Grießbrei, meine Tochter mag kein Fleisch, aber liebt Nudeln. Eine Kollegin hat erstaunlicherweise eine Aversion gegen alle roten Lebensmittel. Zufall? Gibt es dafür biologisch-genetische Ursachen oder ist es erlernt und anerzogen? Sowohl als auch.

Menschen werden mit nur wenigen Geschmacksvorlieben geboren. Neugeborene mögen Süßes und verabscheuen Bitteres und Saures, ansonsten sind sie ein weitgehend unbeschriebenes Blatt, was Präferenzen und Aversionen betrifft. Der überwiegende Teil unserer Präferenzen für Geschmäcker, Texturen, Gerüche und Flavours wird im Laufe des Lebens erst durch verschiedene Lernmechanismen erlernt. Dass Präferenzen und Aversionen durch Erfahrung erworben werden und nicht genetisch fixiert sind, ist durchaus sinnvoll, denn wir sind damit nicht eingeschränkt auf eine enge Bandbreite von Lebensmitteln, sondern können uns als Allesfresser flexibel an die aktuelle Lebensmittel-Umwelt anpassen. Wahrscheinlich ist diese Flexibilität auch ein wesentlicher Faktor für den Erfolg des Menschen – wir können uns am Nordpol ernähren, in feuchten Waldgebieten, in der Wüste, überall finden wir Essen, das uns ernährt und schmeckt. Die angeborenen Vorlieben und Abneigungen bilden also nur eine für alle Menschen relativ ähnliche Basis für eine bedarfsgerechte und sichere Steuerung der Ernährung, aber diese Basis wird durch Erfahrungen und Lernprozesse überformt und fächert sich in die bunte Welt der individuellen Vorlieben und Abneigungen auf. Doch bevor wir uns diesen Lernprozessen widmen, werfen wir einen Blick auf die angeborenen Präferenzen und Aversionen.

Welche Vorlieben und Abneigungen sind angeboren?

Der Ernährungspsychologe Paul Rozin sagt, dass bei der Ernährung des Menschen Sicherheit vorprogrammiert ist: „Eine sichere und schnelle Energiequelle ist bei süßen Lebensmitteln gegeben, während der Bittergeschmack mit riskanten Nahrungsmitteln verbunden ist." Süß löst bei Neugeborenen tatsächlich positive Reaktionen aus, während Bitter klare Ekel-Reaktion hervorruft. Jacob Steiner hat dazu in den 1970er Jahren berühmte Geschmacksversuche mit Neugeborenen gemacht. Er träufelte Neugeborenen Wasser mit verschiedenen Geschmacksstoffen in den Mund und beobachtete den resultierenden Gesichtsausdruck der Babys – siehe Abbildung 23. Süßer Geschmack ruft positive mimische Reaktionen hervor, das Baby wirkt entspannt und lächelt, wohingegen bitterer Geschmack zu

Ekel-Reaktionen führt: Der Mund wird aufgerissen und das Kind versucht offenbar, den bitteren Geschmack loszuwerden, indem es die Zunge angewidert herausstreckt. Idente mimische Reaktionen bewirken diese Geschmacksstoffe auch bei Kindern mit Anenzephalie (Fehlen großer Gehirnteile) und Hydrocephalus (Wasserkopf), bei blinden Jugendlichen und auch bei Kindern mit Trisomie 21. Diese Ergebnisse deuten darauf hin, dass die hedonische Geschmacksbeurteilung tief in den Basisstrukturen des Gehirns verankert ist, und die Ergebnisse der blinden Jugendlichen zeigen auch, dass die Reaktionen nicht durch Nachahmung erlernt werden, sondern automatisch erfolgen. Sophie Nicklaus aus Dijon konnte Steiners Ergebnisse in vielerlei Hinsicht erweitern, so zeigte sie beispielsweise, dass die heftigste Ekel-Abwehrreaktion von Neugeborenen nicht durch Bitter ausgelöst wird, sondern durch Sauer, und ein Bitterstoff, nämlich Harnstoff, löst gar keine Ekel-Reaktion aus. Warum Ekel bezüglich Saures? Nicklaus erklärt das damit, dass für Neugeborene ein saurer Geschmack des Fruchtwassers große Gefahr bedeutet. Es liegt bei saurem Fruchtwasser eine lebensbedrohliche Situation wahrscheinlich durch eine Infektion vor und daher reagiert das Baby bei niedrigen Sauer-Intensitäten mit dem typischen verzwickten Gesicht und bei höheren Sauer-Intensitäten mit klar abwehrenden Stress- und Ekel-Reaktionen. Aber warum löst der bittere Harnstoff keine Ekel-Reaktionen aus? Die Antwort liegt womöglich darin begründet, dass das ungeborene Kind ab einem gewissen Entwicklungsstand vom Fruchtwasser trinkt und seinen Harn in das Fruchtwasser ausscheidet. Im Harn ist neben vielen anderen Substanzen auch der bittere Harnstoff enthalten, den das Ungeborene über das getrunkene Fruchtwasser immer wieder trinkt und damit auch schmeckt. Offenbar lernt das Kind damit sehr früh, dass dieser Bitterstoff keine Gefahr bedeutet, sondern alltägliche Normalität.

Abbildung 23: Mimische Reaktionen auf Geschmacksreize (nach J. Steiner)

Die Sinneswahrnehmungen eines Neugeborenen sind also nicht seine ersten. Bereits vor der Geburt schmeckt und riecht das Kind im Mutterleib. Es trinkt regelmäßig Fruchtwasser, das aufgrund der Inhaltsstoffe auch einen gewissen Geschmack hat. Ein Versuch, der aus ethischen Gründen heute nicht mehr möglich ist, wurde in den 1940er Jahren gemacht. Man injizierte Süßstoff in das Fruchtwasser im 7. Monat schwangerer Frauen und beobachtete das Trinkverhalten der ungeborenen Kinder. Sie ahnen es bereits: Das plötzlich süß schmeckende Fruchtwasser schmeckte den Ungeborenen dermaßen gut, dass sie das Mehrfache der Normalmenge tranken – bis zu zwei Litern täglich. Zu diesem Zeitpunkt hatten die Babys offenbar schon eine ausgeprägte Liebe zu Süßem. Diese Vorliebe könnte genetisch verankert sein, aber es könnte auch sein, dass das ungeborene Kind durch das Ess- und Trinkverhalten der Mutter im Fruchtwasser bereits gelernt hat, dass Süß etwas Gutes bedeutet. Die positiven Reaktionen der Mutter auf Süßes könnten von ihrem Kind übernommen worden sein. Ob die Süß-Präferenz also genetisch bedingt ist oder nicht, kann nicht abschließend entschieden werden, aber es ist wahrscheinlicher, dass eine genetische Disposition vorliegt. Darauf lassen auch manch andere Beobachtungen schließen wie zum Beispiel die Reaktion von Menschen, die erstmals mit Zucker und reiner Süße konfrontiert waren. Die Inuit beispielsweise kannten Zucker nicht und waren hellauf begeistert, als sie ihn zum ersten Mal durch den Kontakt mit den Europäern erhielten.

Die mimische Reaktion der Babys ist stark von der Konzentration der Geschmacksstoffe abhängig. Bei Salzig, Sauer und Bitter ist relativ rasch eine Konzentration erreicht, die zu negativen Reaktionen führt, aber man kann bei Neugeborenen doch erkennen, dass sie bei sauer, salzig und bitter bei weitaus niedrigeren Konzentrationen mit einer negativen Mimik antworten als Erwachsene. Gary Beauchamp zeigte 1986, dass Säuglinge unmittelbar nach der Geburt keine Präferenz für salzige Lösungen gegenüber reinem Wasser haben. Salzige Lösungen schmecken Babys erst ab einem Alter von vier Monaten und gesalzene Speisen erst ab 24 Monaten. Solche Entwicklungen der Präferenz für einen Grundgeschmack über die Zeit hin sind die

Regel. Die Vorliebe für Süßes ist nicht über die gesamte Lebensspanne gleich stark ausgeprägt, sondern hat in der frühen Kindheit, bei Jugendlichen und im hohen Alter Höhepunkte. Man interpretiert die Süß-Präferenz-Maxima in Kindheit und Jugend als eine automatische Erhöhung der Süß-Präferenz und damit der Kohlenhydrat- und Energiezufuhr, die die Energie für eine Wachstumsphase zur Verfügung stellen soll. Und bei älteren Menschen könnte die hohe Süß-Präferenz auf die Degeneration des Geschmackssinns zurückzuführen sein, die bewirkt, dass mehr süße Kohlenhydrate aufgenommen werden, was wiederum mehr Energie und Widerstandskraft bei etwa auftretenden Erkrankungen und damit einen Vorteil liefert.

Auch die Bitter-Aversion ist einer deutlichen Entwicklung über die Lebensjahre hin unterworfen. Die angeborene Ablehnung hält meist über die erste Lebenszeit und wird erst langsam durch den dauernden Kontakt mit bitteren Lebensmitteln aufgeweicht. Vor allem, wenn Jugendliche sich vor ihren Freunden bewähren müssen, werden bittere Lebens- und Genussmittel wie Kaffee oder Bier öfter konsumiert. Es beginnt ein Gewöhnungsprozess, der die angeborene Abneigung überwindet: Bitteres muss nicht unbedingt für Giftiges stehen, es kann interessante Geschmackserlebnisse bieten …

Ungeborene Kinder nehmen nicht nur Grundgeschmacksarten wahr, sondern auch Duftstoffe, die im Fruchtwasser enthalten sind. Damit beschäftigte sich eine berühmte Studie von Benoist Schaal aus dem Jahr 2000. Ihre Botschaft wird schon im Titel klar formuliert: „Human Foetuses Learn Odours from their Pregnant Mother's Diet." In dieser Studie wurden werdende Mütter in zwei Gruppen geteilt, die eine Gruppe musste

Anis-Produkte in den letzten 15 Tagen vor dem erwarteten Geburtstermin essen (Bonbons, Kekse, Sirup), die andere musste Anis-Produkte vollständig meiden. Nach der Geburt der Kinder wurden die Kinder am Tag 1 und Tag 4 untersucht, indem man ihnen Anis-Aroma auf Wattebäuschen vor die Nase hielt und beobachtete, wie sie auf den Geruch reagierten. Das Ergebnis war sehr eindeutig. Die Kinder der Anis-Gruppe zeigten eine stabile Vorliebe für Anis, indem sie sich dem Geruch zuwendeten und dabei ein entspanntes Gesicht machten und die Kinder der Kein-Anis-Gruppe zeigten entweder eine klare Aversion gegen den Geruch oder waren neutral. Diese Studie hat erstmals klar bewiesen, dass die Ernährungsweise der Mutter die Geruchspräferenzen Neugeborener bestimmt. Wie langlebig diese früh erlernten Vorlieben sind, ob die Kinder der Anis-Gruppe also lebenslang mit einer Anis-Vorliebe leben müssen oder diese Beeinflussung nur ein paar Monate oder Jahre hält, ist noch nicht geklärt.

Voraussetzung dafür, dass ein Ungeborenes pränatal lernen kann, sind ein entsprechend ausgereiftes Gehirn und ausgebildete Sinnessysteme. Die ersten Geschmacksknospen werden schon in der 8. Schwangerschaftswoche ausgebildet, die Riechkolben entstehen in der 20. Woche und ab der 32. Woche zeigt das Ungeborene schon Reaktionen auf Geschmacksänderungen. Riechen und Schmecken sind ab dem 7. Schwangerschaftsmonat möglich und daher können pränatale Lernprozesse auch schon ab diesem Alter erfolgen. Vorher kann die werdende Mutter essen, was sie will, das Kind wird dadurch nicht nachhaltig in seinen Präferenzen beeinflusst werden. Danach aber sollte sie vorsichtig sein – will sie ein Kind mit einer Vorliebe für Vanille-Ketchup oder für Perigord-Trüffel?

Essen wir, was uns schmeckt oder schmeckt uns, was wir essen?

Auch in der Phase des Stillens und Fütterns mit Zusatznahrung lernen Kinder, was ihnen schmeckt. Die Anis-Studie lässt Sie sicher bereits ahnen, dass auch die Geschmacks- und Aromastoffe von Muttermilch und

Zusatznahrung nicht unerheblich sind für die Entwicklung von sensorischen und kulinarischen Vorlieben. Es ist tatsächlich so, dass viele Geschmacks- und Aromastoffe, die die Mutter über ihre Nahrung aufnimmt, in die Muttermilch übergehen, sodass das Baby sie wahrnimmt und schätzen lernt. Allein die mehrmalige Konfrontation genügt, um eine höhere Akzeptanz eines Flavours zu erzielen, das heißt sowohl im Mutterleib als auch außerhalb des Mutterleibs lernen Kinder mit Hilfe dieses Effekts. Man bezeichnet ihn allgemein als *Mere Exposure*-Effekt und im sensorischen Bereich als *Liking by Tasting*-Effekt. Robert Zajonc hat diesen Effekt 1969 entdeckt und er lässt sich kurz in einem Satz beschreiben: Das Bekannte ist angenehmer als das Unbekannte. Dieses weithin wirksame Phänomen führt dazu, dass wir Lebensmittelvorlieben allein durch Kontakt und Erfahrungen mit ihnen und den damit verbundenen sensorischen Wahrnehmungen ausbilden. Leann Birch hat diesen Effekt bei zwei- bis fünfjährigen Kindern nachgewiesen, denen neuartige Früchte bis zu 15mal zum Essen geboten wurden. Eine Gruppe durfte die Früchte nur anschauen, die andere sie anschauen und kosten. Das Aussehen wurde umso besser beurteilt, je häufiger die Früchte gesehen oder gesehen und gekostet worden waren. Der Geschmack jedoch wurde nur besser beurteilt, wenn die Frucht nicht nur gesehen, sondern auch tatsächlich gekostet worden war. Das heißt eine Geschmackspräferenz wurde nur entwickelt, wenn auch wirklich gekostet worden war. Bei Kindern sagt man, dass spätestens ab einer sechsmaligen Darreichung eines neuen Lebensmittels, der Liking by Tasting-Effekt zu greifen beginnt und es langsam mehr gemocht wird. Man darf also, wenn das eigene Kind den noch nie geschmeckten Karottenbrei ablehnt, nicht gleich aufgeben, sondern sollte ihn hartnäckig mehrmals zum Probieren geben. Nur durch solche Hartnäckigkeit gelingt es, eine angeborene Ablehnung von neuartigen sensorischen Eindrücken, die sogenannte Neophobie, zu überwinden. In den Volksmund ist das Prinzip der Neophobie eingegangen als „Was der Bauer nicht kennt, isst er nicht" und das deutet an, dass auch manche Erwachsene noch stark von der Ablehnung des Neuen geprägt sind. Neophobe Neigungen sind sehr unterschiedlich stark ausgeprägt. Die meisten Menschen sind als kleines Kind neophob, aber manche nur sehr schwach und das sind dann wahrscheinlich diejenigen, die rasch sehr viel Spaß am Ausprobieren neuer Eindrücke haben. Übrigens wirkt der Liking by Tasting-Effekt nicht nur bei kleinen Kindern, sondern auch bei Erwachsenen. Patricia Pliner hat beispielsweise Versuche mit Studierenden angestellt und ihnen mehrmals neuartige Säfte zum Kosten gegeben. Das Ergebnis abschließender Beliebtheitstests mit den Säften war eindeutig: Diejenigen Säfte, die schon einmal geschmeckt worden waren, schnitten deutlich besser ab als die gänzlich neuen.

Das Essen eines Lebensmittels bewirkt also über den Liking by Tasting-Effekt, dass wir dieses Lebensmittel langfristig betrachtet besser beurteilen, es stärker präferieren als nicht gegessene. Der Liking by Tasting-Effekt sorgt damit langfristig für ein stabiles Essverhalten und auch für eine gewisse Kontinuität über Generationen hinweg über Generationen hinweg. Ernährungspsychologen schätzen die Wirkmächtigkeit des Liking by Tasting-Effekts so hoch ein, dass sie sagen: „Wir essen nicht, was uns schmeckt, sondern es schmeckt uns, was wir essen.“ Diese völlige Umkehrung der alltäglichen Argumentation, dass wir einfach essen, was uns schmeckt, wird manchmal auch als kopernikanische Wende in der Ernährungspsychologie bezeichnet, und ist vielleicht besser zu akzeptieren, wenn man formuliert: „Wir essen nicht, was uns schmeckt, sondern es schmeckt uns, was wir zu essen gelernt haben.“

Wie lernen wir über Assoziationen Lebensmittel zu lieben?

Wir haben gesehen, dass von Geburt an süß positiv und bitter negativ besetzt sind. Gerüche jedoch werden von Neugeborenen fast immer weder positiv noch negativ bewertet, sie lernen erst langsam, manche Gerüche zu mögen und andere abzulehnen. Ein bedeutender Lernprozess in der hedonischen Bewertung von Gerüchen ist das assoziative Lernen. Die mehrfache Paarung eines unbekannten Geruchsreizes mit einem bekannten Geschmack führt dazu, dass der Geruch den hedonischen Wert des Geschmacks übernimmt. Wenn man also beispielsweise das Kaffeearoma mit der Süße des Zuckers kombiniert, erhält das Kaffeearoma eine positive hedonische Bewertung. Dieses Lernen erfolgt gänzlich ohne Bewusstsein, es passiert ohne unser bewusstes Zutun und meist wissen wir daher nicht, warum wir diese oder jene Präferenz oder Aversion erworben haben. Kohlenhydrate wie z.B. Zucker sind nicht nur süß, sondern liefern auch Energie, im Gegensatz zu vielen künstlichen Süßstoffen wie Saccharin oder Cyclamat, die nur süß sind. Wenn man nun ein Aroma mit süßem und zugleich energieliefernden Zucker paart, erhöht sich die Präferenz rascher für das Aroma, als wenn es nur mit einem energielosen Süßstoff gepaart wird. Die Energie wirkt also über den süßen Geschmack hinaus zusätzlich die Präferenz erhöhend. Das Aroma neuer Lebensmittel wird somit rascher akzeptiert, wenn es auch Kalorien enthält und nicht nur guten Geschmack. Könnte es sein, dass mancher Energydrink ohne die große Zuckermenge nicht so ein unvergleichlicher Markterfolg geworden wäre?

Nicht nur Kohlenhydrate, sondern auch energieliefernde Fette und Proteine verstärken den Lerneffekt. Insgesamt scheinen Lebensmittel mit hoher Energiedichte für Mensch und Tier eine besondere Attraktivität zu haben. Robert Bolles zeigte das, indem er Ratten zuerst mit kalorienreichem Futter mit Geschmackstoff A fütterte, ihnen dann kalorienarmes Futter mit Geschmack B gab und abschließend zwei idente Futtervarianten vorsetzte, die sich nur im Geschmack – A oder

B - unterschieden streichen. Die Ratten entschieden sich klar für das Futter mit Geschmack A hier streichen, von dem sie gelernt hatten, dass er mit hoher Energiedichte einhergeht. So lernen auch wir Menschen ganz nebenbei im Alltag das sensorische Profil hochkalorischer Speisen zu schätzen – meist reich an Fett und Zucker wie Schokolade, Torte, Desserts – mit den leider oft problematischen Folgen in unserer Körpermitte. Milchschokolade, dessen Kalorien hauptsächlich vom Fett (55 Prozent) kommen und nicht vom Zucker, ist geradezu ideal, um eine Vorliebe für Kakao-Aroma zu erzeugen, aber im Grunde kann man mit so viel Fett und Zucker eine Vorliebe für fast jedes Aroma erzeugen. Auch Alkohol in Bier und Wein ist Energielieferant und wirkt so verstärkend auf die Entstehung einer Aroma-Vorliebe. Diese Fähigkeit der Energie, die Beliebtheit eines Aromas zu verstärken, ist vor allem dann sehr effektiv, wenn wir hungrig sind, denn dann ist Energie besonders wichtig für den Körper. Das ist auch der Grund, warum abzuraten ist, Schokolade oder ähnliche Lebensmittel zu essen, wenn man hungrig ist, denn damit erhöht man die Vorliebe für das energiedichte Lebensmittel noch weiter.

Das Lernen von Assoziationen zwischen Energiegehalt und Aromen und Geschmäckern passiert im alltäglichen Leben permanent, aber neben dem Energiegehalt können auch andere Aspekte mit dem Geschmack, dem Geruch assoziativ verknüpft werden. Vor allem der gesamte Kontext des Verzehrs des Lebensmittels kann über solche Assoziationen die Entwicklung von Präferenzen beeinflussen. Wir essen in einem mehr oder weniger angenehmen sozialen Kontext (Familie, Freunde, Arbeitskollegen), einem physiologischen Kontext (Hunger, Krankheit), einem architektonischen Ambiente oder einem emotionalen Kontext, der sich auf die Präferenz des Lebensmittels überträgt. Um ein persönliches Beispiel zu bringen: Ich war früher kein großer Fan von Campari, er schmeckte für mich eher wie ein Mundspülmittel. Aber meine Frau trinkt ihn gern im Sommer und so habe ich Campari in Situationen wie abends nach der Arbeit, im Urlaub am Strand oder im Café am Sonntag mitgetrunken und siehe da, inzwischen hat sich Campari für mich mit überaus angenehmen, entspannten Sommer-Situationen verknüpft, sodass ich meine leichte sensorische Aversion durch assoziatives Lernen völlig überwunden habe. Glück gehabt!

Wie lernen wir Lebensmittel zu hassen?

Die konditionierte Aroma-Aversion oder das Geschmacksaversionslernen ist ein Lernprozess, der sehr intensiv zur Entstehung von Geschmacks- und Lebensmittel-Aversionen beiträgt, und meistens sind wir uns der Entstehungsgeschichte solcher Aversionen nicht bewusst. Das Prinzip des Geschmacksaversionslernens hat man schon 1966 bei Ratten beobachtet. Man gab den Ratten Zuckerwasser, das sie sehr lieben, und hat ihnen unmittelbar danach Lithiumchlorid gespritzt, das Übelkeit bei ihnen verursachte. Es wurde den Ratten also schlecht, nachdem sie ihr geliebtes Zuckerwasser geschleckt hatten. Das Ergebnis der Versuche war, dass die Ratten innerhalb kurzer Zeit eine Aversion gegen Zuckerwasser entwickelten. Ähnliches beobachtete man in den 1970er Jahren bei krebskranken Kindern, denen man vor der Chemotherapie Eiscreme zu essen gegeben hatte. Sie entwickelten tatsächlich eine Aversion gegen das geliebte Eis. Was passiert hier bei Ratten und Menschen? Offenbar macht unser Wahrnehmungssystem ein Lebensmittel für die später auftretende Übelkeit verantwortlich und senkt seinen Wohlgeschmack bis hin zu Abneigung und Ekel, sodass wir es nicht mehr essen wollen. Interessanterweise treten solche konditionierten Aversionen nur bei Magen-Darm-Erkrankungen auf und nicht bei anderen Symptomen wie Atemnot oder Hautauschlägen.

Das Geschmacksaversionslernen ist also ein Lernmechanismus, der uns davor schützen soll, Lebensmittel zu essen, die unserer Verdauung Probleme machen. In dieser Funktion ist es durchaus hilfreich, aber manchmal kommt es zu Irrtümern, denn es werden Lebensmittel für eine Übelkeit verantwortlich gemacht, die in Wahrheit gar nicht die Ursache für die Übelkeit waren und die wir dann aber trotzdem nicht mehr mögen. Der berühmte Psychologe Martin Seligman hat das als abergläubisches Konditionieren bezeichnet, welches in die Literatur auch als *Sauce Béarnaise Phänomen* eingegangen ist. Seligman erzählte dazu folgende persönliche Geschichte: Eines Tages geht er mit seiner Frau in die Oper, Richard Wagner. Vor der Oper geht man auf einen Aperitif, danach Abendessen in ein hübsches Lokal. Seligman isst unter anderem ein köstliches Stück Fleisch mit cremiger Sauce Bérnaise, die beiden trinken noch etwas Wein und der Abend geht angenehm zu Ende. Am nächsten Tag aber leidet Seligman unter starker Übelkeit, Erbrechen und Durchfall. Sein erster Gedanke ist: Diese elende Sauce Bérnaise, sie war sicher verdorben und bereitet mir diese Zustände, ekelhaftes Zeug. Seligman macht nicht Wagners Musik für seine Übelkeit verantwortlich, nicht den Wein und auch nicht seine Frau, sondern es ist ihm sofort klar, dass die Sauce Béarnaise Verursacher seines Zustands sein muss. Er ruft an seiner Uni an, dass er unmöglich heute kommen könne, er habe sich den Magen verdorben. Was antwortet man ihm aber? Kein Problem, das halbe Institut wäre krank mit den gleichen Symptomen, offenbar ein Virus, den sich alle eingefangen haben. Ein Virus war also die Ursache seines Zustands und trotzdem konnte Seligman ab diesem Zeitpunkt keine Sauce Béarnaise mehr essen, er ekelte sich davor. Er wusste, dass sie sehr sicher nicht die Ursache seiner Erkrankung war, aber trotzdem machte sein Unbewusstes die Sauce für seine Übelkeit verantwortlich und ließ sie ihm ab sofort ekelhaft erscheinen. Was lernen wir aus dieser Geschichte? Die Ursache-Wirkungskette, die unser Unbewusstes konstruiert, muss nicht stimmen, aber wir können uns nicht gegen die Folgen einer irrtümlichen Verknüpfung, nämlich das Absinken der Beliebtheit des betroffenen Lebensmittels, wehren. Und kommt es nicht – vor allem in der Kindheit – sehr häufig vor, dass uns aus irgendeinem Grund ein bisschen schlecht ist, wir Durchfall haben oder gar erbrechen müssen? Das muss nichts mit den zuvor gegessenen Lebensmitteln zu tun haben, aber unser Unbewusstes verknüpft manchmal die Übelkeit mit einem Lebensmittel, das wir in den letzten 24 Stunden zuvor gegessen haben, und wir haben schon eine Aversion erworben.

Wie lernen wir sensorisch durch Veränderungen im Ernährungszustand?

Weitere sehr wichtige Lernprozesse, die auf unser Präferenzen und Aversionen Einfluss nehmen, geschehen, wenn es nach dem Essen eines Lebensmittels zu spürbaren Veränderungen im Ernährungszustand kommt. Paul Rozin zeigte solche Lerneffekte am Beispiel von Ratten. Seine Ratten erhielten eine Diät ohne das Vitamin Thiamin und Rozin beobachtete, welche Futterart die Ratten nach einer längeren Zeit mit dieser thiaminfreien Diät wählen würden. Geboten wurden zwei Futtervarianten, die sich bis auf das Thiamin nicht unterschieden. Und tatsächlich haben die Ratten, obwohl sie Thiamin sensorisch nicht wahrnehmen können, die thiaminhaltige Futtervariante gewählt. Offenbar bewirkt die thiaminhaltige Futtervariante rasch ein besseres Wohlbefinden und sie bleiben daher bei dieser Variante. So ein spezifischer Hunger nach einem Nährstoff ist nicht für alle Nährstoffe erzeugbar, was man aber bei Tierversuchen immer wieder beobachtet, ist, dass die Tiere das Futter ohne einen bestimmten wichtigen Nährstoff, das damit Unwohlsein erzeugt, zu meiden versuchen.

Lässt man Ratten sich selbst über Selbstbedienung füttern, sind sie durchaus in der Lage, ihren Nährstoffbedarf gut abzudecken – unbewusst. Kann das auch der Mensch? Die amerikanische Kinderärztin Clara Davis publizierte dazu zwischen 1928 und 1939 Versuche, die heute Probleme mit der Ethikkommission hätten und wohl nicht mehr durchgeführt werden könnten. Sie untersuchte 15 sechs bis elf Monate alte Kinder, die von der Mutterbrust schon entwöhnt waren, indem sie ihnen verschiedene Lebensmittel zu freien Auswahl gab. Ein Horrorszenario für Kontroll-Eltern! Die Kinder haben mehr oder weniger lange nur von einem einzigen Lebensmittel gegessen, aber nach einer bestimmten Zeit damit aufgehört und zu einem nächsten gegriffen. Über eine längere Zeit hin betrachtet haben sich die Kinder ausgewogen ernährt und gut entwickelt. Diese Ergebnisse wurden dahingehend interpretiert, dass es zumindest im frühen Leben eines Menschen so etwas wie eine angeborene Ernährungskompetenz gibt. Einschränkend muss allerdings erwähnt werden, dass das Süßeste in Davis' Auswahlmöglichkeiten Milch und Früchte waren. Es gab keine Schokolade oder ähnliche stark schmeckende Lebensmittel. Will man diese Strategie im wirklichen Leben einsetzen, braucht man starke Nerven. Wie lange will das Kind noch den einen Brei essen? Wann greift es endlich zur Milch oder zu Früchten? Ich muss gestehen, dass ich diese Strategie bei meinem Sohn ausprobiert habe, der eine relativ starke Neophobie zeigte und eine starke Präferenz für Fleisch und Fleischprodukte hatte. Es war tatsächlich so, dass er einige Zeit nur seine Lieblingsspeise Würstchen essen wollte, und ich habe mir schon Sorgen um seine Gesundheit und meine Verantwortungslosigkeit gemacht, aber plötzlich von einem Tag auf denen anderen waren die protein- und fettreichen Würstchen kein Thema mehr und er ist auf kohlenhydratreiche Nudeln umgeschwenkt. Es scheint tatsächlich zu funktionieren! Mein Sohn hat sich prächtig entwickelt und ist mir schon über den Kopf gewachsen.

Wie lernen wir durch Nachahmung?

Sie kennen sicher die Situation, wo eine Mutter oder ein Vater seinem Baby einen Brei füttert und bei jedem Löffel selbst den Mund aufmacht, um das Baby zum Essen zu animieren. Mund auf! Und, ja ist das gut. Mhm! Und das Baby macht mit, öffnet den Mund und ahmt die positive Mimik nach. Offenbar haben Babys ein ausgeprägtes Imitationsverhalten, sie lernen durch Beobachtung und Nachahmung ihrer Umwelt. Die soziale Umwelt sind zuerst natürlich die Mutter, der Vater, die Erziehungsberechtigten, aber je älter sie werden, desto größer wird der Personenkreis, von dem sie lernen. Das Nachahmungsverhalten bezieht sich auch auf Essen und Trinken. Schon 1945 konnte das Sibylle Escalona zeigen. Sie untersuchte Babys von Frauen, die eine Haftstrafe in Besserungsanstalten in Massachusetts verbüßen mussten. Die Babys waren eine Zeit in Kindertagesstätten bei einer Betreuerin und dann wieder bei ihrer Mutter. Die Beobachtung, die sie machte war, dass die Kinder ihre Vorliebe für Orangen- oder Tomatensaft nach der Vorliebe der jeweiligen Betreuerin richteten, sie also nachahmten. Durch die Nachahmung lernen Kinder, was essbar ist, was wohl schmeckend ist, wie man etwas isst und zu welcher Gelegenheit.

Warum haben wir manche Lebensmittel einfach satt?

Wenn wir von einem Lebensmittel mit einem bestimmten Geschmack essen so viel wir wollen, kann es leicht vorkommen, dass wir nach einer gewissen Menge genug davon haben, obwohl wir noch Hunger verspüren. Mit Genuss essen wir nur weiter, wenn wir andere, sensorisch unterschiedliche Lebensmittel essen können. Diesen Antriebs- und vor allem Genussverlust bezeichnet man als sinnesspezifische Sättigung. Interessanterweise wird dieser Effekt auch gefunden, wenn die Speisen nur gekaut und nicht geschluckt werden. Auch die bewusste Erinnerung daran, dass man ein Lebensmittel schon mehrmals gegessen hat, ist nicht unbedingt nötig, um die Genussreduktion auszulösen, wie Untersuchungen an Patienten mit Gedächtnisverlust gezeigt haben. Interessant ist natürlich, wie sehr die sinnesspezifische Sättigung beeinflusst, wie viel wir essen und die Richtung ist klar: Wenn ein Lebensmittel allein gereicht wird, wird weniger gegessen, als wenn es mit mehreren anderen Lebensmitteln serviert wird. Geschmacksvielfalt am Teller führt dazu, dass wir mehr essen als bei Geschmacksmonotonie. Auch am Buffet kann das beobachtet werden. Menschen essen signifikant mehr, wenn sie am Buffet die Auswahl zwischen vielen unterschiedlichen Speisen haben. Hier kann natürlich auch Neugierde als positiver Antrieb wirken, mehr zu essen, aber auch die Vermeidung des unangenehmen Gefühls der Langeweile könnte relevant sein.

Die sinnesspezifische Sättigung ist mit der Alliästhesie verwandt. Die Alliästhesie bezeichnet das Phänomen, dass sensorische Reize je nach Zustand des inneren Milieus einer Person, beispielsweise dem Sättigungs- oder Hunger-Zustand, angenehme aber auch unangenehme Empfindungen auslösen können. Ein Lebensmittel kann bei Hunger hervorragend schmecken, wenn man aber satt ist, schmeckt es gar nicht mehr so gut. Alliästhesie beschreibt allgemein etwas, das auch im volkstümlichen Spruch

„Hunger ist der beste Koch" angesprochen wird oder in der berühmten Anekdote von Tante Joleschs Krautfleckerl, deren Erfolgsgeheimnis keine besondere Zutat oder eine spezielle Form der Zubereitung war, sondern die Tatsache, dass es einfach immer zu wenig davon gab.

Im Allgemeinen gilt nach der Alliästhesie, die vom französischen Sinnesphysiologen Michel Cabanac 1968 erstmals beschrieben worden war, dass ein Reiz, der das innere Milieu verbessern kann, als angenehm empfunden wird, wohingegen ein Reiz, der das innere Milieu verschlechtert, als unangenehm oder sogar schmerzhaft empfunden wird. Was trägt die sinnesspezifische Sättigung zur Aufrechterhaltung eines optimalen inneren Milieus bei? Die sinnesspezifische Sättigung führt dazu, dass wir uns nicht von einem einzigen Lebensmittel, einer einzigen Speise ernähren, sondern uns abwechslungsreich unterschiedlich zusammengesetzte Lebensmittel zuführen, die in Summe alle nötigen Nährstoffe liefern können. Damit trägt die sinnesspezifische Sättigung ganz im Sinne der Alliästhesie dazu bei, dass das innere Milieu unseres Organismus sich in einem guten Zustand befindet.

Neben der Alliästhesie werden auch die Gewöhnungseffekte der Habituation und Adaptation mitunter als die allgemeinen Prinzipien bezeichnet, die der sinnesspezifischen Sättigung zugrunde liegen. Habituation und Adaptation führen zu einer reduzierten Wahrnehmungsintensität bei wiederholter oder längerer Exposition mit einem Reiz, sie werden im Kapitel Psychophysik näher diskutiert.

Die Dramaturgie des Genießens nach Wilhelm Busch

Die Lust am Essen folgt wie viele andere Lustarten einer Dramaturgie, die in einer Episode von Wilhelm Buschs „Max und Moritz" gut beschrieben wird. Je intensiver diese Phasen des Genusses verwirklicht sind, desto zufriedener fühlen wir uns und empfinden das ganze Glück des Schmeckens. Es fängt damit an, dass Max und Moritz aufs Dach klettern und durch den Schornstein Hühner in der Pfanne schmurgeln sehen:

Durch den Schornstein mit Vergnügen / Sehen sie die Hühner liegen, / Die schon ohne Kopf und Gurgeln / Lieblich in der Pfanne schmurgeln.

Wahrscheinlich läuft den beiden dabei schon das Wasser im Munde zusammen und eine gewisse Erwartungshaltung, wie gut die Hühner nicht schmecken werden, baut sich auf. Diese Phase ist eine der Vorfreude, des Begehrens und des Habenwollens. Darauf folgt eine Aktivierungsphase, Max und Moritz tun aktiv etwas dafür, um das Objekt ihrer Begierde zu erreichen: *Max hat schon mit Vorbedacht / Eine Angel mitgebracht. / Schnupdiwup! Da wird nach oben / Schon ein Huhn heraufgehoben; / Schnupdiwup! Jetzt Numro zwei; / Schnupdiwup! Jetzt Numro drei; / Und jetzt kommt noch Numro vier: / Schnupdiwup! Dich haben wir!*

Ihre Anstrengungen führen zum Erfolg, sie essen und erleben oralen Genuss, die Lust am Lebensmittel, den Spaß am Essen. Daran schließt eine Phase der Entspannung an, Max und Moritz fühlen sich behaglich und zufrieden, sie sind satt und vielleicht etwas müde: *Max und Moritz im Verstecke / Schnarchen aber an der Hecke, / Und vom ganzen Hühnerschmaus / Guckt nur noch ein Bein heraus.* (Wilhelm. Busch: „Max und Moritz. Eine Bubengeschichte in sieben Streichen“, 1865)

Die Dramaturgie des Genießens nach David Kahneman

Eine andere Betrachtung der Dramaturgie von Speisen erlauben die Erkenntnisse des Nobelpreisträgers David Kahneman. Er hat Untersuchungen zur hedonischen Bewertung von Ereignissen angestellt und herausgefunden, dass man unterscheiden muss zwischen der rückblickend-erinnernden Beurteilung des Ereignisses und der laufenden Beurteilung des Ereignisses während seines Verlaufes. Konkret untersuchte er ein unangenehmes, schmerzhaftes Ereignis, nämlich eine rektale Darmuntersuchung. Er hat dabei die Testpersonen einerseits während der Untersuchung laufend bewerten lassen, wie stark der Schmerz im Moment war, und andererseits eine Bewertung des erinnerten Schmerzes nach der

Untersuchung abgefragt. Man würde glauben, je mehr Schmerzen man erlebt hat, desto intensiver bewertet man auch den erinnerten Schmerz. Tatsächlich aber fand Kahneman, dass die rückblickende Bewertung unabhängig davon war, wie lange die Untersuchung gedauert hat (Duration Neglect), und dass sie im Wesentlichen vom maximalen Schmerz während der Untersuchung und dem Schmerz am Ende der Untersuchung bestimmt war (Peak-End-Regel) und nicht von der Summe der erfahrenen Schmerzen. Gelten diese Regeln auch bei der Beurteilung von Speisen oder Speisenfolgen? Nicht in ihrer Schmerzhaftigkeit natürlich, sondern in ihrem Wohlgeschmack? Das hat Elizabeth Rode untersucht und konnte Kahnemans Ergebnisse teilweise bestätigen. Sie fand, dass die Dauer eines Essens und die Größe einer Speise keinen Einfluss auf den erinnerten Genuss haben. Von etwas Gutem genügt demnach auch eine kleine Menge, sie hat den gleichen Einfluss auf den erinnerten Genuss wie eine große Menge. Auch ein kurzer Genuss wird positiv erinnert. Rode konnte aber nur einen schwachen Peak-End-Effekt und einen nur schwachen Effekt des Anfangs der Speisenfolge finden. Auffällig war dagegen, dass der erinnerte Genuss stark beeinflusst war vom Verlauf des Wohlgeschmacks der Speisen. Diejenigen Speisenfolgen, bei denen es einen Anstieg im Wohlgeschmack gab, wurden positiver erinnert als die Speisenfolgen mit fallendem Wohlgeschmack. Die Größe der Speisen ist nicht wichtig – OK, diese Erkenntnis ist vor allem in hochpreisigen Schickimicki-Restaurants schon lange angelangt. Man kann auch viele kleine Speisen, Gänge und Zwischengänge reichen. Der Wohlgeschmack sollte aber eine ansteigende Tendenz aufweisen, das heißt, gegen Ende sollten die Speisen besser schmecken als am Anfang. Vielleicht krönt man deswegen das Ende einer Speisenfolge mit einem extravaganten Dessert oder einem komplexen Süßwein.

Das Begehren und das Genießen

Hirnphysiologisch können zwei grundlegende Lustprozesse unterschieden werden, die wir auch schon bei Wilhelm Busch gefunden haben: das „Wanting“ und das „Liking“. Beide sind notwendige Bestandteile eines vollständigen hedonischen Glücks. Das Wanting beschreibt den vorgelagerten, vorhersagenden Teil des Belohnungsprozesses. Wir erkennen ein Objekt der Begierde und erwarten eine Belohnung, wenn wir es für uns gewinnen. Das motiviert uns, etwas zu tun, um das Objekt der Begierde zu erreichen. Im Laufe unserer kulinarischen Sozialisation lernen wir, die richtigen Hinweismerkmale für einen Genuss beim Essen zu erkennen. Solche Merkmale bestimmen den Motivationswert, also wie intensiv wir das Lebensmittel haben wollen. Ein besonders reifer, schön glänzender Apfel verspricht höchsten Genuss. Das Liking selbst ist dann der affektive, emotionale Zustand des Genusses, er braucht kein weiteres „Ziel der Begierde" und verlangt keine weitere Aktivität von uns, denn die Belohnung ist nun erreicht.

Im Gehirn sind nicht nur viele verschiedene Regionen, sondern auch viele Substanzen an der Vermittlung dieser Prozesse beteiligt. Ein bekanntes Beispiel für eine Lust-bezogene Substanz ist Dopamin. Dieser Neurotransmitter gilt als *die* Substanz des Wollens oder Begehrens. Sie signalisiert uns, dass eine Belohnung in Aussicht steht. Wenn wir ein Lust versprechendes Lebensmittel sehen, steigt die Dopaminkonzentration in bestimmten Hirnregionen. Der gleiche Effekt tritt auch bei der Wahrnehmung sexueller Reize auf. Folgewirkungen eines erhöhten Dopaminspiegels sind Motivation und euphorische Empfindungen. Dopamin spielt bei Süchten, zum Beispiel nach Nikotin, Alkohol, Kokain oder Morphium eine große Rolle, aber auch bei Lernprozessen. Die Stammhirn-Region Area A10 ist für die Produktion von Dopamin zuständig. Sie regt damit den Nucleus accumbens an, der opiumähnliche Substanzen produziert – das Ergebnis ist, wir empfinden Lust, Glück und Spaß. Wenn wir etwas essen, steigt der Dopaminspiegel im Nucleus accumbens in weniger als 30 Minuten auf das Eineinhalbfache des normalen Levels. Auch wenn die Reaktion individuell unterschiedlich ausgeprägt ist, verdeutlicht dies doch den Zusammenhang zwischen Essen und Lustempfinden. Das Lateinische „accumbere" bedeutet übrigens „zu Tische liegen". Der Name lässt bereits ahnen, wie stark der Nucleus accumbens offenbar am lustvollen Bewerten von Esseindrücken beteiligt ist. Der Dopaminspiegel im Nucleus accumbens steigt übrigens auf das Doppelte des normalen Spiegels bei Alkoholkonsum und Sex, auf das 3,5-Fache, wenn man Kokain schnupft und sage und schreibe auf das Zehnfache, wenn man Methamphetamin zu sich nimmt. Der extrem hohe Dopaminspiegel, den die Drogen auslösen, erzeugt ein so intensives euphorisches Glücksgefühl, dass man bereit ist, seine Gesundheit und sein Leben zu opfern, nur um diese Euphorie wieder zu erleben. Davon ist der kleine Dopaminanstieg durch das Essen Gott sei Dank weit entfernt.

Die Area A10 ist vor allem dann aktiv und schüttet Dopamin aus, wenn ein Ergebnis besser war, als erwartet, wenn man also beispielsweise erstmals eine rote statt einer grünen Erdbeere in den Mund genommen hat und diese überraschend gut schmeckt. Die Area A10 schüttet dann sehr viel Dopamin aus, das dann im Frontalhirn zu einer besseren Informationsverarbeitung und einer Aufmerksamkeitserhöhung führt, sodass wir sehr rasch lernen, was Lust auslöst und was gut ist für uns. Einmal die reife Erdbeere gekostet und wir wissen für den Rest unseres Lebens, dass wir nach den roten suchen müssen.

Serotonin und opioide Neuropeptide wie Endorphine und Enkephaline sind weitere bekannte Beispiele für „Substanzen der Lust". Sie bewirken, dass wir uns entspannt und wohl fühlen. Wir geraten in eine leicht euphorische Stimmung. Serotonin dämpft in der Regel zudem Impulsivität und aggressives Verhalten. Endorphine und Enkephaline wirken dagegen Angst lösend und sedierend. Diese Substanzen bereiten uns damit auf die entspannende Phase der Lust-Dramaturgie vor.

Was beeinflusst die Lust am Essen und Trinken?

Wie lustvoll ein Reiz erlebt wird, hängt von vielen Faktoren ab (Abbildung 25). Mit den meisten haben wir uns schon beschäftigt. Neben der Art des Reizes beeinflussen seine Dauer (Gewöhnungseffekte) und der Rhythmus seines Auftretens unsere Bewertung. Wenn wir vielen unterschiedlichen Reizen ausgesetzt sind, schätzen wir sie anders ein, als wenn wir über längere Zeit dem gleichen Reiz ausgesetzt sind. Oder um mit Cicero zu sprechen: Variatio delectat! (Abwechslung erfreut) – das beste Mittel gegen sinnesspezifische Sättigung. Die Intensität eines Reizes hat ebenfalls einen wichtigen Einfluss auf die hedonische Beurteilung, wie das Beispiel eines versalzenen Gerichts veranschaulicht. Schließlich ist auch die Information über die Herkunft eines sensorischen Reizes wichtig. Eine Gorgonzolasauce bewerten wir in der Regel anders als eine ähnlich käsig riechende Socke. Daneben ist auch der intrinsische affektive Wert eines Reizes wichtig, wie die angeborenen Bewertungen von Geschmacksreizen zeigen (z. B. reflexartige Gesichtsausdrücke von Säuglingen auf süß, bitter oder sauer). Auch der interne physiologische Zustand des Essenden spielt eine Rolle. Hunger, Nährstoffdefizite oder Stress können dazu führen, dass wir plötzlich Speisen mögen, die wir vorher nicht gemocht haben – Hunger ist der beste Koch. Lernprozesse sind ein weiterer Einflussfaktor, den Liking by Tasting-Effekt, das Assoziationslernen und das Geschmacksaversionslernen haben wir schon besprochen. Mit ihrer Hilfe lernen wir Geschmäcker, Aromen und Gerüche durch Erfahrung zu bewerten und finden auch heraus, wie sie richtig kombiniert werden. Sehr wichtige Einflussgrößen auf die Lust am Essen und Trinken sind auch Emotionen und die Situation, in der gegessen wird.

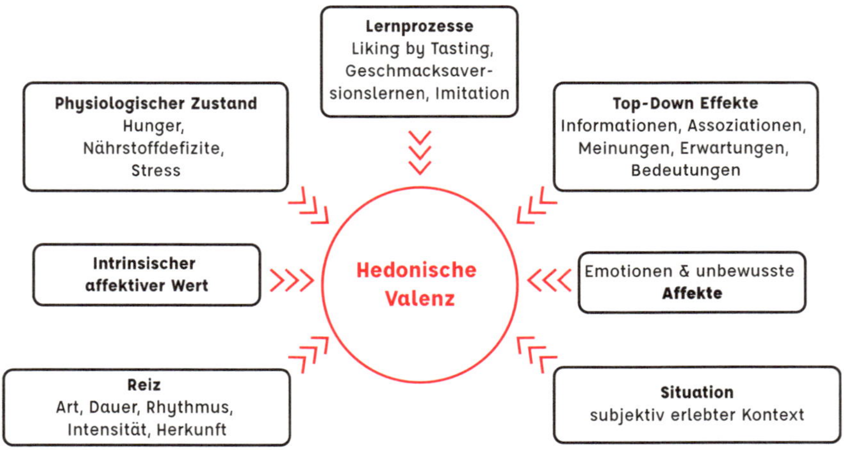

Abbildung 25: Einflüsse auf das Lust-Erleben

Informationen und spontane Beliebtheit

Informationen beeinflussen die Bewertung von sensorischen Reizen von einer abstrakten Seite her. Wir nehmen Informationen (z. B. über Rohstoffe, Inhaltsstoffe, Zusatzstoffe, Herkunft, Verwendung, Preis) als Hinweise wahr, die das Lebensmittel in einen Bedeutungskontext stellen. Es entstehen Assoziationen, Emotionen und Erwartungen gegenüber dem Produkt. Diesen Mechanismus nutzen Hersteller, um ihre Produkte zu bewerben, z.B. wenn sie bei Eiern oder Rindfleisch versuchen, mit idyllischen Bauernhofbildern die Erwartung eines natürlichen und daher wohlschmeckenden und sicheren Produkts hervorzurufen. Produkte sprechen nicht nur durch schriftliche Informationen zu uns, ihr gesamtes Erscheinungsbild versucht, uns in unseren Konsumentscheidungen zu beeinflussen.

Informationen können eine starke Wirkung auf spontane Beliebtheitsurteile haben wie unsere Untersuchungen mit Milch und unterschiedlichen Informationen gezeigt haben. Wir haben zunächst die österreichischen Konsumenten ohne Verkostung nur gefragt, welche Milchsorte sie im Allgemeinen bevorzugen. Für 79 Prozent war Frischmilch, also pasteurisierte Milch, die bevorzugte Sorte. Länger-Frischmilch, die damals (2006) erst relativ kurz am Markt war, bevorzugten 15 Prozent, sterilisierte, haltbare (UHT)-Milch wurde nur von 6 Prozent bevorzugt. Für die dann folgenden Verkostungen wurden die Produkte mit zwei Arten von Informationen versehen: Einmal wurden die Milchproben kodiert, das heißt nüchtern und ohne emotional wirksame Information präsentiert. Danach bekamen die Probanden – einmal korrekt und einmal falsch zugeordnet – eine Bezeichnung der Milchsorte mitgeliefert (Frischmilch, Länger-Frischmilch (ESL-Milch) und Haltbarmilch (UHT-Milch)). Diese Information kann als emotional aufgeladen und urteilsbehaftet angesehen werden, da Österreich ein typisches Frischmilchland ist.

Die sensorischen Tests mit den kodierten Proben lieferten ein völlig anderes Ergebnis als die Eingangsbefragung: 38 Prozent bevorzugten nach der Verkostung die Länger-Frischmilch und nur 33 Prozent die Frischmilch. Die Haltbarmilch schnitt mit 29 Prozent deutlich besser ab als in der vorangegangenen Befragung. Manche Konsumenten waren regelrecht bestürzt, dass sie die haltbare Milch nicht als solche erkannt hatten.

Dann haben wir die Proben mit den richtigen Bezeichnungen versehen und erneut verkosten lassen. Hier stellte sich tendenziell wieder das ursprüngliche Bild ein, Frischmilch wurde wieder bevorzugt. Zwar nicht mehr so deutlich wie in der Eingangsbefragung ohne sensorischen Eindruck, aber mit 52 Prozent doch deutlich stärker als die ESL- und die UHT-Milch, die mit 25 Prozent und 23 Prozent abschnitten.

In einem weiteren Test wurde den Probanden nur ESL-Milch gereicht. Allerdings haben wir die ESL-Milch einmal als Frischmilch, einmal als haltbare Milch und einmal richtigerweise als Länger-Frischmilch bezeichnet. Erstaunlicherweise wurden die unterschiedlichen Proben sensorisch nicht gleich bewertet. Knapp die Hälfte der Probanden bevorzugte die als Frischmilch bezeichnete Probe, was nahezu dem Ergebnis von der Verkostung mit den richtig bezeichneten Proben entspricht. Das Ergebnis zeigt, dass eine emotional aufgeladene Information zumindest bei spontanen Akzeptanzurteilen zu einer deutlichen Beeinflussung des Beliebtheitsurteils führen kann.

Zusammenfassend führte die Bezeichnung Frischmilch zu einer deutlich stärkeren Bevorzugung. Bei ESL-Milch hatte die Art der Information keinen Einfluss auf die Akzeptanz. Offensichtlich war der Begriff ESL-Milch oder Länger-Frischmilch den Konsumenten noch nicht sehr geläufig und daher auch noch nicht aufgeladen mit positiver oder negativer Bedeutung. Ganz anders sieht es bei Haltbarmilch aus: Hier diffamiert die Bezeichnung das Produkt, die Akzeptanz sinkt durch das Branden deutlich. Gut, könnte man sagen, aber die Studienteilnehmer haben sich ja nur von der Information dazu verführen lassen, das hedonische Urteil auf der Linienskala anders, und zwar entgegen ihrer hedonischen

Entscheidung, zu fällen. Das ist durchaus denkbar, aber eine Studie, in der Wein im Gehirnscanner verabreicht wurde, zeigt das Gegenteil.

Diese berühmte Studie wurde von Hilke Plassmann und Kollegen, Neurowissenschaftlern aus Kalifornien, mit Rotwein durchgeführt, um zu überprüfen, wie stark das Merkmal Preis die Beliebtheitsurteile von ungeschulten Konsumenten, die keine Weinkenner sind, und die Reaktionen ihrer Lustzentren im Gehirn beeinflusst. Den Testpersonen wurde gesagt, dass sie fünf unterschiedliche Cabernet Sauvignon-Proben erhalten würden, tatsächlich waren es nur drei unterschiedliche. Die fünf Proben waren mit unterschiedlichen Preisinformationen versehen, die teilweise falsch waren: 5, 10, 35, 45 und 90 $. Ein günstiger 5 $-Wein wurde mit einem Preis von 5 $ aber auch von irreführenden 45 $ versehen, ein teurer 90 $-Wein dagegen mit irreführenden 10 $ und korrekten 90 $ angepriesen, sowie ein 35 $ Wein mit korrekten 35 $. Es wurde dann auf einer Skala von 1 (gar nicht intensiv, schmeckt mir gar nicht) bis 6 (sehr intensiv, schmeckt mir sehr) abgefragt, wie intensiv die Teilnehmer den Wein fanden und wie gut er ihnen schmeckte. Parallel dazu wurden Gehirnscans aufgenommen, um die Gehirnaktivität vor allem im orbitofrontalen Cortex, einem Belohnungszentrum des Gehirns, zu erheben. Das Ergebnis war klar. Der teure 90 $-Wein schmeckte allen besser als der billige 5 $-Wein und der 35 $-Wein lag in der Mitte. Der 5 $-Wein, der als 5 $-Wein bezeichnet worden war, wurde auf der Skala von 1 bis 6 mit ca. 2,3 und der 5 $-Wein, der mit einem Preis von 45 $ versehen worden war, mit einem Liking von ca. 3,5 bewertet. Der 90 $-Wein, der mit einem Preis von 10 $ versehen worden war, hatte nur eine Beliebtheit von ca. 2,5, der 90 $-Wein mit dem 90 $-Etikett hatte dagegen eine Beliebtheit von ca. 4. In beiden Fällen hat sich die Beliebtheitsbewertung durch die Nennung des hohen Preises (neunfach gegenüber dem niedrigen Preis) auf den fast doppelten Wert erhöht! Die Beurteilung der Intensitäten der fünf Weinproben erscheint dagegen sehr logisch und entspricht dem, was wir erwarten würden. Dieselben Weinproben wurden als gleich intensiv bewertet, der billigere Wein als weniger intensiv als der teurere. Der mittlere Wein lag in der Mitte.

Was sagen die Gehirnscans? Sie enthüllten, dass die Nennung eines hohen Preises die Aktivität im orbitofrontalen Cortex ansteigen ließ – unabhängig davon, ob es sich um einen billigen oder teuren Wein handelte. Die Aktivität im primären gustatorischen Cortex, der für die analytische Analyse des Geschmacks zuständig ist, wurde von der Nennung des Preises nicht signifikant beeinflusst. Das bedeutet, dass die Nennung eines hohen Preises tatsächlich zu höherer Lust führte, obwohl das Gehirn das sensorische Profil korrekt abgebildet hat. Und es ist nicht so, dass nur das bewusst gefällte Beliebtheitsurteil besser ausgefallen wäre, weil die Testpersonen Überlegungen angestellt hätten wie: „Der Wein ist so teuer, den muss ich einfach gut bewerten, sonst blamiere ich mich als Weinkenner."

Antonio Rangel, einer der Co-Autoren meinte, dass das Gehirn den Genuss kodiert, weil es nützlich ist zu lernen, welche Aktivitäten man wiederholen und welche man vermeiden sollte. Um gute Entscheidungen treffen zu können, benötigt man ein gutes Maß für die Qualität einer Erfahrung und die diesbezüglichen Messungen kann das Gehirn verbessern, indem es alle verfügbaren Informationen über die Erfahrung nutzt und nicht nur die sensorischen Wahrnehmungen alleine. Wenn man also in einer speziellen Situation aufgrund von Informationen und Vorwissen sehr sicher ist, dass die Erfahrung gut sein wird, dann ist es sinnvoll, dieses Wissen auch in die aktuelle Messung des Genusses einfließen zu lassen. Und genau das passiert bei der Beeinflussung des Genusses durch den Preis, denn die meisten Menschen glauben aus eigener Erfahrung oder meinen vom Hörensagen zu wissen, dass Preis und Qualität eines Weines positiv korrelieren und daher ist es nur sinnvoll, wenn das Gehirn den Faktor Preis bei der Bewertung des Weines in Form von Genuss mit einfließen lässt.

Bei Blindverkostungen ohne Preisinformationen können die Ergebnisse ganz anders aussehen. Wenn wir in der Sensorik-Vorlesung für Önologen die Beliebtheit von verschieden Sekt- und Champagner-Proben bei Studierenden in Blindverkostungen untersuchen, zeigt sich regelmäßig, dass die günstigen Sekte vom Diskonter signifikant besser abschneiden als die teuren und sensorisch komplexen Champagner mit ihrem speziellen Flavour. Offenbar lieben die Studierenden eher die einfachen billigen Sekte, die wahrscheinlich diejenigen sind, die sie gelegentlich trinken und daher kennen, weil sie sich diese leisten können und wollen - ein Beispiel für den Liking by Tasting-Effekt. Bei Weinkennern sieht die Sache etwas anders aus, bei ihnen gibt es auch bei Blindverkostungen eine positive Korrelation zwischen Preis und Genuss. Die Weinkenner haben die höhere Komplexität von Champagner schon zu schätzen gelernt, sie erkennen sie mühelos auch in Blindverkostungen und bewerteten ihn daher hoch.

Wieso schmeckt der Wein im Urlaub besser?

Jetzt kommen wir zu dem klassischen Beleg dafür, wie sehr unsere Stimmung und die Situation unsere Lustempfindungen beim Essen und Trinken beeinflussen. Sie erinnern sich an letzten Sommer? Ah, endlich Urlaub! Sie sitzen entspannt in der milden Abendluft mit ihrer eleganten Begleitung in ein Gespräch vertieft vor einem schicken Restaurant auf der Piazza, genießen den Blick auf das bunte Markttreiben, riechen die köstlichen Speisen, die in der Küche zubereitet werden, und hören die angenehme Geräuschkulisse der Fußgängerzone des Jahrhunderte alten Stadtzentrums. Sie trinken einen perfekt gekühlten Weißwein der Region in Erwartung des Abendessens und sind in bester Laune, haben die Sorgen des Alltags hinter sich gelassen. Die Atmosphäre ist insgesamt bezaubernd, reizvoll und äußerst angenehm. Der Wein schmeckt schließlich so köstlich, dass sie einige Flaschen davon für zu Hause kaufen, um ihn auch dort genießen zu können. Das ist aber leider ein schwerer Fehler! Denn zu Hause folgt eine unverständliche und bittere Enttäuschung: Der auf der Piazza so wunderbar schmeckende Weißwein erscheint plötzlich unausgewogen und gar sauer. Wie das? Ein Fall von Sinnestäuschung? Haben Sie den falschen Wein gekauft? Oder ist der Wein durch den Transport beschädigt worden, sodass er nicht mehr so gut schmeckt? Ein Rätsel, für das die Sensorik eine Lösung hat. Grundlegend ist zuerst, dass unser Gehirn nicht wie ein präzises und robustes Lust-Messinstrument arbeitet, sondern die Lustbewertung von sinnlichen

Reizen stark abhängig ist von den verschieden Faktoren wie sie in Abbildung 25 dargestellt sind. Im Fall des Urlaubs-Weines sind vor allem die Emotionen und die Situation ausschlaggebend.

Betrachten wir die Urlaubssituation. Im Urlaub sind wir in der Regel viel entspannter als im Alltag zu Hause, wir empfinden weniger Stress und sind insgesamt bereiter für sinnliche Genüsse als daheim, wo uns der Alltagstrott durch Gewöhnungseffekte in unserer Wahrnehmungsfähigkeit hemmt. Die Urlaubssituation ist entspannt und positiv, wir sind mit Freunden oder der Familie unterwegs und diese positive emotionale Aufladung überträgt sich auf die Speisen und Getränke, die damit als sehr angenehm empfunden werden. Man kann das als den psychologischen Effekt der gehobenen Ferienstimmung bezeichnen. Die gesamte Situation, in der der Wein im Urlaub getrunken wird, unterstützt unsere Genussfähigkeiten. Das Essen ist aufgrund der Erfahrung der dortigen Gastronomie gut auf den Wein abgestimmt, das akustische Ambiente und vielleicht auch die Musik des Restaurants unterstützen den Charakter des Essens und des Weines. Auch das Klima, die Sprache, das Licht und alle anderen Faktoren des Ambientes lassen uns den Wein stimmig und genau zur Situation passend erleben, anders als dann später im grauen Alltag.

Soll man, um eine solche Enttäuschung nicht zu erleben, keinen Wein mehr vom Urlaub mitbringen? Das wäre sicher auch keine gute Lösung. Wenn man aber das Genuss-Erlebnis des Urlaubs möglichst gut in der Erinnerung verankert, dann kann man umgekehrt sogar versuchen, mit Hilfe des mitgebrachten Weines die entspannte Atmosphäre des Urlaubs mit passender Musik und passendem Essen zu Hause wieder auferstehen zu lassen.

Musik beim Essen und Trinken

Musik ist stark an der Erzeugung einer typischen Atmosphäre eines Gastronomiebetriebes beteiligt. Wie stark kann sogenannte „Funktionale Musik" das Konsumverhalten, das Geschmackserlebnis der Gäste und auch ihr Erleben von Personen und Atmosphäre des Lokals beeinflussen? Studien zeigen, dass Klassik und Jazz im Allgemeinen positive Effekte erzeugen, aber es ist klar, dass diese Regel nicht verallgemeinerbar ist auf alle Gaststättentypen. Das musikalische Ambiente eines Lokals muss zur Gaststättenart und zu den musikalischen Präferenzen der Zielgruppe passen. Im Hardrock-Cafe kommt Mozart wahrscheinlich nicht so gut, Beethoven beim Heurigen oder Death Metal im Gourmettempel passen wahrscheinlich nicht zueinander und führen zu Irritationen. North & Hargraves fanden, dass je besser den Gästen die Musik gefällt, desto besser der Gastraum in Erinnerung bleibt und sie ihn erneut besuchen wollen. Maßgeblich für das Gefallen von Musik ist das subjektiv empfundene Ausmaß der Komplexität. Sie soll sich, um einen wiederholten Besuch wahrscheinlicher zu machen, in mittlerer Komplexität befinden. Klassische Musik hat oftmals den Effekt, dass sie von den Preisen ablenkt und die Aufmerksamkeit auf die Qualität der Speisen hinlenkt.

Aber kann Musik uns auch beeinflussen, wie schnell wir essen, wie viel und wovon und wie viel Geld wir ausgeben? Ronald Milliman hat schon vor rund 30 Jahren Untersuchungen über den Einfluss des akustischen Ambientes durchgeführt und er konnte zeigen, dass leise, langsame, vertraut klingende Musik die Verweildauer in Restaurants erhöht, während schnelle, aggressive Musik zu einer kürzeren Verweildauer führt. Die Ausgaben fürs Essen bleiben interessanterweise gleich, aber der Getränkeumsatz ist bei langsamer Musik um etwa 40 Prozent erhöht. Mit einem ähnlichen Versuchsansatz hat Adrian North die Wirkung von Musik – Klassik, Pop und keine Musik – in einem britischen Restaurant untersucht. Die höchsten Ausgaben hat es bei klassischer Musik gegeben. North hat auch herausgefunden, dass die Testpersonen wegen der klassischen

Musik schon die Erwartung hatten, dass sie mit höheren Ausgaben rechnen mussten – und letzten Endes haben sie auch mehr ausgegeben. Yeoh und North haben gefunden, dass Musik gut erkennbarer Herkunft die Auswahl von Gerichten und Weinen signifikant beeinflusst. In ihren Versuchen hat französische Akkordeonmusik dazu geführt, dass mehr französische Weine konsumiert wurden. Sie bezeichnen die Übereinstimmung von speisen- und musikspezifischen Sterotypen als „musical fit". Vor allem ethnische Konzepte sind gut wirksam, die Musik unterstreicht die kulturelle Identität und Authentizität eines Lokals und damit seine Kompetenz in der Herstellung der dazu passenden Speisen und Getränke. Bezüglich des Einflusses von Musik auf die Essgeschwindigkeit und die Essmenge gibt es viele wissenschaftliche Studien und ihre Ergebnisse kann man vereinfacht so zusammenfassen: Generell gilt, dass Musik den Alkoholkonsum beschleunigt, aber laute Musik erhöht den Alkoholkonsum noch einmal. Und vor allem Männer trinken bei lauter Musik noch einmal mehr Alkohol, wenn sie in Gesellschaft von anderen Männern sind. Leise Hintergrundmusik ist für Restaurants besser als laute, weil für solche Lokale auch die soziale Interaktion und die verbale Kommunikation sehr wichtig ist – da wäre laute Musik störend.

Temporeiche Musik führt tatsächlich zu schnellem Essen, die Anzahl der Bissen pro Minute erhöht sich durch Musik mit mehr als 108 bpm auf 4,4 Bissen pro Minute, während sie bei langsamer Musik nur bei 3,8 Bissen pro Minute liegt. Langsame Musik verlangsamt die Essgeschwindigkeit, aber sehr langsame Musik ist nicht mehr in der Lage, die Essgeschwindigkeit weiter zu verlangsamen. Auch der Text von Liedern ist nicht unwichtig, Text der auf Alkohol und Trinken Bezug nimmt, erhöht den Konsum alkoholischer Getränke. Die Charakteristik von Musik kann auch beeinflussen, wie wir unser Essen und unsere Getränke beschreiben. So werden Rot- und Weißweine bei mächtiger und schwerer Musik von Testpersonen auch viel häufiger als mächtig und schwer beschrieben, als bei zarter und sanfter Musik. Bei zarter, sanfter Musik dagegen werden sie sehr häufig als zart, weich und sanft charakterisiert. Wenn Musik sehr bassdominant ist, wird die Bitter-Wahrnehmung verstärkt, und ist sie sehr höhendominant, dann wird die wahrgenommene Säureintensität verstärkt. Laute Musik schwächt dagegen die wahrgenommenen Süß- und Sauer-Intensität ab.

Essen und Trinken ins richtige Licht setzen

Die Zusammensetzung des Lichts bestimmt, welche Lichtfrequenzen von einer Speise, einem Lebensmittel oder einem Getränk überhaupt reflektiert werden können – insofern beeinflusst die Wahl der Beleuchtungsart stark, wie die Farbe des Lebensmittels wahrgenommen wird. In Verkaufstheken für Fleisch beispielsweise ist es wichtig, Licht zu verwenden, das die Röte des Fleisches unterstreicht und etwaige Grau- oder Grüntöne unterdrückt. Um das frische Rot des Fleisches noch zu unterstreichen werden auch gerne farbliche Kontraste mit grünem Zierrat – meist Plastikpetersilie – gesetzt.

Umgebungslicht beeinflusst also die wahrgenommene Farbe von Lebensmitteln aber beeinflusst das Umgebungslicht auch die Wahrnehmung und Bewertung von Lebensmitteln, wenn sich deren Farbe dadurch nicht verändert? Deutsche Kollegen haben diese Frage anhand von Wein untersucht. Wein wurde in schwarzen Gläsern gereicht, sodass seine Farbe durch das Umgebungslicht nicht verändert wurde. In einer Weinhandlung und in einem Sensoriklabor haben die Testpersonen beurteilt, wie gut ihnen Weißwein bei weißem, rotem, grünem und blauem Licht schmeckte. Bei den Tests im Weingeschäft schmeckte der Wein bei blauem und rotem Licht am besten. Bei rotem Licht waren die Versuchspersonen auch bereit, das meiste für den Wein zu zahlen. Grünes und weißes Licht haben die Geschmacksurteile über die Weine verschlechtert. Im Sensoriklabor beeinflusste die Umgebungsfarbe den Geschmack, aber nicht den Geruch. Diese Versuche zeigen, dass Umgebungslicht unser Urteil auch dann beeinflusst, wenn das Lebensmittel selbst gar nicht in seiner Farbe beeinflusst wird. Warum das so ist, bleibt unklar, aber es handelt sich wahrscheinlich um Assoziationseffekte. Rotes Licht erinnert vielleicht an das heimelige Licht von Feuer, während rein weißes Licht mehr an den Zahnarzt oder sterile Arbeitshallen erinnert. Und das Angenehme oder Unangenehme der assoziierten Situation wird dann auf das Lebensmittel übertragen.

Was passt zusammen? Food Pairing und Food Completing

Ein Blick in die Kochbuch-Regale zeigt, dass Food Pairing in diesem Segment keinen unbeachtlichen Anteil mehr einnimmt. Was ist Food Pairing? Oder gar Food Completing, das immer häufiger erwähnt wird? Ist das nur ein Kochbuch-Trend wie viele andere? Oder steckt etwas wissenschaftlich Haltbares hinter der Idee, dass bestimmte Lebensmittel besser zu einander passen als andere?

Den wichtigsten Input zur Untersuchung von Lebensmittelkombinationen gaben überraschenderweise nicht etwa Sensoriker oder Ernährungspsychologen, sondern Netzwerk-Analytiker. Yong-Yeol Ahn und Kollegen haben 2011 eine Studie mit dem Titel „Flavor network and the principles of food pairing" publiziert, in der sie Kochrezepte aus der ganzen Welt mit der Fragestellung analysierten, ob es bevorzugte Kombinationen von Speisenkomponenten gab und ob sich die verschiedenen Weltregionen unterschieden. Sie verknüpften die Daten der Kochrezepte-Sammlungen mit Daten über die chemische Zusammensetzung und vor allem die geschmacks- und geruchsaktiven Inhaltsstoffe der Speisenkomponenten und konnten spannende Zusammenhänge sehen. Westeuropa und Nordamerika zeigen eine klare Tendenz, Zutaten zu kombinieren, die viele Flavour-Komponenten gemeinsam haben. Man könnte das dahinter liegende Prinzip als sensorische Harmonie oder Food Pairing bezeichnen. In Ostasien dagegen neigt man zum Gegenteil, nämlich Zutaten nicht zu kombinieren, die Flavour-Überschneidungen aufweisen. Das Prinzip ist der sensorische Kontrast oder Food Completing. Food Pairing zielt darauf ab, harmonische Zusammensetzungen von Aromen zu erzeugen, indem Zutaten mit ähnlichen Aromen verwendet werden. Food Completing führt dagegen reizvolle Geschmackserlebnisse durch sensorische Kontraste in den Zutaten herbei. Food Pairing könnte man langfristig als etwas langweilig empfinden und dann bringen sensorische Kontraste wieder prickelnde Abenteuer in den Mund. Man spekuliert, dass sich in diesen Konzepten eine Denkweise widerspiegeln könnte. Asiatische Küche bevorzugt demnach sensorische Kontraste, weil sie das Denken in Yin und Yang bevorzugt, die Vereinigung von Widersprüchen, hier die Vereinigung in einem Gericht. Wohingegen das nordamerikanisch-westeuropäische Food Pairing Prinzip wie Amazon-Empfehlungen funktioniert. Man erhält immer Empfehlungen, die ähnlich zu dem sind, was man schon hatte.

Ahn und Kollegen stellten außerdem fest, dass es für die großen Kochtraditionen dieser Welt charakteristische Zutaten gibt, eine Erkenntnis, die schon Elisabeth Rozin in ihrem Buch „The Flavor-Principle Cookbook" intuitiv erkannt hatte, aber jetzt gut mit Daten belegt wurde. Wenn in einer Speise Tomaten, Olivenöl und Basilikum enthalten sind, wissen wir mit großer Sicherheit, dass es sich um ein italienisches Gericht handelt. Nudeln, Parmesan, Knoblauch und Zwiebeln gehören klar zur südeuropäischen Küche. Werden Tomaten dagegen mit Knoblauch, Mais und Chili kombiniert, befinden wir uns in der lateinamerikanischen Küche. Knoblauch, Chili und Sojasauce weisen klar auf die ostasiatische Küche hin, zu der auch Reis, Ingwer und Sesamöl gehören. Charakteristisch für die nordamerikanische und die westeuropäische Küche sind dagegen die Verwendung von Butter, Milch, Eiern, Vanille und Weizen.

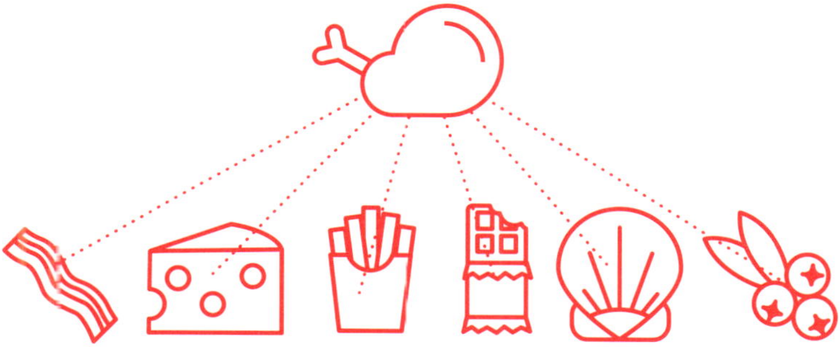

Wie kann man solche Erkenntnisse praktisch anwenden? Googeln Sie den Begriff „Food Pairing“ und Sie finden Webseiten, die es Ihnen ermöglichen, basierend auf den Erkenntnissen von Ahn und anderen Wissenschaftlern Bestandteile von Speisen gezielt nach Stärke der Übereinstimmung in ihren Flavor-Komponenten zu kombinieren. Was passt beispielsweise zu gegrilltem Huhn? Die beste Übereinstimmung in den Flavor-Substanzen haben gebratener Speck, Gruyère-Käse und Pommes frites, aber auch Muscheln, dunkle Schokolade und Cranberrys werden angeraten. Ob man ohne dieses Food Pairing Tool jemals versucht hätte, solche Kombinationen zu wagen? Leider sagt das Tool nicht, in welchen Mengenverhältnissen Sie die Komponenten einsetzen sollen. Das müssen Sie schon selbst herausfinden.

Essen wir nur, was uns schmeckt?

Bei der Auswahl der Lebensmittel, die wir zu uns nehmen, spielt der Wohlgeschmack sicher eine wichtige Rolle, aber er ist nicht der einzige Faktor für oder gegen unsere Entscheidungen. Wir essen daher nicht nur Lebensmittel, die uns schmecken, sondern auch solche, die nur so lala sind, aber dafür andere Eigenschaften oder Funktionen haben, die wir gerne hätten. Wir essen gesunde Lebensmittel, aber auch welche, die nicht so gesund, dafür aber bequem und einfach zuzubereiten sind. Wir trinken Proteinshakes, die den Muskelaufbau fördern und auch Getränke, die uns aktivieren und energiereicher machen oder unserem Körper einfach nur rasch wieder Wasser zuführen. Welche weiteren Faktoren sind es nun, die unsere Entscheidungen neben der Sensorik beeinflussen? Die primäre Funktion von Lebensmitteln ist es, zu unserer Ernährung beizutragen, das heißt, sie müssen Nährstoffe enthalten, die wir zur Aufrechterhaltung unserer Lebensfunktionen benötigen. Diese Funktion der Lebensmittel können wir in unserer Entscheidung besonders stark berücksichtigen – vor allem auch, wenn es um die langfristige Optimierung unserer Gesundheit geht. Wenn uns dieser Aspekt am Herzen liegt, ist es nicht so wichtig, dass das Lebensmittel gut schmeckt, sondern sein Gehalt an gesundheitsförderlichen Inhaltsstoffen steht im Vordergrund. Vielen Konsumenten ist auch eine ethisch und ökologisch vertretbare Produktionsweise wichtig. Sie wollen nicht, dass Sklavenarbeit in ihrem Paprika aus Südeuropa steckt, und sie wollen nicht, dass seine landwirtschaftliche Produktion Schäden in der Umwelt verursacht. Diese Konsumenten fassen das Lebensmittel nicht als isoliertes Produkt auf, sondern als Endglied einer Prozesskette. Sie beurteilen die Lebensmittelqualität daher umfassender auch nach der Qualität der landwirtschaftlichen Urproduktion, der Verarbeitung, Verpackung und Belieferung.

Eine andere Funktion von Lebensmitteln, die wir gerne nutzen, ist die Möglichkeit, sie als Kommunikationsmittel einzusetzen. Wir zeigen mit ihrem Konsum, wer wir sind, wer wir sein wollen beziehungsweise wer wir nicht sind und nicht sein wollen. Wir bekunden uns selbst und anderen gegenüber unsere Identität und Zugehörigkeit zu einer sozialen Gruppe. Ich trinke Champagner und esse Austern, denn ich bin reich und bin Genießer. Ich esse nur Bioprodukte, denn ich bin ein verantwortungsvoller Mensch. Ich esse kein Fleisch, weil ich ethisch hochstehend bin und keine Tiere für mich getötet werden sollen. Die Botschaft kann auch in die religiöse Richtung gehen. Ich esse halal, weil ich Moslem bin und das den anderen und auch meinem Gott zeigen will. So betrachtet sind Lebensmittel auch immer Möglichkeiten, seine Identität zu konstruieren und zu kommunizieren.

Natürlich spielt der Preis eine wichtige Rolle. Wir wollen für den Geldwert einen entsprechenden Produkt- und Erlebniswert erhalten und dabei fair behandelt werden. Wie wichtig diese ökonomischen Erwägungen für unsere Entscheidung sind, hängt stark von unserer Persönlichkeit und unserem ökonomischen Status ab. Es gibt eine Gruppe von Konsumenten, sie werden die Cleveren genannt, die immer nach dem günstigsten Preis, nach dem Schnäppchen suchen. Sie sind der Meinung, dass sich die anderen, die nicht so handeln, von der Werbung verführen lassen und Geld verschwenden. Eine andere Konsumentengruppe dagegen leistet sich den Luxus, überhaupt nicht auf den Preis der Lebensmittel zu schauen, sondern nur die verschiedenen Qualitätsdimensionen zu beachten. Wie gut schmeckt das Lebensmittel? Wie wurde es hergestellt? Welches Image hat es?

Sowohl im Supermarkt als auch im Restaurant beeinflussen uns viele Faktoren in unserem Entscheidungsverhalten. Wir gehen mit einer gedanklichen Liste von drei Produkten in den Supermarkt und kommen mit 30 Artikeln heraus. Das ist kein Zufall, sondern Ergebnis jahrzehntelanger Erfahrung und Forschung, wie man Konsumenten dazu verführen kann, viel zu kaufen. Ein Supermarkt ist ein großes Verführungssystem. Beginnend mit der Architektur des Markts, der Größe der Einkaufswagen, über die Anordnung der verschiedenen Produktbereiche, die musikalische Beschallung, die Anordnung der Produkte im Regal, die Farbgestaltung der Produkte bis hin zur Gestaltung der Kassen und dem Einlösen von Gutscheinen und Rabatten, wird nichts dem Zufall überlassen und möglichst so gestaltet, dass wir möglichst viel Geld ausgeben. Gerade im Supermarkt spielt die sensorische Wahrnehmung der Lebensmittel selbst eine relativ kleine Rolle, denn es ist ja die Mehrzahl der Produkte verpackt und wir können sie nicht einfach so kosten, bevor wir sie kaufen. Wichtiger als die Wahrnehmung selbst ist in dieser Situation unsere Erinnerung an die sensorischen Erfahrungen, die wir mit den Produkten in der Vergangenheit gemacht haben. Diese Erinnerungen können Motivation sein, etwas zu kaufen oder doch lieber die Finger davon zu lassen. Und daher ist es vor allem in unübersichtlichen Marktsegmenten von großer Bedeutung, dass Lebensmittelprodukte ein charakteristisches sensorisches Profil aufweisen, das uns lange und gut in Erinnerung bleibt.

Ekel – der faszinierende Gegenspieler des Genusses

Der Ekel darf in einer Betrachtung der kulinarischen Lust nicht fehlen. Er ist ein überaus interessantes Phänomen, das nicht nur in der Abwesenheit von Lust und Genuss besteht, sondern im Gegenteil eine intensive emotionale Empfindung der Ablehnung und des Widerwillens darstellt. Er geht mit einer körperlichen Abwehrhaltung und einem typischen Gesichtsausdruck einher, die anzeigt, dass man etwas ausspucken oder erbrechen möchte. Zusätzlich wird oft die Zunge oder der Mund wird in abwärts ziehenden Mundwinkeln verzogen. Gleichzeitig verengen sich die Augen – man will das Ekelhafte nicht einmal sehen. Der Puls wird rascher, die Atemfrequenz erhöht sich, das Gesicht wird blass, Schweiß bricht aus – eine Stresssituation. Die biologische Funktion des Ekels erscheint klar, er ist ein emotionaler Schutzmechanismus, der uns davor abhält, schädliche und giftige Substanzen in den Mund zu nehmen oder gar zu schlucken. Psychologen und Biologen sprechen vom Ekel als einem Teil des Verhaltensimmunsystems, das das körpereigene biologische Immunsystem mit allen seinen Verteidigungszellen und -molekülen gegen die in den Körper bereits eingedrungenen Mikroorganismen ergänzt. Ekel ist so gesehen die erste Verteidigungslinie gegen Krankheitserreger, die zu einem Verhalten führt, das den Kontakt mit ihnen verhindert.

Ekel ist ein Alarmsignal, das uns vor potentiell Schädlichem warnt. Das sind bei Lebensmitteln vor allem solche, die in Auflösung, Zersetzung und Fäulnis erscheinen, schleimig und sekretartig wirken, oder diffus, farblos, grau oder schwarz sind. Leicht betroffen von Ekel sind daher Lebensmittel wie rohe Muscheln, Austern, Gelees, Innereien, Blutwurst oder Blutsuppe, Innereien wie Kutteln oder gebratener Darm. Besonders ekelhaft werden auch Körperausscheidungen empfunden wie z.B. Exkremente und Urin. Aber auch Körperflüssigkeiten wie Blut können massiven Ekel auslösen. Damit spielte auch die Aktion der Künstlergruppe monochrom, die in einer Aktion im Jahr 2011 eine sogenannte Eigenblunze herstellte und verspeiste. Dabei wurde den Teilnehmern Blut abgenommen und daraus mit Zwiebeln, Gewürzen etc. eine Blutwurst hergestellt. Für viele ist so etwas ein absolutes Tabu so wie auch die Speisen, die im Kochbuch „Natural Harvest" beschrieben werden, denn fixer Bestandteil aller Rezepte darin ist menschliches Sperma.

Anlässlich eines Seminars zum Thema Genuss haben wir in der Pause eine köstlich duftende Gemüsesuppe in einem großen Suppentopf serviert. Um zu verhindern, dass die klein geschnittenen Gemüsestückchen zu Boden sinken, musste die Suppe immer wieder umgerührt werden. Das haben wir nicht mit einem Kochlöffel gemacht, sondern mit einer Klobürste, die vor den Augen der Teilnehmer aus der verschweißten Plastik-Verpackung genommen worden war, also noch nie vorher verwendet wurde. Obwohl der Klobesen klinisch rein war und die Suppe köstlich aussah und duftete, konnten und wollten fast alle Teilnehmer diese Suppe nicht essen. Sie assoziierten sie mit Fäkalien, mit denen die Klobürste üblicherweise in Kontakt gerät. Rätselhaft. Und schade um die gute Suppe!

Ähnliches kann man auch bei köstlichen Schokoladekuchen in Fäkalienform beobachten, allein die gedankliche Verbindung mit Ekelerregendem macht das Lebensmittel selbst zu etwas Ekelerregendem. Paul Rozin und Kollegen analysierten solche Phänomene und bezeichnen die dahinterliegenden Gesetzmäßigkeiten als „sympathetic magic", was als Analogiezauber oder Sympathetische Magie übersetzt wird und in vielen vorwissenschaftlichen, magisch-religiösen Praktiken beschrieben wurde. Typische Beispiele sind der Glaube, dass rote Steine das Blut oder längliche Objekte die männliche Potenz positiv beeinflussen können. Rozin schildert, wie Getränke plötzlich als ekelig empfunden werden, sobald sie kurz mit einer toten und sterilisierten Kakerlake in Kontakt gekommen waren. Sie nennen diese Art der Ekel-Entstehung das erste Gesetz des Ekels, die Ansteckung: „Einmal in Kontakt, immer in Kontakt." Das zweite Ekel-Gesetz nach Rozin ist das Ähnlichkeitsgesetz: „Das Bild ist das Objekt." Ein hervorragendes Lebensmittel wie z.B. ein Schokoladekuchen, das wie ein Stück Fäkalie geformt ist, wird eklig, weil es mit dem nachgebildeten Objekt gedanklich gleichgesetzt wird.

Weil wir völlig intuitiv, unwillkürlich und heftig mit Ekel reagieren, nehmen wir häufig auch an, dass Ekel nicht überwunden werden könnte, aber tatsächlich gibt es mehrere ekelauflösende Mechanismen. Der eine ist ein sozialer Mechanismus, der mit einer Auflösung der Körpergrenze in Liebesbeziehungen verbunden ist. Er tritt ganz deutlich in sexuellen Liebesbeziehungen in Kraft, im Zuge derer der Austausch verschiedener Körperflüssigkeiten nicht nur kein Problem darstellt, sondern im Gegenteil sogar angestrebt wird. Speichel und Genitalsekrete werden außerhalb einer Liebesbeziehung oder sexuellen Begegnung meist als ekelerregend empfunden. Aber auch in der Baby-Mutter/Vater-Beziehung lösen sich Ekelgrenzen auf. Eltern gehen offenbar völlig ungerührt mit den Exkrementen, dem Erbrochenen und dem Speichel ihrer Kinder um.

Speichel ist überhaupt ein interessantes Objekt des Ekels. Wir schlucken täglich literweise unseren eigenen Speichel, und zwar ohne mit der Wimper zu zucken. Stellen sie sich vor, den Speichel nicht permanent zu schlucken, sondern ihn in einer Flasche den Tag über zu sammeln – und dann müssten sie ihn abends trinken. Ich denke, das ist für die meisten von uns ein unerträglich widerwärtiger Gedanke, obwohl es ja nur unser eigener Speichel ist, den wir ja ohnehin permanent schlucken. Aber zurück zu den ekelauflösenden Mechanismen. Der zweite Mechanismus besteht im sogenannten „Sensation Seeking“, das vor allem Personen aufweisen, die abwechslungsreiche, neue und intensive Erlebnisse und Erfahrungen machen wollen und dazu oft relativ hohe Risiken auf sich nehmen. Beispielsweise kommt es vor, dass pubertierende, junge Männer versuchen, anderen Jugendlichen zu imponieren und ihnen ihre Kraft und ihren Mut dadurch zu beweisen, dass sie ganz wilde, gruselige Dinge tun wie Würmer, Käfer oder extrem scharfe Lebensmittel zu essen. In der Regel verliert dieser ekelauflösende Mechanismus aber im Laufe des Älter- und Vernünftigerwerdens an Wirkkraft, weil Männer doch lernen, dass es besser und zielführender ist, andere persönliche Eigenschaften wie Intelligenz oder Empathie ins Rampenlicht zu rücken.

PSYCHOPHYSIK

Was macht die Psychophysik?

Die Psychophysik gilt als eine der ältesten Disziplinen der Psychologie und scheint ein wenig den Geist des 19. Jahrhunderts zu atmen, nichtsdestotrotz beschreibt sie wichtige Gesetzmäßigkeiten der Beziehungen zwischen subjektivem Erleben und den Auslösern des Erlebens, nämlich den quantitativ und objektiv messbaren Reizen. Manche führen die Psychophysik sogar bis auf den antiken Philosophen und Mathematiker Pythagoras zurück, der sich mit den Längenverhältnissen der Saiten und den Akkorden der Musik beschäftigte, die meisten denken eher an Gustav Theodor Fechner oder Ernst Heinrich Weber, nach denen sogar psychophysikalische Gesetzmäßigkeiten benannt wurden.

Beispiel Alkohol: Die meisten von uns fühlen sich von einer kleinen Menge Alkohol angenehm stimuliert und beschwingt, unsere subjektive Befindlichkeit hat sich verbessert. Wenn man den Alkoholkonsum weiter erhöht, kann sich dieses subjektive Wohlbefinden verbessern. Kein Geheimnis: Bei zu viel Alkohol kommt es zu einem drastischen Abfall der subjektiven Befindlichkeit. Eine Darstellung dieses Zusammenhangs ist in Abbildung 26 zu sehen. Solche lebensnahen Zusammenhänge zwischen objektiven Kriterien – Beispiel: Blutalkoholspiegel – und subjektiven Empfindungen – Beispiel: Wohlbefinden – untersucht die Psychophysik. Ebenfalls klassische Problemtypen der Psychophysik sind Zusammenhänge zwischen zwei Empfindungen oder zwischen einem objektiven Reiz und der subjektiv empfundenen Wahrnehmungsstärke. In Abbildung 26 ist ein Beispiel für den Zusammenhang zweier subjektiver Empfindungen dargestellt, nämlich der Zusammenhang zwischen der subjektiv erlebten Entfernung und der emotionalen Anteilnahme bei einem Unfall oder einer Naturkatastrophe. Je weiter weg, desto weniger betroffen sind Menschen. Der Zusammenhang zwischen objektiv, physikalisch gemessener Schallstärke und der subjektiv wahrgenommenen Lautstärke ist ebenfalls in Abbildung 26 dargestellt. Das ist offenbar kein linearer Zusammenhang, sondern man braucht überproportional größere Reize um die wahrgenommene Intensität zu erhöhen. Eine doppelt so starke Schallstärke bewirkt nicht einen doppelt so laut wahrgenommenen Schall, sondern einen viel leiseren. Um beispielsweise die subjektiv wahrgenommene Lautstärke eines Lastwagens zu verdoppeln, braucht es daher nicht zwei LKW, sondern sogar acht LKW.

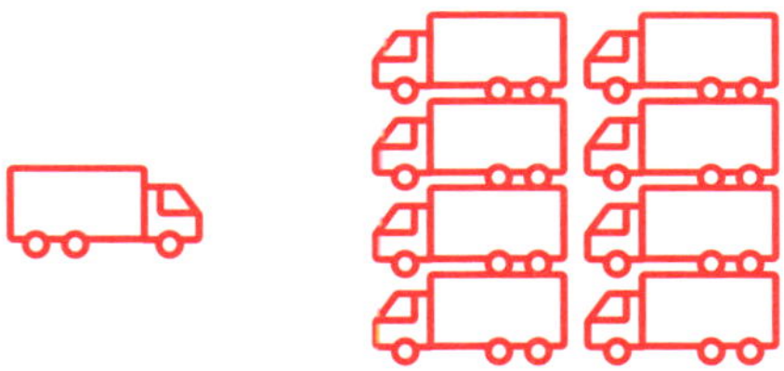

Weniger Zucker muss nicht weniger süß bedeuten – Webersches Gesetz

Gustav Theodor Weber führte 1834 Experimente mit Gewichten durch und stellte die Frage: Welche Gewichte sind gerade eben als unterschiedlich erkennbar? Kann man 10 Kilogramm von 12 Kilogramm unterscheiden, vielleicht sogar von 11 oder von 10,2? Gehen auch 10,1 Kilogramm noch? Seine Erkenntnis war: Nicht die absolute Gewichtsdifferenz ist wesentlich, sondern das Verhältnis der beiden Gewichte. Die Gewichte müssen um etwa zwei Prozent differieren, damit sie als unterschiedlich erkannt werden – egal, ob es leichte oder schwere Gewichte sind. Es zeigte sich, dass diese Gesetzmäßigkeit für Reize im mittleren Bereich gilt, aber nicht für Reize im unteren Bereich nahe der Wahrnehmungsschwelle. Dieses Webersche Gesetz gilt auch für die Geschmacks- und Geruchsempfindungen und ebenfalls nur bei mittleren Reizstärken.

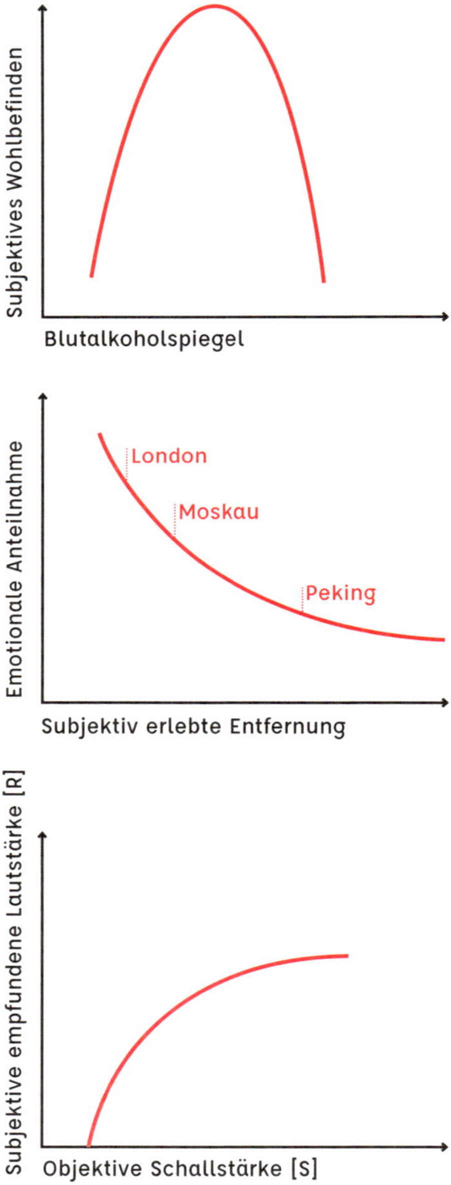

Abbildungen 26: Klassische Problemtypen der Psychophysik

Webers Untersuchungen zeigten also, dass nicht jede Intensitätssteigerung eines Reizes auch zu einer Veränderung der Intensität der Wahrnehmung führt. Der Reiz muss sich um einen bestimmten Anteil vom Ausgangswert (Weber-Quotient oder k-Wert) verändern, damit diese Veränderung wahrgenommen wird. Um wie viel sich der Reiz ändern muss, ist abhängig von der Reizart und ein Maß für die Empfindlichkeit für diesen Reiz. Für die Wahrnehmung von Koffein beträgt der k-Wert 0.3, das heißt, man muss die Konzentration des Bitterstoffes Koffein um 30 Prozent erhöhen oder absenken im Vergleich zur Ausgangskonzentration, damit man einen Unterschied in der Bitter-Intensität wahrnehmen kann. Für Sauer von Zitronensäure beträgt der Wert 22 Prozent, für Kochsalz 20 Prozent und für die Süße von Zucker 17 Prozent. Wenn man z.B. einem Pudding 10 Prozent weniger Zucker im Vergleich zur Ausgangskonzentration zusetzt, sollte man keinen Unterschied in der Süße bemerken, sie schmecken gleich süß. Erst wenn man um mehr als 17 Prozent reduziert, wird der Pudding weniger süß schmecken.

Wir haben Versuche gemacht, um festzustellen, wie viel Wasser man einem Apfelsaft zusetzen kann, ohne dass die Versuchspersonen einen Unterschied zum unverdünnten Saft bemerken. Der Wert lag immerhin zwischen 15 und 20 Prozent. Auch bei Weißwein lagen die Werte bei 15 Prozent. Wenn Sie also bei einer Party einen Engpass an Wein oder Fruchtsaft haben, könnten Sie, ohne dass es bemerkt würde, ihre Getränke um bis zu 15 Prozent mit Wasser strecken – lebensnahe Forschung!

Der k-Wert von Gerüchen bewegt sich zwischen 0,1 und 0,6, also in einem ähnlichen Bereich wie die Grundgeschmacksarten. Bei Lautstärke dagegen beträgt der k-Wert nur 0,016 und bei Tonhöhen gar nur 0,003. Das bedeutet, dass wir objektiv sehr kleine Änderungen der Tonhöhe subjektiv wahrnehmen können – wir sind empfindliche Hörer, aber vergleichsweise wenig empfindliche Schmecker und Riecher.

Doppelt so viel Zucker ist nicht doppelt so süß – Weber-Fechnersches Gesetz

Gustav Theodor Fechner untersuchte die Beziehung zwischen Empfindungsstärke (Wahrnehmungsintensität) und der physikalischen Reizstärke. Er entdeckte, dass eine Verdoppelung der Reizstärke nicht zur Verdoppelung der Empfindungsstärke führt, sondern zu einer deutlich geringeren Empfindung. Fechner fand heraus, dass zwischen Empfindung und Reizstärke kein linearer, sondern ein logarithmischer Zusammenhang besteht. Diese Gesetzmäßigkeit gilt angenähert in den mittleren Bereichen aller Sinnesmodalitäten, nicht jedoch für die Randbereiche. Der US-amerikanische Experimentalpsychologe Stanley Smith Stevens beschäftigte sich in den 1950er Jahren mit diesen Problemen und fand eine Formel, mit der man den ganzen Wahrnehmungsbereich besser beschreiben kann – die Stevens'sche Potenzfunktion. Die Konsequenzen aus den Untersuchungen von Fechner und Stevens bedeuten verblüffenderweise, dass um z.B. den Krach eines LKW subjektiv zu verdoppeln, nicht zwei, sondern acht LKW lärmen müssen. Und um die subjektive Empfindungsstärke eines Geruchs zu verdoppeln, muss die Reizintensität etwa vervierfacht werden. Wollen Sie, dass Ihr Kuchen doppelt so intensiv nach Vanille riecht, müssen Sie nicht doppelt so viel Vanille zugeben, sondern sogar viermal so viel. Probieren Sie das in der Küche aus!

Das Marmeladensemmel-Problem oder die Adaptation

Am Wochenende esse ich gerne eine Marmeladesemmel zu meinem Kaffee. Zuerst bereite ich den Kaffee und süße ihn genau richtig. Dann gebe ich die süße Marmelade auf die Semmel und esse davon – ah, herrlich aromatisch und süß! Anschließend trinke ich wieder vom Kaffee und … Hallo? Der Kaffee ist nicht mehr optimal süß, sondern deutlich zu wenig süß. Was ist passiert? Es hat eine Anpassung meiner Geschmackssinneszellen an die extreme Süße der Marmelade gegeben und die sind nach der Marmelade weniger empfindlich auf Süß, sodass sie die Süße des Kaffees nicht mehr so intensiv an das Gehirn melden. Fazit: mein Kaffee ist zu wenig süß. Dieses Anpassungsphänomen bezeichnet man als Adaptation (oder auch Adaption). Es tritt bei jedem Sinnesorgan auf und ist auch beim Sehsinn sehr gut bekannt. Wenn wir an einem sonnigen Tag einen dunklen Raum betreten, dann sehen wir für einen Moment gar nichts, der dunkle Raum erscheint völlig schwarz und es kann relativ lange brauchen, bis wir wieder normal sehen. Die Rezeptoren in unserer Netzhaut waren durch das helle Licht im Freien regelrecht erschöpft und sie konnten nur auf viel Licht reagieren. Das wenige Licht im Inneren des dunklen Raums dagegen reicht nicht aus, um sie zu stimulieren. Sie brauchen einfach Zeit, um sich zu erholen. Die chemischen Substanzen, die in der Netzhaut eine Rolle bei der Umwandlung von Licht in Nervenimpulse spielen, müssen so weit ergänzt werden, dass es möglich ist, Nervenimpulse mit dem nur mehr schwachen Licht zu erzeugen. So werden unsere Augen im Dunkeln wieder empfindlicher. Wenn Sie aus dem dunklen Raum zurück ins Freie, an die helle Sonne gehen, ist das Licht fast schmerzhaft zu viel für Ihre Augen und es dauert wieder einige Zeit bis sich Ihr Auge angepasst hat. Das bedeutet, dass die Anpassung immer in beide Richtungen stattfindet, aber manche Sinnessysteme passen sich stärker als andere an. Das Gehör passt sich kaum an, Geruch und Geschmack dagegen sehr stark.

Adaptation beim Geruch kennen wir alle von unserer Schulzeit her sehr gut. Versetzen Sie sich in die Vergangenheit. Morgens hat das Klassenzimmer einen neutralen, nicht weiter auffälligen Geruch. Alle Schulkameraden treffen ein, Unterricht, kein besonderer Geruch zu bemerken. Wenn man dann nach der ersten Schulstunde das Zimmer verlässt und nach der Pause wieder zurückkommt, stellt man schockiert den meist nicht angenehmen Geruch all seiner Klassenkameraden und auch all der Kleidung und Gegenstände fest. Gott sei Dank riecht man diesen Geruch nach wenigen Minuten in der Klasse nicht mehr – unsere Nase hat sich wieder an diesen Geruch angepasst. Was ist passiert? In der ersten Stunde adaptieren sich unsere Riechsinneszellen vollständig an den langsam ansteigenden Geruchspegel – wir bemerken keinen Geruch. Während der

Pause erholen sich die Sinneszellen und das Ergebnis ist, dass wir den Geruch der Klasse für eine gewisse Zeit riechen, solange bis die Sinneszellen gnädigerweise wieder adaptiert sind.

Geschmacks- und Geruchsadaptation können Sie mit einem Kaugummi-Experiment überprüfen. Kauen Sie Ihren Lieblingskaugummi solange bis er fad schmeckt. Nehmen Sie ihn dann aus dem Mund und legen Sie ihn für einige Zeit (15 Minuten) beiseite, um ihn dann wieder in den Mund zu nehmen – ich hoffe, es ekelt Sie nicht vor Ihrem eigenen Kaugummi. Was Sie jetzt wahrnehmen, ist, dass der Kaugummi wieder intensiver schmeckt als er vorhin war, als er fade wurde. Wie ist das möglich? Die Geschmacks- und Geruchsstoffe im Kaugummi können sich ja inzwischen nicht auf geheimnisvolle Art vermehrt haben. Die Verschlechterung des Geschmacks von Kaugummi ist das Ergebnis zweier Prozesse. Einerseits gehen Geschmacks- und Duftstoffe im Kaugummi durch das Kauen und Auslaugen im Speichel langsam verloren. Die Anzahl der Moleküle mit Geschmack und Geruch wird weniger. Der zweite Prozess, der den Kaugummi fad werden lässt, ist die Adaptation der Riechzellen in der Nase und der Geschmacksrezeptoren in der Zunge. Diese beiden Prozesse verstärken sich gegenseitig. Die Sinneszellen werden immer unempfindlicher und sollten eigentlich stärker stimuliert werden, um aktiv werden zu können, Geschmacks- und Duftstoffe werden jedoch weniger. Es sind zwar immer noch Geschmacks- bzw. Geruchsmoleküle vorhanden, aber nicht genug, um die „müden", weniger empfindlichen Sinneszellen zu stimulieren. Das Ergebnis ist, dass der Kaugummi keinen Geschmack mehr hat, er ist fad. Wenn wir durch die viertelstündige Pause die Geruchs- und Geschmackszellen nicht mehr stimulieren, erholen sie sich oft schon nach wenigen Minuten. Das ist die Ursache dafür, dass der gleiche, eben noch fade, ein paar Minuten zwischengelagerte Kaugummi wieder stärker im Geschmack ist. Geschmacks- und Duftstoffe sind natürlich nicht mehr geworden, aber die Geruchs- und Geschmackszellen haben ihre ursprüngliche Empfindlichkeit zurückerlangt und der Kaugummi hat wieder „Geschmack".

Machen Sie diesbezüglich auch die Experimente 11 und 12 zur Adaptation von Geschmack und Geruch. Diese Versuche zeigen Ihnen, dass das Riechen und Schmecken nicht nur vom Angebot an Geruchs- und Geschmacksstoffen abhängen, sondern ebenso entscheidend vom Zustand der die Reize aufnehmenden Sinneszellen. Was wir schmecken, hängt demnach nicht nur davon ab, was wir im Mund haben, sondern auch ganz stark davon, was wir zuvor gegessen oder getrunken haben. All die Adaptationen, die während des Essens entstehen, haben einen Einfluss auf unsere Wahrnehmungen und auch darauf, wie gut uns etwas schmeckt. Wenn wir mehrere Speisen hintereinander essen, die sehr ähnlich schmecken, dann werden wir am Ende der Speisenfolge sehr stark auf diesen Geschmack adaptiert sein und ihn nicht mehr sehr intensiv wahrnehmen. Es kommt auch zur sogenannten wahrnehmungsspezifischen Sättigung: Wir haben einfach genug von diesem einen Geschmack und wollen Abwechslung. Daher sind Speisenfolgen eines Menüs meist so gestaltet, dass sich die sensorischen Eigenschaften der einzelnen Speisen klar voneinander unterscheiden und kontrastreich sind. So kommt es nicht oder nur wenig zu Adaptationen und auch nicht zur wahrnehmungsspezifischen Sättigung – wir essen mehr und mit größerem Vergnügen.

11

12

Die Anpassung an einen starken oder auch länger dauernden Reiz führt also zur Verringerung der Wahrnehmungsintensität – das ist die Adaptation. Diese Adaptation hält aber nicht für immer an, sondern wenn der Reiz beendet wird, erholt sich das sensorische System langsam wieder – das nennt man Deadaptation. Wie rasch Adaptation und Deadaptation erfolgen, wird maßgeblich von der Reizart bestimmt, ist aber auch von Person zu Person sehr unterschiedlich und außerdem vom Alter der Person abhängig. Ältere Menschen deadaptieren langsamer als jüngere Menschen, ihre Sinnessysteme brauchen länger, um sich zu erholen und wieder funktionsfähig zu sein. Die Adaptationsunterschiede zwischen den Sinnessystemen sind beträchtlich, beispielsweise adaptiert der Geschmack viel rascher und vollständiger als der Geruch.

Gewöhnung oder Habituation

Von der Adaptation zu unterscheiden ist die Habituation (oder Gewöhnung). Während die Adaptation eine Anpassung der Sinneszellen an die vorhandene Reizstärke ist, besteht die Habituation in einer Anpassung an die Reizstärke im zentralen Nervensystem. Bei der Adaptation senden die Sinneszellen weniger Signale an das Gehirn, bei der Habituation werden nach wie vor Signale von den Sinneszellen ausgesandt, aber das Gehirn ignoriert diese Information, weil es befindet, dass sie nicht relevant ist. Alltägliche Beispiele für die Habituation ist das Nicht-mehr-Hören des Rauschens des Computers, an dem man arbeitet, oder das Ticken einer Uhr. Wir überhören diese Geräusche: sie dringen nicht in unser Bewusstsein, aber wenn wir uns darauf konzentrieren, können wir sie wieder hören. Bei der Adaptation ist durch eine Konzentration auf den Reiz keine Wahrnehmung möglich, sie können sich noch so lange auf den ausgelutschten Kaugummi konzentrieren, er bekommt seinen Geschmack nicht zurück.

Neben der Gewöhnung gibt es aber auch eine Sensibilisierung gegenüber Reizen. Diese tritt vor allem dann auf, wenn der Reiz mit etwas Ärgerlichem, Unangenehmem oder gar Giftigem verknüpft wird. Denken Sie an den unangenehmen Geruch eines Hotelzimmers, der anfangs nur schwach wahrzunehmen war, dann aber im Verlauf der Zeit immer penetranter und unangenehmer wurde. Oder das Tropfen des Wasserhahns, das einen nicht schlafen lässt – es kann einen durch den Sensibilisierungseffekt in den Wahnsinn treiben.

Schwellwerte

Manche Menschen sind regelrechte Trüffelschweine, sie können den Geruch von Trüffeln bei sehr niedrigen Konzentrationen bereits wahrnehmen, wo andere noch rein gar nichts bemerken. Diese Personen haben eine sehr niedrige Wahrnehmungs- und Erkennungsschwelle. Sie bemerken das Trüffel-Aroma bei niedrigen Konzentrationen, ohne es noch benennen zu können (Wahrnehmungsschwelle), und sind dann auch bei etwas höheren Konzentrationen in der Lage, es richtig als Trüffel-Aroma zu identifizieren (Erkennungsschwelle). Die Wahrnehmungsschwellwerte für die unterschiedlichen Duftstoffe variieren von Person zu Person relativ stark. Wahrscheinlich sind genetische Ursachen dafür verantwortlich, aber auch Faktoren wie Lebensführung, Schadstoffen-Ausgesetztsein und Übung im Riechen spielen eine bedeutsame Rolle. Wenn man die Wahrnehmungsschwellwerte der Menschen mit denjenigen anderer Lebewesen vergleicht, muss man feststellen, dass viele Tiere um Zehnerpotenzen niedrigere Schwellwerte aufweisen, das heißt viel besser riechen. Propionsäure beispielsweise riecht der Mensch erst ab einer Konzentration von etwa 22.000.000.000 Molekülen pro Milliliter Luft, wohingegen der Hund diese schon etwa ab 2.500.000 Molekülen pro Milliliter Luft wahrnimmt. Gut, kann man sagen, sagen, Propionsäure riecht sowieso unangenehm stechend und nach Erbrochenem, Gott sei Dank riechen wir das nicht schon bei niedrigen Konzentrationen. Leider aber riechen wir die meisten Stoffe erst bei höheren Konzentrationen als viele Tiere. So riechen wir nach Veilchen duftende Alpha-Ionon ab einer Konzentration von 88.000.000 Molekülen pro Milliliter Luft und der Hund bereits ab 30.000 Molekülen pro Milliliter Luft. Manche Tiere sind in ihrem Riechvermögen auf Sexualduftstoffes spezialisiert, die sie unterstützen den passenden Partner zu finden. Der Seidenspinner reagiert beispielsweise schon auf 200 Moleküle seines Sexuallockstoffs pro Milliliter Luft! Der Mensch verwendet keine Sexualduftstoffe mehr zur sexuellen Kommunikation, er hat andere Kommunikationswege für die Anbahnung von sexuellen Beziehungen gefunden. Manche behaupten sogar, er verwende dafür die Sprache.

So toll manche Tiere im Vergleich zum Menschen riechen können, man darf die Riechwahrnehmungsfähigkeiten des Menschen nicht schlecht reden, denn er mag zwar relativ hohe Schwellwerte für die meisten Geruchsstoffe haben, aber dafür riecht er sehr viele unterschiedliche Geruchsstoffe. Tiere sind dagegen oft Spezialisten und sie können oft nur einige wenige Geruchsstoffe riechen.

Die Verteilungen der Wahrnehmungsschwellwerte sind meistens Normalverteilungen, das heißt es gibt einen mittleren Wert, um den die meisten Personen mit einer gewissen Schwankungsbreite ihre Wahrnehmungschwelle haben. Nur für wenige Substanzen gibt es eine andere Verteilung und die berühmteste ist wohl das PROP, eine chemische Substanz, die einen ausgeprägt bitteren Geschmack hat. PROP können manche Menschen schon bei sehr niedrigen Konzentrationen schmecken, bei denen andere noch gar nichts Bitteres schmecken. Diese anderen Personen schmecken PROP erst bei relativ hohen Konzentrationen. Die Verteilung der Wahrnehmungsschwellwerte von PROP ist nämlich nicht eingipfelig und normalverteilt, sondern es gibt zwei Gipfel: einen im unteren Konzentrationsbereich und einen im oberen Konzentrationsbereich. Eine empfindliche Personengruppe bildet eine Normalverteilung im unteren Konzentrationsbereich und eine zweite, wenig empfindliche Gruppe im oberen Konzentrationsbereich. Die Fähigkeit, PROP bereits im niedrigen Konzentrationsbereich schmecken zu können, ist genetisch bedingt und früher hat man wegen dieser genetischen Ursache den PROP-Schmeck-Test auch für Vaterschaftstests herangezogen.

Neben der Wahrnehmungs- und der Erkennungsschwelle ist auch die Unterschiedsschwelle von Bedeutung. Sie ist ein Maß für die Empfindlichkeit für einen Reiz und als jene minimale Reizdifferenz definiert, die benötigt wird, um einen Empfindungsunterschied zwischen zwei Reizen auszulösen. Das ist genau das, was Gustav Theodor Weber in seinen Studien untersucht hat. Dieser Wert sagt, um wie viel ein Reiz verringert oder vergrößert werden kann, ohne dass eine Person einen Unterschied bemerkt. Das ist unter anderem für die Anstrengungen der Lebensmittelbranche interessant, bestimmte Inhaltsstoffe wie zum Beispiel Zucker oder Kochsalz zu reduzieren. Wenn die relative Unterschiedsschwelle für Zucker bei 0,16 liegt, dann bedeutet das, dass nur wenige besonders empfindliche Personen bei einer Absenkung des Zuckergehalts um 16 Prozent einen Unterschied im Geschmack bemerken werden.

Der Vollständigkeit halber sollen auch noch die Sättigungsschwelle und die Schmerzschwelle erwähnt werden. Bei der Sättigungsschwelle ist eine Reizintensität erreicht, ab der eine weitere Erhöhung des Reizes zu keiner weiteren Erhöhung der Empfindungsintensität mehr führt. So sind ab einer bestimmten Zuckerkonzentration alle Süß-Rezeptoren besetzt, süßer geht nicht mehr, auch wenn man noch so viel Zucker zugibt. Und die Schmerzschwelle – auch absolute obere Schwelle genannt – ist dann erreicht, wenn die Reizintensität bereits zu schmerzhaften Empfindungen führt beispielsweise der Nervus trigeminus erregt wird. Bei manchen Substanzen wird diese Schmerzschwelle relativ rasch erreicht, denken Sie an Säuren, Kochsalz, Pfeffer oder Chili. Bei anderen wird sie dankenswerterweise nie erreicht – denken Sie an Zucker.

DIE ZUKUNFT DES GESCHMACKS

Werden wir unsere Sinne erweitern? Vielleicht.

Aldous Huxley experimentierte in den 1950er Jahren mit dem halluzinogenen Kaktus-Alkaloid Meskalin und vertrat in seinem Essay „The Doors of Perception“, das den Namen für die Popgruppe „The Doors“ um Jim Morrison lieferte, die Ansicht, dass die primäre Aufgabe des Gehirns in der Filterung der sensorischen Eindrücke bestünde und durch Unterdrückung dieser Funktion mithilfe von Drogen mehr und andere sensorische Eindrücke ins Bewusstsein gelangen könnten. Es käme damit zu einer Erweiterung der Sinnesmöglichkeiten und einer Erweiterung des Bewusstseins. Diese spekulativen Ansichten wurden in den 1960er Jahren in der psychedelischen Kunst und der Hippie-Bewegung populär. Aus heutiger Sicht können Huxleys Ansichten nicht bestätigt werden, vielmehr kommt es bei Drogeneinnahme zu einer weitaus weniger zweckmäßigen Interpretation der Sinnesreize und daher zu konfus-verzerrten Sinneswahrnehmungen und veränderten, nicht alltagstauglichen Bewusstseinszuständen.

Zur Erweiterung unserer Sinnesmöglichkeiten besser geeignet als bewusstseinsverzerrende Drogen erscheinen aus heutiger Sicht eher elektronische oder biologische Sensorik-Implantate, die bei entsprechender Verknüpfung mit passenden Gehirnregionen verloren gegangene sensorische Leistungen wieder ermöglichen. Bereits realisiert sind beispielsweise Cochlea Implantate für das Ohr. Im Bereich des Geschmacks diskutiert man das Konzept des virtuellen Geschmacks oder augmented flavours. Dabei setzt man schwache elektrische Reize ein, die auf der Zunge die Geschmackswahrnehmungen sauer, salzig und bitter erzeugen können. In einer Klinik für Bluthochdruck-Patienten in Tokyo gibt es bereits ein No-Salt

Restaurant, in dem die Patienten mit Gabeln essen, die einen schwachen elektrischen Impuls an das Essen und die Zunge abgeben und so zu einer salzigen Geschmackswahrnehmung führen, ohne dass Salz im Essen wäre.

Eine überaus spekulative, aber reizvolle Zukunftsmusik ist das New Sense Designing, welches das Ziel verfolgt, für Menschen gänzlich neue Wahrnehmungsbereiche zu erschließen, indem neue, im üblichen, evolutionär entwickelten biologischen Rahmen nicht vorhandene Sensoren entwickelt und mit dem Gehirn vernetzt werden. Wir könnten dann Infrarot sehen oder Substanzen riechen und schmecken, die wir mit unserer heutigen biologischen Ausstattung nicht wahrnehmen können.

Werden wir den Geschmack manipulieren? Das tun wir schon.

Eine Reihe von neurologischen Methoden wird diskutiert, wenn es darum geht, den Geschmack zu verstärken, abzuschwächen oder umzuwandeln. So ist es beispielsweise möglich, die Süßregion im Gehirn gezielt zu stimulieren und man empfindet dann beim Trinken von reinem Wasser den gleichen Wohlgeschmack wie wenn es süß wäre. Das könnte den problematischen Verzehr von gesüßten Erfrischungsgetränken senken. Das gezielte Blockieren bestimmter anderer Gehirnregionen kann dagegen zum Absinken der Lust am Essen führen. Li Wang beschreibt den Effekt einer solchen Lust-Blockade recht drastisch: „Es wäre so, als nähmst du einen Bissen von deinem Lieblingsschokoladekuchen, ohne dabei Genuss zu empfinden. Und nach ein paar weiteren Happen hörst du auf von dem Kuchen zu essen, den du normalerweise runtergeschlungen hättest." Das könnte also durchaus auch ein Mittel gegen das Überessen sein und damit gegen die Entwicklung von Übergewicht und Fettleibigkeit.

Wahrscheinlich die einfachere Methode, Geschmackswahrnehmungen zu verstärken, abzuschwächen oder umzuwandeln, ist der Einsatz von Geschmacksmodulatoren. Das sind Substanzen, die einen bestehenden

Geschmack auslöschen, verstärken oder umwandeln. Die meisten dieser Substanzen wurden bisher in der Natur gefunden. Mirakulin aus einer indischen Schlingpflanze und Curculin aus einer malaysischen Pflanze wandeln sauren in süßen Geschmack um. Curculin ist in Südostasien schon zugelassen und kann sauren Getränken zugesetzt werden, die so ohne Zucker- oder Süßstoff-Zusatz süß werden. Gymnemasäure löscht süßen Geschmack vollständig aus und Lactisol schwächt ihn ab. Lactisol ist in den USA zugelassen für den Einsatz in Süßwaren und Snack-Produkten, um die Süße zu verringern und damit das Gesamt-Aroma stärker hervortreten zu lassen.

Auch die Wechselwirkungen zwischen Geruchsstoffen und Geschmackswahrnehmungen werden in der Zukunft sicher besser erforscht sein und bewusst in der Lebensmittelproduktion eingesetzt werden. Beispielsweise der Zusatz von Aromen, um die Süße eines Produkts zu verstärken und damit Zucker einzusparen.

Ein eigenes Gebiet ist die künstliche Nachahmung des Geschmacks von natürlichen Rohstoffen, die man aus ökologischen oder ethischen Gründen nicht mehr so stark nutzen möchte. Stichwort Fleisch- oder Käse-Imitate. Es braucht eine Vielzahl an Geschmacksstoffen und Aromen, um eine Zubereitung aus Erbsen, Gluten, Pilzen oder Soja ähnlich wie Fleisch schmecken zu lassen und die großen Aroma-Häuser der Welt arbeiten intensiv an solchen Lösungen. Ob die in kulinarischer Hinsicht relativ konservativen europäischen Konsumenten solche Entwicklungen schätzen, wird die Zukunft weisen.

Wird unser Geschmackssinn degenerieren? Kommt darauf an.

Manchmal wird behauptet, dass der Geschmackssinn der Menschen in den industrialisierten Gesellschaften immer schlechter würde, weil sie mit Unmengen von Geschmacks- und Aromastoffen konfrontiert werden würden, die die Lebensmittelindustrie den Lebensmitteln zusetzt. Tatsächlich gibt es keine Daten über die Entwicklung der Wahrnehmungsfähigkeit über die Zeit hin. Wir wissen einfach nicht, ob die Menschen zu Mozarts Zeit besser geschmeckt haben als wir heute. Die sensorischen Untersuchungen der letzten Jahrzehnte lassen jedenfalls keinen solchen Trend erkennen. Die Wahrnehmungsfähigkeit einer Person hat genetische Ursachen und wird stark vom Geschlecht, vom Alter, persönlichen Ernährungsgewohnheiten, dem Gesundheitszustand und Lebensumständen beeinflusst.

Was wir aber als Einzelpersonen tun können, um unsere Sinne funktionstüchtig zu erhalten und vielleicht gar zu schärfen, ist, uns ihrer bewusst zu sein, sie zu pflegen und zu trainieren. Riechen Sie bewusst an Kräutern, Blumen und Lebensmitteln und geben Sie dem, was sie wahrnehmen, einen Namen. Jetzt rieche ich Thymian. So riecht Salbei. Sprechen Sie über ihre Geschmackswahrnehmungen und Sie trainieren allein damit im Alltag Ihre Wahrnehmungsfähigkeiten. Selbstverständlich sollten Sie auch die hier beschriebenen kleinen Experimente immer wieder mit unterschiedlichen Rohstoffen durchführen. So erweitern Sie ihre sinnliche Wahrnehmungsfähigkeit und erhalten sie auch auf einem hohen Niveau, wenn Sie älter werden. Und mit besseren Wahrnehmungsfähigkeiten werden Sie ein erfüllteres und glücklicheres Leben führen.

Ich habe den persönlichen Eindruck, dass viele Menschen unserer europäischen Gesellschaft eine starke Sehnsucht nach sinnlichem Erleben haben und sich intensiv auch mit dem Geschmack beschäftigen. Die Vielzahl an Kochbüchern, Kochkursen oder Sinnesführungen durch Städte und Märkte bestätigt meiner Meinung nach diesen Trend. Und darüber hinaus ist ein guter Beleg für diese Beobachtung die Tatsache, dass Sie dieses Buch gekauft und gelesen haben.

EXPERIMENTE

01 Yellow is the new blue

Erwartungen und der Einfluss der Farbe auf die Geschmackswahrnehmung

Ziel In diesem Versuch können Sie überprüfen, ob unsere Geschmackswahrnehmung von Farben beeinflusst wird.

Material Naturjoghurt; Lebensmittelfarben rot, blau, gelb; 4 Gläser, 4 Löffel

Vorbereitung Geben Sie den Joghurt in die 4 Gläser und setzen Sie Glas 2, 3 und 4 die drei Lebensmittelfarben in einer Menge zu, dass sie rosa, bläuliche und hellgelbe Joghurts erhalten, die farblich an Erdbeer-, Heidelbeer- und Vanillejoghurt erinnert.

Lassen Sie Ihre Versuchspersonen unabhängig voneinander Joghurt aus den 4 Gläsern kosten. Die Versuchspersonen sollen erraten, um welches Joghurt es sich handelt: Natur, Erdbeere, Heidelbeere oder Vanille.

○ **Natur** ○ **Erdbeere** ○ **Heidelbeere** ○ **Vanille**

Erkenntnis Farben sind wichtige Indikatoren für den zu erwartenden Geschmack eines Lebensmittels. Vor allem Farben, mit denen wir aufgrund unserer Erfahrung einen bestimmten Geschmack assoziieren, können die tatsächliche Geschmackswahrnehmung stark verzerren.

02 Auf der Zungenlandkarte reisen

Entdecken Sie Ihre persönliche Zungenlandkarte!

Ziel Mit diesem Versuch widerlegen Sie die jahrzehntelang verbreitete falsche Zungenlandkarte.

Material Zucker, Salz, Zitronensaft, Kaffee, Wasser; 4 Gläser, 4 Wattestäbchen, Spiegel, 4 Zungenskizzen, Bleistift

Vorbereitungen Lösen Sie 1 Teelöffel Zucker in 1/8 Liter Wasser für die süße und 1/2 Teelöffel Kochsalz ebenfalls in einem 1/8 Liter Wasser für die salzige Lösung. Für die saure Lösung nehmen Sie den Saft einer Zitrone und für die bittere Lösung verwenden Sie ungesüßten Kaffee.

Versuchsdurchführung Beginnen Sie mit der Zuckerlösung. Halten Sie ein Wattestäbchen in die Lösung, sodass es gut angefeuchtet ist und berühren Sie dann damit verschiedene Regionen Ihrer Zunge. Stellen Sie einen Spiegel vor sich auf, damit Sie beobachten können, wo Sie Ihre Zunge berühren. Vorsicht, wenn Sie das Wattestäbchen weit nach hinten auf den Zungengrund aufbringen, könnte der Würgereflex einsetzen … Beginnen Sie vielleicht mit der Zungenspitze – was nehmen Sie dort wahr? Schmecken Sie süß? Wenn ja, dann machen Sie auf der Zungenskizze ein kleines Kreuz. Wenn nein, dann machen Sie einen kleinen Kreis. Halten Sie das Wattestäbchen wieder in die Zuckerlösung und wiederholen Sie den Versuch an einer anderen Stelle Ihrer Zunge. Gehen Sie die Ränder der Zunge entlang nach hinten zum Zungengrund und versuchen Sie dann auch, ob Sie in der Mitte der Zunge etwas schmecken. Für die salzige, saure und bittere Flüssigkeit verwenden Sie je eine neue Skizze der Zunge und spülen Sie Ihren Mund zwischen den unterschiedlichen Lösungen gut mit neutralem Wasser aus. Sie können so überprüfen, ob die jahrzehntelang überlieferte Zungenlandkarte korrekt ist, gemäß der man süß an der Zungenspitze, sauer und salzig an den Zungenrändern und bitter am Zungengrund schmecken würde.

Erkenntnis Die tradierte Zungenlandkarte ist falsch. Man schmeckt an den Zungenrändern alle Geschmacksarten, an der hinteren Zunge bitter stärker als vorne.

Meine persönliche Zungenlandkarte – hier schmecke ich

Süß

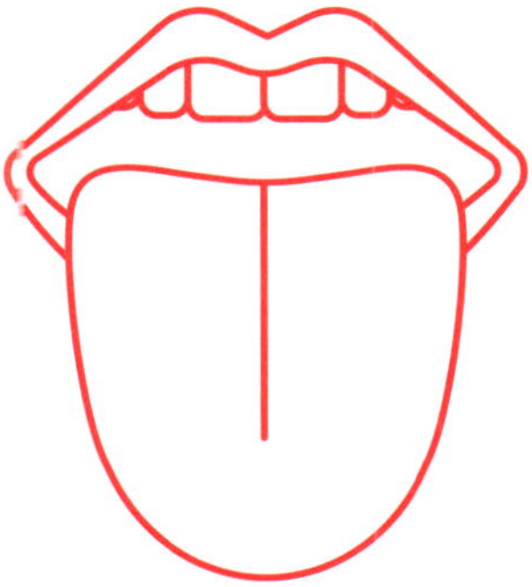

Sauer

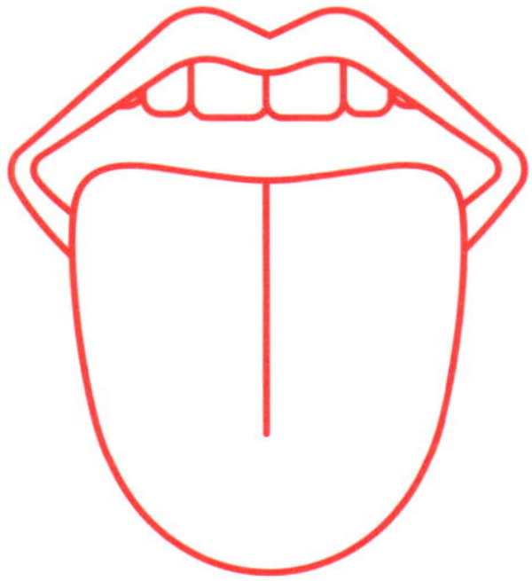

Salzig

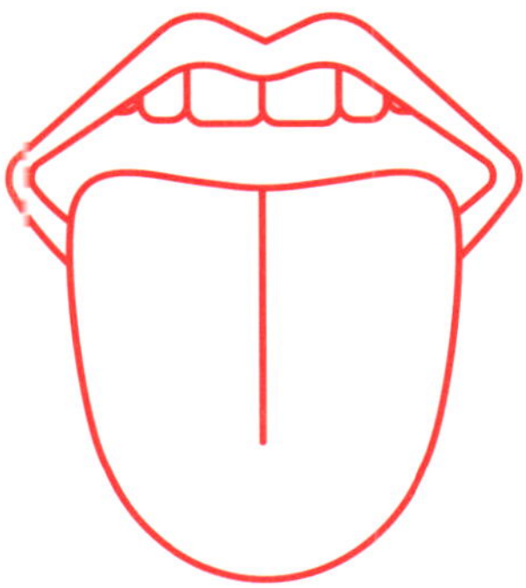

Bitter

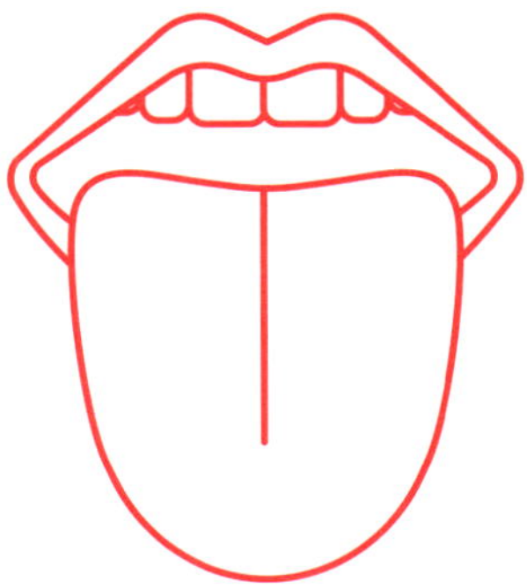

03 A nightmare called sugar

Der süße Alptraum

Ziel In diesem Versuch überprüfen Sie, wie gut eine Zuckerlösung ohne Säure und Aroma schmeckt, die den üblichen Zuckergehalt von gesüßten Erfrischungsgetränken hat.

Material Zucker, Wasser, Zitronensaft; 4 Flaschen zu 1,5 Liter

Versuchsvorbereitung In die erste Flasche geben Sie nur einen Liter Wasser, in die zweite nur 110 Gramm Zucker. In die dritte Flasche geben Sie bitte 110 Gramm Zucker (das sind etwa 30 Stück Würfelzucker) und füllen Sie mit einem Liter Wasser auf. Schütteln Sie die Flasche, bis sich der Zucker vollständig gelöst hat. In die vierte Flasche kommen ebenfalls 110 Gramm Zucker und 1 Liter Wasser, aber fügen Sie der Zuckerlösung 50 Milliliter Zitronensaft zu.

Versuchsdurchführung Kosten Sie zuerst vom reinen Wasser und dann von der reinen Zuckerlösung. Die reine Zuckerlösung hat ungefähr den Zuckergehalt von Erfrischungsgetränken, die mit Zucker gesüßt sind. Beurteilen Sie, wie gut Ihnen die Lösung schmeckt, am besten auf einer Schulnotenskala von 1 (schmeckt sehr gut) bis 5 (schmeckt gar nicht = nicht genügend). Anschließend kosten Sie die mit Zitronensaft versetzte Zuckerlösung und bewerten sie ebenfalls. Gibt es Unterschiede? Welche?

Erkenntnis Beim Vergleich der reinen Zuckerlösung mit der mit Zitronensaft versetzten Zuckerlösung stellt man fest, dass die erstere so süß ist, dass man sie fast nicht trinken möchte, vor allem, wenn man den Berg Zucker sieht, der sich nicht sichtbar in Lösung befindet. Trinken Sie rasch vom reinen klaren Wasser! Der viele Zucker in einem so stark gesüßten Getränk wird nur erträglich, wenn ausreichend Säure zugefügt wird, die die Süße ausbalanciert.

Flasche 1

Flasche 2

Flasche 3

Flasche 4

Anmerkung Es gibt eine starke wissenschaftliche Evidenz, dass der Konsum von mit Zucker gesüßten Erfrischungsgetränken bei Erwachsenen zu Übergewicht und Fettleibigkeit führt. Bei Kindern ist die Sicherheit dieses Zusammenhangs nicht ganz so groß, sie können den vielen Zucker durch ihr Wachstum offenbar noch etwas besser verwerten als Erwachsene, die nur mehr in die Breite wachsen können.

04 Sweet Dreams are made of this?

Versuch zur vollständigen Auslöschung der Süße

Ziel Demonstration der Wichtigkeit von süßem Geschmack

Für diesen Versuch brauchen Sie Gymnemasäure (googeln Sie unter „Gymnemasäure kaufen" und Sie wissen, wie man sie beziehen kann). Diabetiker und Allergiker sollten diesen Versuch nicht machen, es könnte zu unerwünschten gesundheitlichen Reaktionen kommen.

Material Gymnemasäure; süße Lebensmittel aller Art

Versuchsdurchführung Kosten Sie zuerst die süßen Lebensmittel, die Sie verwenden wollen. Kristallzucker, Schokolade und süße Erfrischungsgetränke bieten sich an – sie stellen fest, dass diese Lebensmittel sehr süß schmecken. Bringen Sie dann die Gymnemasäure auf die Zunge auf, lassen Sie sie zwei bis drei Minuten einwirken und spucken Sie sie wieder aus. Spülen Sie kurz Ihren Mund mit Wasser und kosten Sie die süßen Lebensmittel wieder. Erschrecken Sie nicht: Kristallzucker fühlt sich an wie geschmackloser Sand, Schokolade wie ein Fettbrocken und das Erfrischungsgetränk schmeckt leer und schal.

Erkenntnis Gymnemasäure kann den süßen Geschmack tatsächlich völlig auslöschen. Und dieser süß-lose Zustand ist schrecklich! Nichts schmeckt mehr gut, das meiste leer und manches sogar widerlich ... Schokolade ohne Süße ist nur mehr ein Klumpen Fett. So erlangen Sie in drastischer Weise sinnliche Gewissheit, dass die Grundgeschmacksart süß außerordentlich viel zum Wohlgeschmack vieler Lebensmittel beiträgt. Ja, die Süße ist geradezu die vorbildhafte angeborene Geschmackslust, anhand derer wir lernen andere Geschmäcker, Aromen und Gerüche zu mögen. Wir lernen, dass bestimmte Aromen immer gemeinsam mit der Süße auftreten und die Lust am Süßen wird auf diese Aromen übertragen.

05 In den Zaubertrank gefallen?

Das süß-saure Wunder

Ziel Verwirrung ... Und Sie finden heraus, dass manche Lebensmittel ohne Säure langweilig sind und gar nicht gut schmecken.

Für diesen Versuch brauchen Sie Mirakulin (googeln Sie unter „Mirakulin kaufen" oder „Wunderbeere kaufen" und Sie wissen, wie man es beziehen kann). Allergiker sollten diesen Versuch nicht machen, es könnte zu unerwünschten gesundheitlichen Reaktionen kommen.

Material Mirakulin; saure Säfte, verdünnter Essig, Zitronensaft, Wein, Obst (Kiwi, Orange, Apfel, Ananas etc.)

Versuchsdurchführung Kosten Sie zuerst alle mehr oder weniger sauren Lebensmittel, die Sie bereitgestellt haben. Geben Sie dann eine Mirakulin-Tablette in den Mund und lassen sie sie auflösen. Anschließend kosten Sie ihre sauren Lebensmittel wieder durch und Sie werden Ihr süßes Wunder erleben.

Erkenntnis Mirakulin wandelt sauren in süßen Geschmack um. Sie schmecken keine Säure mehr. Selbst der Essig schmeckt süß, der Wein ist ein süßliches Getränk, alles Obst schmeckt fahl und seltsam. All diese Lebensmittel brauchen offenbar eine Balance von Süß und Sauer, um gut zu schmecken.

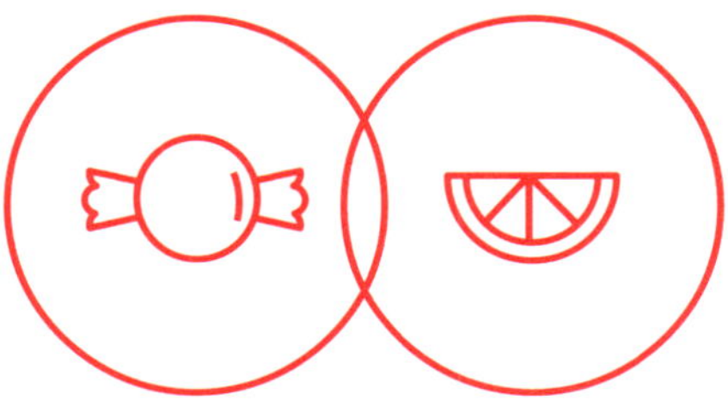

06 Ich rieche was, was du nicht riechst

Versuch zum retronasalen Riechen

Ziel Dieser Versuch zeigt Ihnen, wie wichtig die retronasale Riechwahrnehmung für das Erkennen von Geschmack und Lebensmitteln im Mund ist.

Material Vanillezucker (alternativ: Bonbons, Joghurt, Tee und alles andere Ess- oder Trinkbare)

Versuchsdurchführung Halten sie sich mit der einen Hand die Nase zu und streuen Sie mit der anderen Vanillezucker auf die Zunge – Was nehmen Sie wahr? Nur die Süße. Geben Sie dann die Nase frei, atmen Sie normal weiter. Was nehmen Sie jetzt wahr? Plötzlich überflutet ein Schwall von Vanille ihre Wahrnehmung. Ohne retronasales Riechen hätte auch normaler Zucker auf ihrer Zunge sein können, mit offener Nase ist völlig klar: das ist Vanillezucker.

Sie können den gleichen Versuch auch mit verschiedenen aromatisierten Traubenzuckerbonbons, unterschiedlichen Fruchtjoghurts oder aromatisierten Tees machen. Nachdem diese Produkte durch ihre Farbgebung ein bestimmtes Aroma andeuten, ist es besser, Sie nehmen zusätzlich eine Augenbinde, sodass Sie die Proben nicht sehen und lassen sich die Proben von einer zweiten Person in den Mund geben. Wenn Sie das Produkt nicht sehen und es durch die verschlossene Nase nicht retronasal riechen können, werden Sie keine Chance haben, sein Aroma zu erkennen.

Sehr interessant ist es auch, diesen Versuch mit einem Mentholbonbon durchzuführen. Man merkt bei geschlossener Nase schon, dass es im Mund auch einen gewissen Kühl-Effekt gibt, aber sobald Sie die Nase öffnen und das Menthol retronasal in Ihre Nase gelangt, ist der Effekt ungleich massiver – man fühlt die Kühle vor allem beim Ausatmen sehr stark im unteren Bereich der Nasenhöhle, denn besonders dort innerviert der Nervus trigeminus die Schleimhaut.

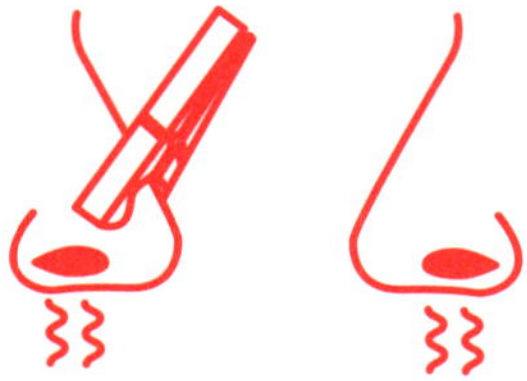

Erkenntnis Retronasales Riechen ist so wichtig für das Geschmackserlebnis, dass ein Erkennen von Lebensmitteln im Mund kaum möglich ist. Der retronasal wahrgenommene Geruch wird als Geschmackserlebnis im Mund verortet und Wissenschaftler schätzen daher, dass 70 bis 95 Prozent dessen, was wir für Geschmack halten, eigentlich retronasaler Geruch ist.

07 Ich weiß, was ich letzten Sommer gerochen habe

Geruchserinnerungstest

Ziel Überprüfen Sie, ob Sie sich gut an Gerüche erinnern können.

Material Acht Gewürze (z.B. Pfeffer, Majoran, Knoblauch, Kümmel, Paprika, Oregano, Thymian, Gewürznelke); Augenbinde; helfende Person

Versuchsdurchführung Setzen Sie die Augenbinde auf und lassen Sie sich von einer helfenden Person vier zufällig ausgewählte Gewürze von den acht Gewürzen 15 bis 20 Sekunden unter die Nase halten. Zwischen den Proben lassen Sie 1 bis 2 Minuten verstreichen und riechen Sie an Ihrer Haut oder an Ihrer (hoffentlich geruchsfreien) Kleidung, um Ihr Geruchsvermögen wieder auf den Nullpunkt einzustellen. Die helfende Person notiert, welche Gewürze sie gereicht hat, Sie sollen aber von ihr (noch) nicht erfahren, um welche Gewürze es sich tatsächlich handelt. Versuchen Sie einfach, sich die Gerüche einzuprägen. Nachdem Sie die vier Proben gerochen haben, erhalten Sie jetzt nacheinander alle acht Gewürze zum Riechen unter die Nase, unter denen sich auch die vier befinden, die sie schon gerochen haben. Es sollten bereits gerochene und noch nicht gerochene Gewürze in zufälliger Reihenfolge gereicht werden, das heißt keinesfalls zuerst alle vier bereits gerochenen und dann die nicht gerochenen. Die schwierige Aufgabe für Sie ist es jetzt herauszufinden, ob Sie den Geruch, den Sie eben wahrnehmen, vorhin schon wahrgenommen haben oder nicht. Die Person, die den Test mit Ihnen macht, muss genau auf die Liste der bereits gereichten Gerüche schauen und notieren, ob Sie eine richtige oder eine falsche Antwort geben. Wenn Sie ein gutes Geruchserinnerungsvermögen haben, erkennen Sie alle 5 bereits gerochenen Gewürze wieder. Natürlich kann man diesen Test unterschiedlich schwer machen. Man kann mit weniger Gerüchen arbeiten oder auch Gewürze verwenden, die sehr ähnlich sind – Bärlauch und Knoblauch beispielsweise, oder Anis und Kümmel.

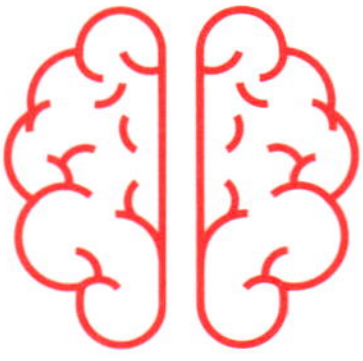

Erkenntnis Sich an Gerüche zu erinnern ist nicht so leicht wie gedacht, aber mit Übung fällt es immer leichter. Mit dieser einfachen Methode können Sie Ihr Geruchserinnerungs- und -identifikationsvermögen spielerisch trainieren und verbessern.

08 Some like it hot

Einfluss der Temperatur auf die Geschmacks- und Aromawahrnehmung

Ziel Dieser Test überprüft, ob die Temperatur eines Lebensmittels seine Geschmacks- und Aromaintensität beeinflusst.

Material Speiseeis; 2 Schalen, 2 Löffel, Glas zimmerwarmes Wasser

Versuchsvorbereitungen Entnehmen Sie dem Speiseeis einen Teil und lassen Sie diesen bei Zimmertemperatur in einer Schale schmelzen. Das restliche Eis bleibt im Tiefkühlschrank. Sobald das entnommene Eis geschmolzen ist, geben Sie in die zweite Schale das tiefgekühlte Eis.

Durchführung Kosten Sie zuerst vom geschmolzenen Eis, spülen Sie dann Ihren Mund mit Wasser und kosten Sie anschließend vom gefrorenen Eis. Versuchen Sie festzustellen, welche Probe süßer schmeckt und ein intensiveres Aroma hat.

Erkenntnis Niedrige Temperaturen beeinträchtigen die Wahrnehmungsfähigkeit für Geschmack und Aroma. Kaltes Essen und kalte Getränke schmecken weniger intensiv als warme.

Anmerkung Sie können diesen Test mit verschiedenen Lebensmitteln durchführen. Es bieten sich unter anderem an: Pudding, Fruchtjoghurt, Käse, Obst, Bier, Wein, Kaffee, Erfrischungsgetränke. So können Sie auch die für Sie optimale Verzehrstemperatur herausfinden.

09 Viel Lärm um nichts?

Geräuschetest

Ziel Testen Sie Ihre Fähigkeit, Lebensmittel anhand ihrer Geräusche zu identifizieren.

Material Nüsse, Apfel, Karotte, Knäckebrot, Chips, Mineralwasser- oder Bierflasche, oder andere Geräusche machende Lebensmittel; Augenbinde; helfende Person

Versuchsdurchführung Sie haben Ihre Augen verbunden und die helfende Person macht mit den ausgewählten Lebensmitteln typische Geräusche. Nüsse werden geknackt, in den Apfel gebissen, die Karotte wird gebrochen, Knäckebrot und Chips machen beim Kauen knusprige Geräusche und die Flasche zischt, wenn man sie öffnet.

Erkenntnis Sie sind erstaunlich gut in der Lage, verschiedenste Lebensmittel nur aufgrund der Geräusche, die sie machen, zu erkennen. Geräusche sind sehr charakteristisch für ein Lebensmittel, sie geben uns sofort über die mechanischen Eigenschaften des Lebensmittels Auskunft.

10 Sense and Sensibility

Einfluss von Farbe und retronasalem Riechen auf die Geschmackswahrnehmung und das Erkennen von Lebensmitteln

Ziel Sie untersuchen den Effekt des retronasalen Riechens und des Sehens der Farbe eines Lebensmittels auf die Geschmackswahrnehmung.

Material 3 verschiedene Sorten Fruchtjoghurt (möglichst ohne verräterische Frucht-Stückchen); 3 Glasschalen; 9 Löffel; Glas Wasser; Notizblatt und Stift; Augenbinde; helfende Person

Versuchsvorbereitungen Füllen Sie die drei Joghurts in die Schälchen. Verbinden Sie Ihre Augen und halten Sie die Nase fest mit zwei Fingern zu oder verschließen Sie die Nase mit einer Wäscheklammer.

Versuchsdurchführung Lassen Sie sich von der helfenden Person einen Löffel Joghurt in den Mund geben. Versuchen Sie nun mit zugehaltener Nase zu erkennen, um welche Fruchtsorte es sich handelt. Lassen Sie das Ergebnis von der helfenden Person notieren. Spülen Sie Ihren Mund kurz mit Wasser aus und wiederholen Sie das gleiche mit Joghurt zwei und drei.

Wiederholen Sie nun das Experiment weiter mit verschlossenen Augen, aber diesmal ohne sich die Nase zuzuhalten. Die Hilfsperson sollte Ihnen die Joghurtproben in einer anderen Reihenfolge geben als zuvor. Ihre Antworten werden wieder notiert und anschließend wird der Versuch ein zweites Mal wiederholt, ohne Augenbinde und ohne sich die Nase zuzuhalten. Wenn Sie die Testergebnisse vergleichen, sollten Sie im ersten Versuch das Aroma am seltensten erraten haben, im zweiten Versuch deutlich häufiger und am sichersten im dritten Versuch. Es ist deutlich am schwersten, den Geschmack des Joghurts zu erkennen, wenn man sich die Nase zuhält und gleichzeitig nicht sehen kann.

Erkenntnis Für die Geschmackswahrnehmung ist nicht nur unsere Zunge wichtig, sondern auch das Riechen und das Sehen tragen maßgeblich zum Geschmacksempfinden und zur Identifikation von Lebensmitteln bei. Das Auge sagt uns, welche Fruchtsorte vorliegt, eine rote wie Kirsche oder Erdbeere, eine gelb-orange wie Mango oder eine blaue wie Heidelbeere. Mit der Zunge erkennt man Textur, Temperatur und Grundgeschmacksarten und die Nase erkennt das Aroma des Joghurts, z. B. das Erdbeer-, Heidelbeer- oder Vanillearoma. All diese sensorischen Informationen helfen uns dabei, den Geschmack zu erkennen und ihn einem bekannten Lebensmittel zuzuordnen.

11 Die Dosis macht die Medizin

Versuch zur Geschmacksadaptation

Ziel Dieser Versuch macht sinnlich erlebbar, wie rasch und vollständig unser Geschmackssinn sich an eine hohe Reizintensität anpasst.

Material Salz, Zucker, Wasser; Löffel, 4 Gläser

Vorbereitungen Zuckerlösungen: Lösen Sie in Glas 1 einen Teelöffel Zucker in einem 1/8 Liter Wasser auf, in Glas 2 lösen Sie zwei Teelöffel Zucker in einem 1/8 Liter Wasser.

Salzlösungen Lösen Sie in Glas 4 einen halben Teelöffel Salz in einem 1/8 Liter Wasser auf, in Glas 4 lösen Sie einen ganzen Teelöffel Salz in einem 1/8 Liter Wasser.

Versuchsdurchführung Kosten Sie zuerst von der Zuckerlösung in Glas 1 – schmeckt ziemlich süß, nicht wahr? Anschließend nehmen Sie einen Schluck von der Zuckerlösung aus Glas 2 und spülen Sie die Lösung für 10 Sekunden im Mund umher – ich nehme an, das ist sehr süß.

Jetzt kosten Sie wieder von Glas 1 – was schmecken Sie? Unfassbar! Die Lösung, die vor einer halben Minute noch sehr süß geschmeckt hat, ist plötzlich geschmacklos wie Wasser.

Kosten Sie die Salzlösungen auf die gleiche Art, aber spucken Sie die Lösungen besser aus, als sie zu schlucken – zu viel Salz ist nicht gesund. Was stellen Sie auch hier fest? Warum schmeckt Glas 3 überhaupt nicht mehr salzig, nachdem Sie von Glas 4 intensiv gekostet haben?

Erkenntnis Innerhalb kurzer Zeit passen sich die Geschmackssinneszellen an die hohe Konzentration von Geschmacksstoffen an und nehmen niedrigere Konzentrationen nur mehr viel schwächer als vor der Anpassung wahr.

12 Smells like good spirit

Versuch zur Geruchsadaptation

Ziel Die Anpassung der Wahrnehmungsintensität an eine Reizintensität erfolgt auch bei Gerüchen sehr rasch und stark.

Material Rum- und Zitronen-Backaroma; 2 kleine Gläser

Vorbereitungen Geben Sie in das erste Glas gleich viel Rum- und Zitronen-Backaroma. In das zweite Glas geben Sie bitte nur Rum-Aroma.

Versuchsdurchführung Riechen Sie kurz an Glas 1 mit beiden Backaromen – Was nehmen Sie wahr? Anschließend riechen Sie für etwa 20 Sekunden an dem Glas mit reinem Rum-Aroma – was riechen Sie? Danach riechen Sie wieder an dem Glas mit beiden Backaromen – hat sich etwas geändert im Vergleich zum Ersten-mal-daran-riechen?

Erkenntnis Auch beim Geruch passen sich unsere Sinneszellen sehr rasch an hohe Konzentrationen von Geruchsstoffen an und nehmen niedrigere Konzentrationen nur mehr viel schwächer als vor der Anpassung wahr.

LITERATUR

Bajec, M. R. and G. J. Pickering (2008). „Thermal taste, PROP responsiveness, and perception of oral sensations." Physiology & Behavior 95(4): 581-590.

Beauchamp, G. K. (2016). „Why do we like sweet taste: A bitter tale?" Physiology & Behavior 164: 432-437.

Behrens, M. and W. Meyerhof (2016). Chapter 13 - G Protein-Coupled Taste Receptors. Chemosensory Transduction. F. Zufall and S. D. Munger, Academic Press: 227-244.

Boring, E. G. (1942). Sensation and Perception in the History of Experimental Psychology. New York, Appleton-Century-Crofts.

Brandes, R., R. F. Schmidt and F. Lang, Hg. (2019). Physiologie des Menschen. Heidelberg, Springer Verlag.

Buettner, A. and J. Beauchamp (2010). „Chemical input - Sensory output: Diverse modes of physiology-flavour interaction." Food Quality and Preference 21(8): 915-924.

Burdach, K. J. (1988). Geschmack und Geruch. Gustatorische, olfaktorische und trigeminale Wahrnehmung. Bern, Verlag Hans Huber.

Chandrashekar, J., M. A. Hoon, N. J. P. Ryba and C. S. Zuker (2006). „The receptors and cells for mammalian taste." Nature 444: 288-294.

Collings, V. (1974). „Human taste response as a function of location of stimulation on the tongue and soft palate." Percep. Psychophys. 16: 169-174.

Danner, L., L. Sidorkina, M. Joechl and K. Duerrschmid (2014). „Make a face! Implicit and explicit measurement of facial expressions elicited by orange juices using face reading technology." Food Quality and Preference 32: 167-172.

Duerrschmid, K. and M. Haindl (2010). Consumers' gazing behaviour with spoiled and non spoiled food. Eurosense 2010. Fourth European Conference on Sensory and Consumer Research. A Sense of Quality, Vitoria-Gasteiz, Elsevier.

Dürrschmid, K. (2009). Gustatorische Wahrnehmungen gezielt abwandeln. Behr's Verlag.

Dunkel, A., J. Koster and T. Hofmann (2007). „Molecular and sensory characterization of gamma-glutamyl peptides as key contributors to the kokumi taste of edible beans (Phaseolus vulgaris L.)." J Agric Food Chem 55: 6712-6719.

Engelen, L. (2012); Food Oral Processing. Fundamentals of Eating and Sensory Perception. Oxford, Wiley-Blackwell.

Etievant, P., E. Guichard, C. Salles and A. Voilley, Eds. (2016). Flavor. From Food to Behaviors, Wellbeing and Health. Cambridge, Woodhead Publishing.

Galindo, M., N. Voigt, J. Stein, J. van Lengerich, J. Raguse, T. Hofmann, W. Meyerhof and M. Behrens (2012). „G protein-coupled receptors in human fat taste perception." Chem Senses 37(2): 123–139.

Gibbs, B. F., I. Alli and C. Mulligan (1996). „Sweet and taste-modifying proteins: A review." Nutrition Research 16(9): 1619–1630.

Grabenhorst, F., E. T. Rolls, B. A. Parris and A. A. d'Souza (2010). „How the Brain Represents the Reward Value of Fat in the Mouth." Cerebral Cortex 20(5): 1082–1091.

Green, B. G., D. Nachtigal, S. Hammond and J. Lim (2012). „Enhancement of Retronasal Odors by Taste." Chemical Senses 37(1): 77–86.

Haindl, M. and K. Duerrschmid (2010). Food Attractiveness and Gazing Behavior. Measuring Behaviour 2010. 7th International Conference on Methods and Techniques in Behavioral Research, Eindhoven, Elsevier.

Hänig, D. (1901). „Zur Psychophysik des Geschmackssinnes." Philosophische Studien 17.

Harrar, V. and C. Spence (2013). „The taste of cutlery: how the taste of food is affected by the weight, size, shape, and colour of the cutlery used to eat it." Flavour 2(1): 21.

Hatt, H. and R. Dee (2008). Das Maiglöckchen-Phänomen. Alles über das Riechen und wie es unser Leben bestimmt. München, Piper.

He, W., K. Yasumatsu, V. Varadarajan, A. Yamada, J. Lem, Y. Ninomiya, R. F. Margolskee and S. Damak (2004). „Umami Taste Responses Are Mediated by α-Transducin and α-Gustducin." J. Neurosci. 24(35): 7674–7680.

Heller, E. (2004): Wie Farben wirken. Farbpsychologie, Farbsymbolik, kreative Farbgestaltung. Reinbek bei Hamburg, Rowohlt Taschenbuch Verlag GmbH.

Hildebrandt, G., Hg. (2008). Geschmackswelten. Grundlagen der Lebensmittelsensorik. Frankfurt am Main, DLG-Verlags-GmbH.

Huang, A. L., X. Chen, M. A. Hoon, J. Chandrashekar, W. Guo, D. Trankner, N. J. P. Ryba and C. S. Zuker (2006). „The cells and logic for mammalian sour taste detection." Nature 442(7105): 934–938.

Jütte, R. (2000). Geschichte der Sinne. Von der Antike bis zum Cyberspace. München, C.H. Beck.

Kahnemann, D., E. Diener and N. Schwarz (1999). Well-Being. The Foundations of Hedonic Psychology. New York, Russell Sage Foundations.

Karmasin, H. (1999). Die geheime Botschaft unserer Speisen. Was Essen über uns aussagt. München, Antje Kunstmann Verlag.

Keast, E. and A. Costanzo (2015). „Is fat the sixth taste primary? Evidence and implications." Flavour 4(1): 5.

Keast, R. S. J. and P. A. S. Breslin (2003). „An overview of binary taste-taste interactions." Food Quality and Preference 14(2): 111–124.

Kurihara, K. and L. M. Beidler (1968). „Taste-Modifying Protein from Miracle Fruit." Science 161(3847): 1241–1243.

Köster, E. P., P. Møller and J. Mojet (2014). „A ‚Misfit' Theory of Spontaneous Conscious Odor Perception (MITSCOP): reflections on the role and function of odor memory in everyday life." Frontiers in psychology 5: 64–64.

Kringelbach, M. L. (2009). The Pleasure Center. Trust your Animal Instincts. New York, Oxford University Press.

Lapis, T. J., M. H. Penner and J. Lim (2014). „Evidence that Humans Can Taste Glucose Polymers." Chemical Senses 39(9): 737–747.

Laugerette, F., D. Gaillard, P. Passilly-Degrace, I. Niot and P. Besnard (2007). „Do we taste fat?" Biochimie 89(2): 265–269.

Lawless, H., P. Rozin and J. Shenker (1985). „Effects of oral capsaicin on gustatory, olfactory and irritant sensations and flavor identification in humans who regularly or rarely consume chili pepper." Chem. Senses 10(4): 579–589.

Lawless, H. T., F. Rapacki, J. Horne and A. Hayes (2003). „The taste of calcium and magnesium salts and anionic modifications." Food Quality and Preference 14(4): 319–325.

Lawless, H. T., S. Schlake, J. Smythe, J. Lim, H. Yang, K. Chapman and B. Bolton (2004). „Metallic Taste and Retronasal Smell." Chem. Senses 29(1): 25–33.

Mouritsen, O. G. and L. Styrbaek (2017). Mouthfeel. How Texture makes Taste. New York, Columbia University Press.

Mueller, K. L., M. A. Hoon, I. Erlenbach, J. Chandrashekar, C. S. Zuker and N. J. P. Ryba (2005). „The receptors and coding logic for bitter taste." Nature 434(7030): 225–229.

Newman, L., R. Haryono and R. Keast (2013). „Functionality of fatty acid chemoreception: a potential factor in the development of obesity?" Nutrients 5(4): 1287–1300.

Pierandrea, T. (2007). The Sweet Taste Receptor: A Single Receptor with Multiple Sites and Modes of Interaction. Advances in Food and Nutrition Research. L. T. Steve, Academic Press. Volume 53: 199–239.

Prescott, J. (1999). „Flavour as a psychological construct: implications for perceiving and measuring the sensory qualities of foods." Food Quality and Preference 10(4-5): 349–356.

Pepino, M., L. Love-Gregory, S. Klein and N. Abumrad (2012). „The fatty acid translocase gene CD36 and lingual lipase influence oral sensitivity to fat in obese subjects." J Lipid Res 53(3): 561–566.

Rode, E., P. Rozin and P. Durlach (2007). „Experienced and remembered pleasure for meals: Duration neglect but minimal peak, end (recency) or primacy effects." Appetite 49(1): 18–29.

Ross, C. F. and K. Weller (2008). „Effect of Serving Temperature on the Sensory Attributes of Red and White Wines.“ Journal of Sensory Studies 23(3): 398–416.

Rozin, P. (2015). Food Preferences, Psychology and Physiology of. International Encyclopedia of the Social & Behavioral Sciences (Second Edition). J. D. Wright. Oxford, Elsevier: 296–299.

Schifferstein, H. N. J. and P. W. J. Verlegh (1996). „The role of congruency and pleasantness in odor-induced taste enhancement.“ Acta Psychologica 94(1): 87–105.

Sclafani, A. (2007). „Sweet taste signaling in the gut.“ Proceedings of the National Academy of Sciences 104(38): 14887–14888.

Shrivastav, A. and S. Srivastava (2013). „Human sweet taste receptor: Complete structure prediction and evaluation.“ International Journal of Chemical and Analytical Science 4(1): 24–32.

Singer, W. (2002). Der Beobachter im Gehirn. Frankfurt am Main, Suhrkamp Verlag.

Smith, D. V. and R. F. Margolskee (2001). „Making Sense of Taste.“ Scientific American March.

Spence, C. and B. Piqueras-Fistman (2014). The Perfect Meal. The multisensory science of food and dining. Oxford, John Wiley & Sons, Ltd.

Starkenmann, C., B. Le Calvel, Y. Niclass, I. Cayeux, S. Beccucci and M. Troccaz (2008). „Olfactory Perception of Cysteine-S-Conjugates from Fruits and Vegetables.“ Journal of Agricultural and Food Chemistry 56(20): 9575–9580.

Stevenson, R. J. (2009). The Psychology of Flavour. Oxford, Oxford University Press.

Valentin, D., C. Chrea and N. H. Nguyen (2006). Taste-odour interactions in sweet taste perception. Optimising sweet taste in foods. Cambridge, Woodhead Publishing: 66–84.

Verhagen, J. V. and L. Engelen (2006). „The neurocognitive bases of human multimodal food perception: Sensory integration.“ Neuroscience & Biobehavioral Reviews 30(5): 613–650.

Yamamoto, T. (2008). „Central mechanisms of taste: Cognition, emotion and taste-elicited behaviors.“ Japanese Dental Science Review 44(2): 91–99.

Zellner, D. A., P. Rozin, M. Aron and C. Kulish (1983). „Conditioned enhancement of human‘s liking for flavor by pairing with sweetness.“ Learning and Motivation 14(3): 338–350.

Zhao, G. Q., Y. Zhang, M. A. Hoon, J. Chandrashekar, I. Erlenbach, N. J. P. Ryba and C. S. Zuker (2003). „The Receptors for Mammalian Sweet and Umami Taste.“ Cell 115(3): 255–266.

Zhang, Y., M. A. Hoon, J. Chandrashekar, K. L. Mueller, B. Cook, D. Wu, C. S. Zuker and N. J. P. Ryba (2003). „Coding of Sweet, Bitter, and Umami Tastes: Different Receptor Cells Sharing Similar Signaling Pathways.“ Cell 112(3): 293–301.

DANKSAGUNG

Was in diesem Buch dargestellt ist, wurde von einer Vielzahl von Wissenschaftlern der ganzen Welt aus dem Bereich der Sensorik, der experimentellen Psychologie, der Physiologie und den Konsumentenwissenschaften entdeckt. Wenn ich hier einzelne Personen erwähnen soll, die mich besonders inspiriert und beeinflusst haben, so möchte ich als Ersten den Nestor der europäischen Sensorik anführen: Egon Peter Köster, der in unvergleichlich inspirierender und humorvoller Art und Weise die Sensorik gefördert und vorangebracht hat und dem die Förderung von Studierenden immer ein großes Anliegen war. Helmut Zenz und Josef Weiss ermöglichten es mir, mich an der BOKU auf die Sensorik zu spezialisieren und das neu errichtete Sensoriklabor der BOKU ab 1996 zu leiten. Wolfgang Kneifel, der langjährige Leiter des Departments für Lebensmittelwissenschaften und -technologie, an dem ich arbeite, hat mich immer großartig in meinen Bemühungen unterstützt. Neben diesen Personen gibt es noch eine Vielzahl von Kolleginnen und Kollegen aus dem Sensorik Netzwerk Österreich, dem European Sensory Network und der European Sensory Science Society, denen ich enorm viel verdanke – und die ich gar nicht alle nennen kann. Danke Euch allen!

LIEBE LESERIN, LIEBER LESER!

Hat Ihnen dieses Buch gefallen? Wollen Sie weitere Informationen zum Thema? Möchten Sie mit dem Autor in Kontakt treten? Wir freuen uns auf Austausch und Anregung!

Christian Brandstätter Verlag GmbH & Co KG
Wickenburggasse 26
1080 Wien
E-Mail: leserbrief@brandstaetterverlag.com
Tel: (0043) 1 5121543256

Wir sagen Danke.
Bleiben wir in Verbindung!
Lassen Sie sich inspirieren!
Gute Geschichten, schöne Geschenkideen auf
www.brandstaetterverlag.com

#zungenbekenntnisse #geschmacksverstärker #tasteit

1. Auflage

Designed in Austria, printed in the EU.

ISBN 978-3-7106-0280-1

Lektorat: Ulli Steinwender
Korrektorat: Anna Morawetz, Levi Knoll
Layout, Satz & Illustrationen: Caroline Plank-Bachselten // Buero Blank
Projektleitung Brandstätter Verlag: Julia Herrele